石油化工职业技能培训教材

丁二烯装置操作工

（第二版）

中国石油化工集团有限公司人力资源部　组织编写

中国石化出版社
·北京·

内 容 提 要

本书为石油化工职业技能培训教材系列之一，依据石油化工生产人员国家职业技能标准对该工种操作技能和相关知识的要求，系统论述了初级工、中级工、高级工、技师、高级技师五个级别的专业理论知识和操作技能，主要内容包括：丁二烯性质及用途，从碳四馏分中分离丁二烯的主要工业方法，重点介绍了 DMF、ACN、NMP 三种丁二烯生产装置的生产技术、装置开停车、正常操作及控制、装置日常巡检、设备维护保养、各类异常现象和事故原因的判断及处理、丁二烯装置安全与环保基本知识以及装置节能、节水和降低物耗的措施等内容。

本书是丁二烯装置技能操作人员进行职业技能培训的必备教材，也是专业技术人员必备的参考书。

图书在版编目(CIP)数据

丁二烯装置操作工／中国石油化工集团有限公司人力资源部组织编写．—2 版．—北京：中国石化出版社，2025. 5. —(石油化工职业技能培训教材). —ISBN 978-7-5114-7760-6

Ⅰ. TQ325. 1

中国国家版本馆 CIP 数据核字第 20255Z2V66 号

中国石化出版社出版发行

地址：北京市东城区安定门外大街 58 号
邮编：100011　电话：(010)57512500
发行部电话：(010)57512575
http://www.sinopec-press.com
E-mail：press@sinopec.com
北京科信印刷有限公司印刷
全国各地新华书店经销

*

787 毫米×1092 毫米 16 开本 12.25 印张 292 千字
2025 年 5 月第 2 版　2025 年 5 月第 1 次印刷
定价：55.00 元

《石油化工职业技能培训教材》

编审指导委员会

主　任：秦　都

委　员：许　毅　田宏斌　周娣红

王　欣　黄志华

编撰工作组

（以姓氏笔画顺序）

王瑾瑜　刘　野　杨　俊　李　强　汪　珺

张亚伟　胡金玉　赵旭飞　黄海峰

《丁二烯装置操作工》(第二版)

编审人员

主编： 焦胜成(齐鲁石化)

参编： 王建明(齐鲁石化)　　包冬梅(燕山石化)

李文斌(上海赛科石化)　　何雪龙(上海石化)

张志华(上海赛科石化)　　周　涛(齐鲁石化)

常利超(中韩(武汉)石化)

审稿： 陈永恒(古雷石化)

前　言

习近平总书记强调，要深入实施职工素质建设工程，引导广大劳动者终身学习、不断提高自身素质，努力建设一支知识型、技能型、创新型的劳动者大军。为进一步加强石油化工行业技能人才队伍建设，更好满足职业技能培训和等级认定的需要，在2007年组编出版的《石油化工职业技能培训教材》基础上，中国石油化工集团有限公司人力资源部开展了该丛书的修订增补工作。本次教材修编工作依照人力资源和社会保障部制定的石油化工生产人员《国家职业标准》的要求，坚持以企业发展、员工需求为导向，以实用好用、简明高效为原则，瞄准重点人才、关键岗位、主要专业、主体工种，紧密结合石油化工行业生产实际，以及技术进步、技术创新、新工艺、新设备、新材料、新操作方法等要求，力求为读者提供一套具有鲜明石油石化特色的高质量职业技能培训教材。

新版《丁二烯装置操作工》在第一版的基础上，结合近几年石化行业系统内丁二烯抽提装置的生产工艺技术变化、新的行业标准，对DMF法丁二烯抽提装置、ACN法丁二烯抽提装置、NMP法丁二烯抽提装置的生产技术、装置开停工、正常操作及控制、各类异常现象和事故原因的判断处理、丁二烯装置安全环保节能基本知识等内容进行了重新修订，以适应最新的石化要求。

由于石油化工技能培训教材涵盖的职业(工种)较多，同工种不同企业的生产装置也存在差别，编写难度较大，加之编写时间紧迫，不足之处在所难免，敬请各使用单位及个人对教材提出宝贵意见和建议，以便教材修订时补充更正。

《石油化工职业技能培训教材》编审指导委员会

二〇二五年五月

目　　录

第1章　概　　述

第2章　丁二烯生产技术

第3章 装置的开车

第4章 装置的停车

第5章 正常操作及控制

第6章　各类异常现象和事故原因的判断及处理

第7章 装置的安全、环保、节能降耗

第1章　概　　述

丁二烯是重要的石油化工原料，在合成橡胶生产中占有很重要的地位。石油化工生产过程中，在石油裂解制取乙烯的同时会生产大量的混合 C_4 馏分，主要由丁烷、丁烯、丁二烯和炔烃等组成，其中含量在40%~60%(质量分数)的丁二烯是生产丁苯橡胶、顺丁橡胶、丁腈橡胶、ABS树脂和尼龙的重要单体。因此，将丁二烯从混合 C_4 中有效地分离出来就显得十分迫切和重要。但是混合 C_4 中各组分的沸点十分接近，用普通的精馏方法不能比较经济地得到聚合级丁二烯。国内外先后开发的分离 C_4 制取丁二烯的方法主要有化学吸收法、氨共沸蒸馏法、络合分离法、二聚解聚法、萃取精馏法等。前四种分离方法由于过程复杂或技术经济评价不合理等问题，一直未能实现工业化。现在工业上大多采用萃取精馏法生产丁二烯，萃取剂以二甲基甲酰胺(DMF)、乙腈(ACN)、*N*-甲基吡咯烷酮(NMP)为主。本书着重介绍这三种萃取剂的丁二烯生产方法工艺和操作的具体要求。

1.1　丁二烯性质及用途

1.1.1　丁二烯的物理性质

丁二烯有1,2-丁二烯和1,3-丁二烯两种同分异构体。一般所说的丁二烯均指1,3-丁二烯，常压下沸点为-4.4℃，是合成橡胶的主要单体。1,2-丁二烯的沸点为10.3℃，目前国内外也在开发1,2-丁二烯的用途。丁二烯的主要物理性质见表1-1。

表1-1　丁二烯的主要物理性质

性　质	数　值	性　质	数　值
相对分子质量	54.09	闪点/℃	<-6
沸点(101.325kPa)/℃	-4.413	爆炸界限(空气中)/%(体积分数) 上限 下限	 11.5 2.0
冰点(101.325kPa)/℃	-108.92		
融化热/(J/g)	147.6	气体比热容(27℃)/[J/(mol·K)]	111.8
25℃汽化热/(J/g)	386	液体比热容(27℃)/[J/(mol·K)]	143
在常压下沸点时汽化热/(J/g)	406	燃点温度/℃	450
燃烧热(气相，25℃，101.325kPa)/(kJ/mol)	-2545	临界温度/℃	152
生成热/(kJ/mol) 气相(25℃，101.325kPa) 液相(25℃，101.325kPa)	 112.4 88.79	临界压力/MPa	4.33
		临界密度/(kg/m^3) 20℃ 25℃	 621 615
生成自由能(气相，25℃)/(kJ/mol)	150.7	50℃	582
折射率 *n*(25℃)	1.4293	膨胀系数(-5~20℃)/$℃^{-1}$	0.00184

丁二烯在常温、常压下为无色的气体。加压时呈液体状态，便于丁二烯的储存和运输。

液体丁二烯无色透明，极易挥发，闪点低，属于易燃易爆物质。丁二烯微溶于水，易溶于乙醇、甲苯、乙醚、氯仿、四氯化碳、汽油、乙腈、二甲基甲酰胺、*N*-甲基吡咯烷酮等有机溶剂中。液体丁二烯的蒸气压、汽化热、比热容以及密度与温度关系见表 1-2；液体丁二烯表面张力、黏度、导热率与温度关系见表 1-3；气体丁二烯的定压比热容、黏度、导热率与温度关系见表 1-4；不同温度下液体丁二烯与水的互溶度见表 1-5。

表 1-2　液体丁二烯的蒸气压、汽化热、比热容、密度与温度关系

温度/℃	蒸气压/kPa	汽化热/(kJ/mol)	比热容/[J/(mol·K)]	密度/(kg/m³)
-50	11.2	24.748	107.8	700.7
-40	19.73	24.279	109.3	690.1
-30	33.06	23.798	110.9	679.4
-20	62.84	23.295	112.8	668.3
-10	81.05	22.790	114.7	657.0
0	119.9	22.240	117.0	645.4
10	172.0	21.679	119.8	633.4
20	240	21.093	123.4	621.1
30	327	20.478	127.3	608.3
40	435	19.883	130.1	595.1
50	568	19.146	133.3	581.3
60	729	18.418	137.0	566.8
70	992	17.639	141.3	551.6
80	1151	16.797	146.1	535.6
90	1420	15.881	151.7	518.3
100	1733	14.863	158.1	499.5
110	2069	13.716	165.3	478.9
120	2517	12.380	173.6	455.5
130	3001	10.752	183.0	427.7
140	3558	8.545		391.6

表 1-3　液体丁二烯的表面张力、黏度、导热率与温度关系

温度/℃	表面张力/(mN/m)	黏度/(mPa·s)	导热率/[mW/(m·K)]	温度/℃	表面张力/(mN/m)	黏度/(mPa·s)	导热率/[mW/(m·K)]
-50	22.85	0.319	171.7	50	9.91	0.126	121.4
-40	21.47	0.280	167.5	60	8.74	0.121	115.6
-30	20.11	0.247	162.4	70	7.59	0.110	109.7
-20	18.77	0.221	157.3	80	6.48	0.100	103.4
-10	17.44	0.199	152.8	90	5.39	0.091	96.7
0	16.14	0.181	148.2	100	4.35	0.081	89.5
10	14.85	0.166	143.2	110	3.35	0.073	87.5
20	13.58	0.152	137.7	120	2.40	0.065	74.6
30	12.33	0.141	132.3	130	1.52	0.057	65.3
40	11.11	0.131	126.9	140	0.72	0.050	54.2

表 1-4　气体丁二烯的定压比热容、黏度、导热率与温度关系

温度/℃	定压比热容/[J/(mol·K)]	黏度/(mPa·s)	导热率/[mW/(m·K)]	温度/℃	定压比热容/[J/(mol·K)]	黏度/(mPa·s)	导热率/[mW/(m·K)]
250	70. 1	0. 0064	11. 08	600	132. 8	0. 0153	53. 6
300	81. 5	0. 0078	16. 3	650	139. 0	0. 0164	59. 9
350	92. 0	0. 0091	21. 5	700	144. 7	0. 0174	66. 6
400	101. 7	0. 0104	27. 3	750	149. 8	0. 0185	72. 9
450	110. 5	0. 0117	33. 6	800	154. 5	0. 0195	79. 1
500	118. 7	0. 0129	40. 6	850	158. 7	0. 0205	85. 4
550	126. 1	0. 0141	47. 3	—	—	—	—

表 1-5　不同温度下液体丁二烯与水的互溶度

温度/℃	丁二烯在水中的溶解度/%(摩尔分数)	温度/℃	丁二烯在水中的溶解度/%(摩尔分数)
38	0. 00065	72	0. 0008
55	0. 0007	85	0. 0009

1. 1. 2　丁二烯的化学性质

1,3-丁二烯是最简单的共轭二烯烃，其结构式为：$CH_2{=}CH{-}CH{=}CH_2$。

由于结构上的特殊性，丁二烯的化学性质非常活泼，除了具有碳-碳双键的一般性质外，反映在化学性质上，也与单烯烃和孤立的双键二烯烃有所不同，它与烯烃相似，也可以与卤素、卤化氢进行亲电加成反应。

1,3-丁二烯加成聚合时，既可以顺式聚合，也可以反式聚合。反应式如下：

$$CH_2{=}CH{-}CH{=}CH_2+HBr \xrightarrow{1,2\text{ 加成}} CH_3{-}\underset{\displaystyle Br}{\underset{|}{C}H}{-}CH{=}CH_2 \quad (3\text{-溴-1-丁烯})$$

$$CH_2{=}CH{-}CH{=}CH_2+HBr \xrightarrow{1,4\text{ 加成}} CH_3{-}CH{=}CH{-}\underset{\displaystyle Br}{\underset{|}{C}H_2} \quad (1\text{-溴-2-丁烯})$$

丁二烯的化学性质是容易进行化学反应，生成高分子化合物，既可以自聚，也可以与其他单体或化合物发生共聚。工业上利用这一性质生产合成橡胶、合成树脂和合成纤维等。

丁二烯长期贮存时能生成二聚体(乙烯基环己烯)，故需在低温下保存；它与氧接触时易生成爆炸性的过氧化物和端基聚合物，故要在生产与储运过程中加入 50~150μg/g 的对叔丁基邻苯二酚(TBC)作为阻聚剂。由于阻聚技术的不断进步，新型的阻聚剂不断出现，在丁二烯生产过程中有很多的阻聚剂可供选用。

1. 1. 3　丁二烯的用途

丁二烯的最主要用途是生产合成橡胶，占丁二烯生产总量的 70%以上。

1. 1. 3. 1　聚丁二烯橡胶(顺丁橡胶)

聚丁二烯橡胶主要由顺式 1,4-聚丁二烯构成，是用溶液聚合法生产的。聚丁二烯橡胶具有弹性大、耐磨性优良、发热量小和耐老化性强等优点，广泛用于制造汽车轮胎。

1. 1. 3. 2　丁苯橡胶

丁二烯与苯乙烯通过溶液聚合或乳液聚合可生产丁苯橡胶和胶乳。

丁苯橡胶是目前合成橡胶中能代替天然橡胶的一种产量最大的通用橡胶，可以用来制造所有的橡胶制品，主要用于制造汽车轮胎。

1.1.3.3 丁腈橡胶

丁腈橡胶由丙烯腈与丁二烯经乳液聚合反应而成，品种牌号按丙烯腈含量划分，结合丙烯腈大致为 15%~50%(质量分数)。

丁腈橡胶具有优良的耐油和耐老化性能，可以制造各种耐油性的工业品(如油箱、耐油胶管、垫圈)。此外，将丁腈橡胶加入聚氯乙烯及 ABS 树脂中，可以对它们进行改性，以满足不同用户的要求。

1.1.3.4 氯丁橡胶

氯丁橡胶是由 2-氯-1,3-丁二烯经乳液聚合反应而成。其原料可由丁二烯氯化得到。

另外，随着塑料工业的发展，利用丁二烯、苯乙烯和丙烯腈三元共聚制得的 ABS 树脂，具有耐冲击、耐热、耐油、耐化学药品、易于加工等优点，因此得到广泛应用。为了改性，用甲基丙烯酸甲酯代替丙烯腈，则生成 MBS 树脂。丁二烯和苯乙烯在不同条件下，可生产 BST、SBS 等产品。

丁二烯的规格及测定方法见表 1-6。

表 1-6 典型的丁二烯产品规格

组　分	丁苯橡胶	顺丁橡胶	ABS 用	测定方法
丁二烯/%(质量分数)	>98	>99	>99	ASTM D973
丙二烯/(μg/g)	—	<50	≤25	—
乙烯基乙炔/(μg/g)	<1000	<50	≤150	—
α-炔烃(甲基+乙基乙炔)/(μg/g)	—	<100	—	ASTM D1089
羰基化合物/(μg/g)	<100	<50	≤100	ASTM D1089
过氧化物/(μg/g)	<95	<10	≤10	ASTM D1022
丁二烯二聚体/(μg/g)	<4000	<1000	<1000	ASTM D1024
硫含量/(μg/g)	<100	<10	≤10	ASTM D90
阻聚剂/(μg/g)	<(100~200)	<15	≤100	ASTM D1157
不挥发成分/(μg/g)	<1000	<1000	≤500	ASTM D1025
含氧量/(μL/L)	—	<0.3	≤0.3	—
异丁烯/(μL/L)	—	<0.5	—	—
抽提溶剂/(μg/g)	—	<10	—	—

1.2 从 C_4 馏分中分离丁二烯的主要工业方法

近年来随着以石油为原料的高温裂解原料占比的提高，在制取乙烯的同时联产 C_4 馏分中丁二烯含量有所下降，C_4 馏分中丁二烯含量大体在 45%~50(质量分数)。除此以外，C_4 馏分中还含有丁烷、丁烯、炔烃以及少量的 C_3 和 C_5，其馏分组成比较多。C_4 馏分中各组分的沸点极为接近，有的还与丁二烯形成共沸物。无论是裂解 C_4 还是丁烯氧化脱氢所得的 C_4，要从其中分离出高纯度的丁二烯，用普通精馏的方法是十分困难的。目前工业上广泛采用萃取精馏和普通精馏相结合的方法，生产高纯度的丁二烯来满足各种合成橡胶工业的要求。

萃取精馏又以萃取剂的不同分为DMF法、ACN法、NMP法、二甲基乙酰胺法、糠醛法和二甲基亚砜法。

我国丁二烯的生产经历了酒精接触分解、丁烯氧化脱氢和蒸汽裂解制乙烯联产C_4抽提分离三个发展阶段。目前我国正在运行的丁二烯生产装置，绝大多数是随着乙烯工业的发展而逐步配套建设起来的。我国丁二烯的生产最早采用从前苏联进口的以粮食酒精作原料的酒精接触分解路线进行。1969年，我国自行建成千吨规模的丁烯氧化脱氢生产丁二烯工业装置，在此之后氧化脱氢法催化剂及工艺过程的研究改进一直在蓬勃发展。

1971年兰州石油化工公司利用自己开发设计的ACN技术建成我国第一套抽提丁二烯工业生产装置，生产能力为1.25×10^4t/a。随后，吉林石油化工公司、北京燕山石油化工公司(以下简称燕山石化)也相继建成生产装置。1976年燕山石化首次从日本瑞翁公司引进DMF生产技术，建设了以DMF为溶剂的4.5×10^4t/a丁二烯生产装置。20世纪80年代又分别建成了大庆石化、齐鲁石化、扬子石化和上海石化等4套丁二烯生产装置，随后镇海炼化、茂名石化、武汉石化、浙江石化等企业相继建成丁二烯生产装置。随着我国乙烯生产装置的不断建设，1994年北京东方化工厂又引进了一套NMP法抽提丁二烯生产装置，随后独山子石油化工公司、上海赛科石油化工公司等也新建了以NMP为溶剂的丁二烯生产装置。到2021年，我国丁二烯的生产能力达到542.1×10^4t/a，产量达到298.1×10^4t/a。

目前世界上从C_4馏分中分离丁二烯的方法中萃取精馏占统治地位，萃取剂也以DMF、ACN和NMP为主。因此本书中我们仅对DMF法、ACN法和NMP法丁二烯生产工艺进行全面的介绍。

1.2.1 DMF法抽提丁二烯

用DMF作萃取剂从C_4馏分中抽提丁二烯的方法是由日本瑞翁公司开发的，简称为GPB法。1965年在日本德山首次建成了3×10^4t/a的工业装置，但由于效率超过原来的设想，在做了一些改进和改动之后，实际生产能力达到4.5×10^4t/a。

DMF是一种优良的溶剂，除广泛用于C_4抽提丁二烯外，可用于腈纶的干法纺丝生产之中，还可以用于从C_5馏分中抽提异戊二烯等。在聚氨酯合成革生产中，DMF用于湿法工艺中聚氨酯树脂的洗涤固化。DMF还是重要的医药原料，广泛用于强力霉素、可的松、磺胺类等20多种药品的生产。DMF在其他方面的用途包括作为染料溶剂、黏合剂中的助溶剂、载体溶剂(如危险气体的载体)、结晶用溶剂(如药品的精制)、镀锡零部件的淬火和清洗等。

DMF溶剂无水时对设备无腐蚀性，主要性质见表1-7。

50℃时C_4烃在不同含水量的DMF中的相对挥发度和相对活度系数(即选择性)见表1-8、表1-9。

DMF法以混合C_4馏分为原料，以二甲基甲酰胺为萃取剂，从C_4原料中脱除丁烷、丁烯、炔烃以及其他杂质组分，生产出合格的聚合级1,3-丁二烯产品。丁烷、丁烯等比丁二烯相对挥发度大的组分在第一萃取精馏系统中脱除，乙烯基乙炔(VA)、一部分乙基乙炔等比丁二烯相对挥发度小的组分在第二萃取精馏系统中脱除，经过两段萃取精馏得到的粗丁二烯中的甲基乙炔和水等轻组分在脱轻塔顶脱除，脱重塔用于脱除在萃取精馏部分未完全脱除的顺-2-丁烯、1,2-丁二烯、乙基乙炔、C_5等重组分，塔顶得到产品1,3-丁二烯。为了净化溶剂，还设有溶剂精制系统。

表 1-7 DMF 的物理化学性质

性 质	数 值	性 质	数 值
分子式	$HCON(CH_3)_2$	熔融热/(kcal/mol)	3. 861
相对分子质量	73. 095	燃烧热/(kcal/mol)	-457. 5
沸点/℃	153. 0(760mmHg①)	理想气体状态的热容量/[cal/(℃·mol)]	26(100℃)
温度的压力系数/(℃/t)	0. 0476(760mmHg)	液体容量/[cal/(℃·mol)]	37. 45(25℃)
蒸气压/mmHg①	3. 7(25℃) $\lg P=7.1085-\frac{1537.78}{t+210.39}$	液体导热系数/[cal/(s·cm·℃)]	440×10^{-6}(23. 5℃)
		临界温度/℃	323. 4
凝点/℃	-60. 43	临界压力/0. 1MPa	51. 5
密度/(g/mL)	0. 94873(20℃) 0. 94397(25℃) 0. 9412(30℃) 0. 9310(40℃)	临界体积/(L/mol)	0. 249
		电导率/(Ω/cm)	6×10^{-8}(25℃)
		介电常数	36. 71(25℃) 52. 1(-40℃)
折射率	1. 43047(20℃) 1. 42817(25℃)	偶极矩/D	3. 86(25℃，在苯中测定)
黏度/(10^{-3}Pa·s)	0. 9243(20℃) 0. 802(25℃) 0. 7386(40℃)	溶解度 在水中 溶解度参数	 ∞ 12. 1
表面张力/(10^{-5}N/cm)	36. 76(20℃) 35. 2(25℃) 34. 40(40℃)	闪点(开杯法)/℃	67
		在空气中的着火极限 下限/%(体积分数) 上限/%(体积分数)	 2. 2 15. 2
蒸发热/(kcal②/mol)	11. 356(25℃) 9. 164(沸点)	起燃温度/℃	445

注：① 1mmHg=133Pa。
② 1cal=4. 1868J。

表 1-8 50℃时 C_4 烃在不同含水量的 DMF 中的相对挥发度

溶 质	无水 DMF			含 5%水的 DMF			含 10%水的 DMF		
	100%	80%	70%	100%	80%	70%	100%	80%	70%
异丁烷	4. 81	3. 90	3. 41	5. 33	3. 92	3. 37	5. 69	3. 86	3. 36
正丁烷	3. 43	2. 78	2. 44	3. 76	2. 80	2. 40	4. 46	3. 75	2. 34
异丁烯	2. 17	1. 94	1. 82	2. 30	1. 95	1. 80	2. 41	1. 95	1. 78
1-丁烯	2. 17	1. 94	1. 82	2. 30	1. 95	1. 80	2. 41	1. 95	1. 78
丙二烯	1. 80	1. 91	1. 98	1. 76	1. 90	1. 97	1. 71	1. 89	1. 97
反-2-丁烯	1. 76	1. 58	1. 48	1. 86	1. 60	1. 47	1. 93	1. 58	1. 43
顺-2-丁烯	1. 56	1. 38	1. 30	1. 61	1. 40	1. 30	1. 68	1. 40	1. 29
1,3-丁二烯	1. 00	1. 00	1. 00	1. 00	1. 00	1. 00	1. 00	1. 00	1. 00
丙炔	0. 720	0. 862	0. 970	0. 695	0. 884	1. 03	0. 661	0. 898	1. 02
1,2-丁二烯	0. 720	0. 704	0. 700	0. 728	0. 706	0. 696	0. 743	0. 705	0. 694
1-丁炔	0. 424	0. 454	0. 473	0. 417	0. 450	0. 475	0. 413	0. 454	0. 480
2-丁炔	0. 325	0. 331	0. 335	0. 297	0. 307	0. 318	0. 287	0. 305	0. 314
乙烯基乙炔	0. 229	0. 271	0. 300	0. 224	0. 272	0. 330	0. 222	0. 296	0. 336

注：① 表中 100%、80%、70%表示溶剂的浓度(质量分数)。
②大部分溶质混合物中丁烯与 1,3-丁二烯比为 1∶12。

表 1-9　50℃时 C_4 烃在不同含水量的 DMF 中的相对活度系数(选择性)

溶　质	无水 DMF			含 5%水的 DMF			含 10%水的 DMF		
	100%	80%	70%	100%	80%	70%	100%	80%	70%
异丁烷	4.13	3.35	2.98	4.57	3.37	2.89	4.88	3.31	2.80
正丁烷	4.04	3.28	2.87	4.43	2.29	2.89	3.82	3.24	2.75
异丁烯	2.10	1.88	1.76	2.22	1.89	1.79	2.33	1.89	1.72
1-丁烯	2.10	1.88	1.96	2.22	1.89	1.79	2.33	1.89	1.72
丙二烯	0.662	0.703	0.729	0.647	0.099	0.727	0.628	0.697	0.726
反-2-丁烯	2.13	1.91	1.79	2.25	1.93	1.78	2.35	1.92	1.73
顺-2-丁烯	2.04	1.81	1.70	2.11	1.83	1.70	2.20	1.83	1.69
1,3-丁二烯	1.00	1.00	1.00	1.00	1.00	1.00	1.00	1.00	1.00
丙炔	0.293	0.352	0.394	0.282	0.359	0.409	0.268	0.365	0.417
1,2-丁二烯	1.153	1.125	1.118	1.165	1.13	1.114	1.19	1.127	1.11
1-丁炔	0.633	0.676	0.705	0.621	0.671	0.708	0.615	0.676	0.715
2-丁炔	0.860	0.875	0.887	0.785	0.813	0.839	0.760	0.807	0.830
乙烯基乙炔	0.318	0.376	0.417	0.311	0.385	0.458	0.309	0.412	0.468

DMF 法工艺的特点：虽然操作温度较高，但因阻聚剂效果好，操作周期可连续运转两年以上；溶剂无水，无设备腐蚀；该溶剂对炔烃选择性好，产品丁二烯质量高。

DMF 有一定毒性，对人有特异性损害，对胃、肾脏以及血液循环系统也有一定损害。DMF 的职业接触限值-时间加权平均允许浓度为 $20mg/m^3$。

DMF 法工艺流程的主要特点是采用萃取精馏塔操作，为保证产品质量，同时又要节能降耗，因此对自控系统提出了更高的要求。除一般精馏的特点，还有两个关键性因素：一是溶剂量和溶剂进塔温度，因在全塔中溶剂浓度占 70%~80%，因此它的微小变化也会对塔内 C_4 馏分分布产生明显的影响；二是回流比，要求稳定在一定最佳值，不宜过大，否则会降低溶剂在塔板上的浓度，对分离不利，而且还会使能耗增加。

1.2.2　ACN 法抽提丁二烯

ACN 法是以含水 5%~10%的乙腈为溶剂，用萃取精馏的方法分离丁二烯，其工艺流程与 DMF 法基本相同。该法由美国壳牌公司(Shell)研究开发，于 1965 年工业化。

ACN 法根据工艺流程的不同，又可以分为旧乙腈法、一级乙腈法和二级乙腈法三种。

ACN 是一种优良的溶剂，还可用在 C_5 馏分抽提异戊二烯等工艺上。溶剂乙腈来自丙烯腈副产物，价廉易得，对人体毒性小，属于低毒品。ACN 化学稳定性好(在高温下可有少量水解，生成乙酸和氨，但对过程影响不大)，腐蚀性小，故生产装置中全部设备可用碳钢制造。ACN 主要物理化学性质见表 1-10。50℃时，在不同含水量的 ACN 中 C_4 烃的相对挥发度和相对活度系数(即选择性)见表 1-11、表 1-12。

1.2.2.1　旧乙腈法

通过加氢反应脱除 C_4 馏分中的 C_4 炔烃，采用一级萃取精馏除去丁烷、丁烯，再经脱轻组分塔除去甲基乙炔，最后经脱重塔除去重组分即得成品丁二烯。此技术陈旧，技术经济指标落后，已被淘汰。

1.2.2.2　一级乙腈法

C_4 中的炔烃全部由脱重塔采用精密精馏方法从丁二烯中除去，工艺上很不完善，要采用大的回流比(约为 10)，也不经济，而且成品丁二烯含炔烃高达 200μg/g，不能满足顺丁橡胶的聚合要求。

表 1-10 ACN 的物理化学性质

性 质	数 值	性 质	数值
分子式	CH_3CN	蒸发热/(kcal②/mol)	7.941(25℃)
相对分子质量	41.053		7.127(80℃)
沸点/℃	81.60(760mmHg①)	熔融热/(kcal/mol)	1.952
	13.0(50mmHg)	标准生成热/(kcal/mol)	12.3(25℃，液体)
	-15.0(10mmHg)	标准燃烧热/(kcal/mol)	-302.4(25℃，液体)
温度的压力系数/(℃/t)	0.04192(760mmHg)	理想气体状态的热容量/[cal/(℃·mol)]	12.48(25℃)
蒸汽压/mmHg①	88.81(25℃)		$C_p^0=5.018+27.935\times10^{-3}T-39.02\times10^{-7}T^2$(259~1200K)
	$\lg P=7.12257-\frac{1315.2}{t+230}$		
凝点/℃	-43.835	液体热容量/[cal/(℃·mol)]	21.98(26.84℃)
密度/(g/mL)	0.7822(20℃)	临界温度/℃	274.7
	0.7766(25℃)	临界压力/0.1MPa	47.7
	0.77125(30℃)	临界密度/(g/mL)	0.237
热膨胀系数/(mL/℃)	0.00137(20℃)	临界体积/(L/mol)	0.173
折射率	1.34411(25℃)	介电常数	42.0(0℃)
折射率的温度系数	0.00045		38.8(20℃)
黏度/(10^{-3}Pa·s)	0.43(0℃)		26.2(81.6℃)
	0.375(15℃)	电导率/(Ω/cm)	6×10^{-10}(25℃)
	0.35(20℃)	偶极矩/D	3.44(20℃，在苯中测定)
	0.325(30℃)	溶解度	
	0.30(40℃)	在水中	∞
表面张力/(10^{-5}N/cm)	29.10(20℃)	在乙腈中	∞
	27.80(30℃)	乙腈+水的共沸物	共沸温度 76.7℃，组成 84.2%(质量分数)
	$\gamma=30.62(1-0.00400t)$(0~73℃)		
	$\gamma=30.818-0.1315t+0.000105t^2$(0~50℃)	闪点(闭杯)/℃	5.55

注：① 1mmHg=133Pa。

② 1cal=4.1868J。

表 1-11 50℃时 C_4 烃在不同含水量的 ACN 中的相对挥发度

溶 质	无水 ACN			含 5%水的 ACN			含 10%水的 ACN		
	100%	80%	70%	100%	80%	70%	100%	80%	70%
正丁烷	3.01	2.63	2.42	3.64	2.94	2.66	3.64	3.11	2.75
异丁烷	4.19	3.66	3.37	4.95	4.11	3.72	5.40	4.35	3.82
异丁烯	1.92	1.79	1.72	2.01	1.84	1.75	2.09	1.89	1.78
1-丁烯	1.92	1.79	1.72	2.01	1.84	1.75	2.09	1.89	1.78
反-2-丁烯	1.59	1.48	1.42	1.59	1.54	1.46	1.78	1.58	1.49
丙二烯	2.09	2.14	2.17	1.97	2.04	2.08	1.88	1.97	2.02
顺-2-丁烯	1.45	1.35	1.30	1.48	1.36	1.30	1.51	1.37	1.30
1,3-丁二烯	1.00	1.00	1.00	1.00	1.00	1.00	1.00	1.00	1.00
1,2-丁二烯	0.731	0.720	0.712	0.75	0.733	0.722	0.755	0.738	0.728
丙炔	1.00	1.09	1.16	0.947	1.06	1.13	0.897	1.05	1.12
1-丁炔	0.481	0.499	0.508	0.456	0.476	0.490	0.435	0.462	0.076
2-丁炔	0.296	0.303	0.308	0.278	0.288	0.293	0.267	0.279	0.287
乙烯基乙炔	0.389	0.413	0.430	0.364	6.400	0.414	0.344	0.379	0.403

注：① 表中 100%、80%、70%表示溶剂的浓度(质量分数)。

② 大部分溶质混合物中丁烯与 1,3-丁二烯比为 1∶12。

表 1-12　50℃时 C_4 烃在不同含水量的 ACN 中的相对活度系数

溶　质	无水 ACN			含 5%水的 ACN			含 10%水的 ACN		
	100%	80%	70%	100%	80%	70%	100%	80%	70%
正丁烷	3.53	3.09	2.85	4.16	3.46	3.13	4.29	3.56	3.25
异丁烷	3.60	3.14	2.89	4.25	3.53	3.19	4.64	3.73	3.28
异丁烯	1.86	1.73	1.66	1.95	1.78	1.70	2.03	1.83	1.72
1-丁烯	1.86	1.73	1.66	1.95	1.78	1.70	2.03	1.83	1.72
反-2-丁烯	1.92	1.79	1.71	2.06	1.87	1.78	2.15	1.92	1.80
丙二烯	0.770	0.786	0.80	0.724	0.750	0.765	0.692	0.724	0.744
顺-2-丁烯	1.90	1.77	1.70	1.94	1.78	1.70	1.98	1.80	1.70
1,3-丁二烯	1.00	1.00	1.00	1.00	1.00	1.00	1.00	1.00	1.00
1,2-丁二烯	1.11	1.15	1.14	1.20	1.17	1.16	1.21	1.18	1.16
丙炔	0.427	0.445	0.471	0.385	0.430	0.461	0.365	0.412	0.457
1-丁炔	0.716	0.742	0.756	0.680	0.713	0.731	0.648	0.687	0.709
2-丁炔	0.784	0.802	0.815	0.735	0.762	0.776	0.706	0.739	0.758
乙烯基乙炔	0.540	0.573	0.596	0.505	0.551	0.575	0.477	0.527	0.560

1.2.2.3　二级乙腈法

生产过程基本与 DMF 法相同，采用第二级萃取精馏来脱除丁二烯中的炔烃，不同之处在于不用压缩机。因乙腈沸点低，又与丁二烯有共沸组成，故必须增设用水萃取回收并提浓 ACN 的系统。

我国自行开发的二级乙腈法抽提丁二烯工业装置，于 1971 年建成投产，为与引进的第一套砂子炉配套，首次采用了二级乙腈萃取精馏方法脱除炔烃的技术。

ACN 法抽提丁二烯比高沸点的(DMF、NMP)溶剂操作温度低，最高温度为第二萃取精馏塔塔釜解吸段温度，所有塔顶冷凝器均用循环冷却水作为冷剂。所有设备(塔器、容器、换热器、泵)均采用碳钢，国内均可制造。

在生产过程中乙腈少量水解生成乙酸和氨。氨随 C_4 烃逐渐排出，但在循环物料中积聚起来的乙酸则能起催化水解作用并引起对设备的腐蚀。国内在 20 世纪 70 年代兴建的四套 ACN 法装置，均因腐蚀问题而更新了丁二烯解析塔。80 年代以后，各厂都采取了有效措施，严格控制乙腈中水的含量(≤10%)，加强对溶剂的净化和加入阻聚剂，收到了明显的效果。

ACN 法的特点是：操作温度低，不用压缩机；适应性强，技术成熟；近年来又有新的改进和提高，能耗降低，可以处理各种来源的 C_4 馏分。产品丁二烯能满足顺丁橡胶聚合的要求。

1.2.3　NMP 法抽提丁二烯

NMP 法抽提丁二烯装置是以含水 5%~10%的 NMP 作为萃取剂，从混合 C_4 馏分中分离 1,3-丁二烯的方法。该技术由德国 BASF 公司研究开发，在 1968 年实现工业化。1995 年，国内第一套引进的 2.95×10^4t/a NMP 法抽提丁二烯装置在北京东方化工厂投产。之后天津石化 3.0×10^4t/a、独山子石油化工公司 3.5×10^4t/a、上海赛科石油化工公司 9.0×10^4t/a 的丁二烯装置相继投产。

NMP 是一种具有优良选择性和溶解能力的溶剂，除用于 C_4 馏分抽提丁二烯，还用于 C_5 馏分抽提异戊二烯和 C_8 馏分抽提芳烃。NMP 具有优良的热稳定性和化学稳定性，对设备无腐蚀，对人身无毒害，即使发生微量水解，其水解产物也无腐蚀性，装置可全部使用碳钢材料。NMP 不与水形成共沸物，易溶于水，因而只用少量水洗涤并用普通精馏方法即可回收提纯溶剂。溶剂沸点高，蒸气压力低(常温下纯 NMP 的沸点 203℃，蒸气压 $P_{25℃}=53.3$Pa)，因而运转中溶剂损失小。NMP 主要物理化学性质见表 1-13，对 C_4 馏分的溶解度和选择性见表 1-14。

表 1-13　NMP 的主要物理化学性质

性　质	数　　值	性　　质	数值
分子式	C_5H_9NO	聚合热/(kcal②/mol)	0.8
相对分子质量	99.134	燃烧热(液体)/(kcal/mol)	-715
沸点/℃	202(760mmHg①)	电导率/(Ω/cm)	$(1\sim2)\times10^{-8}$(25℃)
蒸气压/mmHg①	4(60℃)	介电常数	320(25℃)
凝点/℃	-24.4	偶极矩/D	4.09(30℃，在苯中测定)
密度/(g/mL)	1.0279(25℃)	在水中溶解度	∞
折射率	1.4680(25℃)	闪点(开杯法)/℃	95
黏度/cP	1.666(25℃)	自燃温度(ASTM D-286-58T)/℃	346

注：① 1mmHg=133Pa。
② 1cal=4.1868J。

表 1-14　NMP 对 C_4 馏分的溶解度和选择性

化　合　物	沸点/℃	0.1MPa、40℃时的溶解度系数 α	选择性($S=\alpha'/\alpha$)①
丙烷	-42.70	3.08	13.5
异丁烷	-11.73	4.87	8.52
丙烯	-47.70	5.37	7.73
正丁烷	-0.05	9.5	4.37
异丁烯	-6.09	15.42	2.69
1-丁烯	-6.25	15.6	2.66
丙二烯	-34.5	18.4	2.29
反-2-丁烯	0.88	20.4	2.09
顺-2-丁烯	3.72	25.1	1.65
1,3-丁二烯	-4.41	41.5	1.00
丙炔	-23.22	43.0	0.917
1,2-丁二烯	10.85	78.0	0.532
1-丁炔	8.1	102	0.407
2-丁炔	26.9	206	0.201
乙烯基乙炔	5.1	226.00	0.184

① α'为 1,3-丁二烯的溶解度系数。

NMP 法抽提丁二烯装置流程简单、操作方便、操作弹性大、产品质量高、经济效益好。NMP 毒性小，对人体基本无害，废水易于进行生化处理，具有突出的环保优势，是一种较有竞争力的工艺技术。

三种溶剂优缺点的比较。

DMF 的优点：来源容易，价格低；相对分子质量、黏度居中；溶剂选择性好，对丁烷、丁烯和丁二烯的溶解能力最强。

DMF 的缺点：稳定性较差，极易水解，易腐蚀设备；热容大，废水不易生化处理；LD_{50}口服毒性最大。DMF 的沸点较高，既是优点又是缺点。由于 DMF 的选择性高，回流比较小，有利于节能。在增加塔板数之后，可较大幅度地提高产品质量。由于 DMF 的相对分子质量、黏度小于 NMP，所以塔板效率高于后者，实际的溶剂与 C_4 馏分质量比低于后者。由于 DMF 的稳定性差，不能采用加水的方式降低沸点，但仍有少量的二甲胺生成，故产品需要水洗处理；易生成较多焦油，对环境造成污染。DMF 的沸点较高，丁烯和丁炔产品可不需要水洗处理，但汽提塔后必须设置压缩机升压，电耗大。DMF 抽提工艺的汽提塔塔底温度高达 163℃，对防止丁二烯自聚不利。

ACN 的优点：来源容易，价格低；相对分子质量、黏度、热容、密度最小；废水易生化处理，再生时不生成焦油；对丁烷和顺-2-丁烯的溶解能力、稳定性、腐蚀性虽不是最好的，但在工业上可以接受。

ACN 的缺点：溶剂选择性较低，LD_{50}皮肤毒性最大。ACN 的沸点低是优点，也是缺点。由于 ACN 的相对分子质量最小，弥补了溶剂选择性较低的缺点。虽然 ACN 溶剂的恒定浓度要求较高，但是实际的溶剂与 C_4 馏分质量比反而不大，有利于节能。ACN 的选择性较低，虽需要的理论塔板数比较多，但由于溶剂的黏度小、塔板效率高，可减少实际塔板数，且传热系数大。ACN 的密度最小，溶解 C_4 馏分的量多，弥补了溶解度低的缺点。ACN 的沸点低，系统温度也最低，即使在压力高达 0.44MPa 的汽提塔内，系统温度也只有 134℃，不需要使用压缩机升压。但 ACN 的沸点低，产品中夹带了少量的溶剂，故产品需水洗处理。ACN 溶剂的选择性较低，使用 ACN 工艺的回流比大于其他两种抽提工艺，加大了气相负荷。

NMP 的优点：溶剂的选择性和稳定性最好，无腐蚀性，废水易生化处理。

NMP 的缺点：相对分子质量、黏度最大，对丁烷和顺-2-丁烯的溶解能力低，LD_{50}吸入毒性最大。NMP 的沸点高，既是优点也是缺点。由于 NMP 的选择性最好，弥补了其相对分子质量和黏度大的缺点。提高溶剂的恒定浓度，达到在萃取时以最少的理论塔板数完成对丁烯和丁二烯分离的目的。因 NMP 的稳定性好不易生成焦油，可采用在溶剂中加水的方式降低沸点，减少自聚物的生成量。由于 NMP 的黏度大，装置萃取精馏系统的塔板数实际上与 ACN 抽提工艺的实际塔板数相似。NMP 的沸点最高，丁烯和丁二烯产品可以不需要水洗处理，但汽提塔后必须设置压缩机升压。NMP 抽提工艺汽提塔的塔底温度为 148℃。

1.2.4 三种丁二烯抽提方法的比较

三种丁二烯抽提方法的比较见表 1-15。

表 1-15 三种萃取精馏法 C_4 抽提丁二烯流程的技术经济指标

技术经济指标	ACN 技术	DMF 技术	NMP 技术
溶剂	ACN	DMF	NMP
原料中丁二烯含量/%	45~50	45~50	45~50
抽提率/%	97~98.9	97~98.8	97~98.7
产品纯度/%	99.5~99.85	99.5~99.85	99.5~99.85
蒸汽/(kg 标油/t)	241	207	165
循环水/(kg 标油/t)	22	27	22
电/(kg 标油/t)	19	39	44
综合能耗/(kg 标油/t)	278	281	231
溶剂消耗/(kg/t)	0.8~2.0	0.9~2.0	0.25~0.55

备注：数据源于 2022 年中国合成橡胶工业协会统计数据，蒸汽、循环水、电、综合能耗均为平均数据。

1.3 丁二烯装置使用化学品的性质与作用

1.3.1 主要化学品的物理化学性质

主要化学品的物理化学性质见表 1-16。

表 1-16　主要化学品的物理化学性质

序号	名　称	主要物理化学性质	质量指标
1	二甲基甲酰胺（DMF）	闪点：67℃；相对密度：0.9435～0.9450；爆炸极限：2.2%～15.2%（体积分数）；具有热稳定性、高沸点、高闪点、对广大的有机物无机物具有高溶解度。能与水、醚、醇、酯、酮、氯化烃和氯化芳烃完全混溶；在常压及沸点温度下为热稳定溶剂，加热超过350℃则分解生成二甲胺和一氧化碳，紫外线照射分解产物是二甲胺和甲醛；水解生成二甲胺和甲酸，水解速度在酸、碱介质中加速	无色透明液体，无机械杂质，纯度≥98%，水含量≤0.2%（均为质量分数），pH值：6.5～9.0
2	乙腈（ACN）	沸点：81.8℃；熔点：-45.7℃；相对密度：0.783（20℃）；气化热：764.8kJ/kg（81.8℃）；液体比热：2.198kJ/kg（20℃）；液体黏度：2.6×10^{-4}Pa·s（60℃），与水溶解度：∞。乙腈与水76℃时形成共沸物，共沸组成为含水15%（质量分数），爆炸极限：4.4%～16%（体积分数），具有热稳定性，对有机物和无机物具有高溶解度；在酸或碱的催化作用下进行水解，生成乙酰胺（CH_3CONH_2），在较高温度下，进一步水解生成醋酸（CH_3COOH）；在硫酸或盐酸的作用下进行醇解反应，生成酯；经过催化加氢可以得到伯胺	无色透明液体，无机械杂质，纯度≥98%，丙烯腈≤500×10^{-6}，水≤0.5%，酸度≤30×10^{-6}，氨≤10×10^{-6}（均为质量分数）
3	*N*-甲基吡咯烷酮（NMP）	沸点：202.5～205℃；相对密度：1.028（25℃）；闪点：91℃。空气中最大允许浓度为400mg/m^3。纯*N*-甲基吡咯烷酮有微弱氨味，可以任意比与水和一般有机溶剂互溶，具有吸湿性。长时间储存颜色会变为淡黄色，但对NMP的性质无影响。具有较好的热稳定性和化学稳定性	无色透明液体NMP含量≥99.5%，水含量≤0.2%，丁内脂≤0.1%（均为质量分数）熔点为-25℃
4	糠　醛	闪点140℃；相对密度：1.160；爆炸极限：2.1%～19.3%（体积分数）；糠醛具有苦杏仁气味，其蒸汽能与空气形成爆炸性混合物，在光和热的作用下，与空气接触会逐渐氧化，变成棕色；溶于水，与乙醇、乙醚和DMF混溶；在光和热的作用下，与空气接触会逐渐氧化，颜色逐渐变成棕褐色，糠醛蒸气与空气能形成爆炸性混合物；在有油、铁锈并高温下，糠醛会树脂化；糠醛还能与氢反应，催化剂的不同能生成不同的糠醇；在醋酸作用下能与苯胺起反应，有鲜红色泽的物质生成，这个特殊的色泽反应可检验糠醛的存在	无色透明液体 纯度≥99.5%，水含量≤0.2% （均为质量分数） 总酸度（mgKOH/g）≤0.5
5	硅　油	黏度（10000±1000）mm^2/s（25℃）；折射率1.401～1.405，化学性质稳定，不溶于水，能溶于苯、甲苯，无腐蚀性；化学性质稳定，长期接触空气也不会胶化；不溶于水，能与苯、甲苯、醇类混溶；有较高的耐热性，不易燃烧；对金属没有腐蚀性	运动黏度：（10000±100）mm^2/s（25℃）；相对密度：0.960～0.975（25℃）
6	亚硝酸钠	微淡黄色斜方晶体或粉末状，熔点271℃；密度：2.17g/cm^3；分解温度：320℃；易溶于水，遇酸分解产生亚硝酸，吸湿性强，暴露在空气中会被氧化而变质，助燃，与炭末和硫酸混合时能引起燃烧和爆炸，同时产生二氧化碳。极易溶于水，难溶于乙醇和乙醚，但能溶于DMF中；亚硝酸钠化学性质不稳定，加热到320℃时分解，产生NO和$NaNO_3$；空气中能逐渐吸收氧而变成化学性质稳定的硝酸钠，可用它来做除氧剂；亚硝酸钠是强碱弱酸盐，水解显碱性	微黄色斜方晶体， 纯度≥98.0% 水含量≤2.5% 水中不溶物≤0.1% 硝酸钠≤1.9% （均为质量分数）
7	对叔丁基邻苯二酚（TBC）	熔点52.57℃；沸点285℃；闪点130℃；相对密度1.049；与空气接触后易氧化变成黄褐色及深褐色，溶于乙醚、乙醇和丙酮，难溶于水，在80℃时微溶于水；在碱性水溶液中先变成盐；能溶于苯、甲苯、酒精、乙醚和丙酮中；具有弱酸性，能与氢氧化钠、氢氧化钾溶液作用生成可溶于水的酚盐；在硝酸的作用下，很容易硝化，在浓硫酸的作用下很容易磺化，在一定条件下也可被卤化，在一定的转换条件下，也可生成酯；是一种强还原剂，TBC羟基上的氢原子有较大的活泼性，比较容易成为氢离子，当TBC分子周围有自由离子或游离基时，TBC分子就脱去氢而与游离基结合，利用这一化学性质，在工业生产中一般不采用它作阻聚剂	纯度≥98.0%（质量分数） 结晶体≥50℃

续表

序号	名 称	主要物理化学性质	质量指标
8	甲 苯	沸点：110.63℃ 相对密度：0.87 爆炸极限：1.2%~7.0%(体积分数) 不溶于水，溶于乙醇、乙醚，易挥发、燃烧和爆炸	无色透明液体，无机械杂质、游离水 初馏点≥110.3℃ 终馏点≤111.0℃ 密度(20℃)：865~868kg/m^3 苯≤0.10% C_8 芳烃≤0.10% 非芳烃≤0.25% (均为质量分数)

1.3.2 主要化学品的作用

丁二烯装置使用的主要化学品有DMF、ACN、NMP、甲苯、糠醛、硅油、$NaNO_2$、TBC。

(1) DMF、ACN和NMP：萃取剂，分离过程中加入的新组分。它的加入使碳四中各组分的相对挥发度发生明显的变化，使物料中难以用普通精馏方法分离的组分得以有效地分离。

(2) 糠醛：是一种阻聚剂(DMF装置使用)，它和系统中产生的焦油组成复合阻聚剂，防止萃取精馏系统中丁二烯热聚物的产生。循环溶剂中的糠醛和焦油的总含量应保持在2%~5%(质量分数)。

(3) 硅油：是一种消泡剂(DMF装置和NMP装置使用)，可减少泡沫的产生，减少雾沫夹带，提高传质效果。通常循环溶剂中硅油含量为3~4μg/g；但是，如果溶剂中焦油含量较高，则硅油加入量可适当减少。

判断硅油加入量的多少萃取精馏塔的压差是一个很重要的指标，当压差在生产负荷没有变化的情况下上升时，就必须提高硅油的加入量。

(4) 亚硝酸钠：是一种除氧剂，利用其还原性，可以有效地除去系统中进入的微量氧，防止萃取系统中产生丁二烯过氧化物。

(5) TBC：精馏系统中的阻聚剂，利用其强还原性，除去丁二烯系统中的自由离子或游离基，防止自聚。因TBC对气相阻聚的局限性，现在，精馏系统一般使用复合型TBC高效阻聚剂。

(6) 甲苯：作为硅油和TBC的稀释剂使用。按照一定的比例配制硅油和TBC。

1.4 萃取精馏

1.4.1 萃取精馏的基本原理

萃取精馏是向原料中加入第三组分(萃取剂或溶剂)，以改变原有组分间的相对挥发度而达到分离要求的特殊精馏方法，常用于分离各组分之间相对挥发度差别很小的溶液。在萃取精馏过程中，原料在溶剂的作用下，使得原来比较难分离的混合物各组分间相对挥发度差值增大，从而实现分离的一种特殊精馏。

从 C_4 馏分中抽提丁二烯，所使用的溶剂(DMF、ACN、NMP等)均是极性比 C_4 高的物质，其结果使 C_4 馏分中相对挥发度按炔烃<二烯烃<单烯烃<丁烷的顺序排列。利用这一规律就可以用不同的工艺流程将它们一一分开，以满足不同的需要。

1.4.2 萃取剂的选择

萃取精馏能否实现、装置技术经济指标如何，萃取剂的选择是关键。一般来说，对萃取剂的要求如下。

（1）选择性高。加入萃取剂后能大幅度地改变被分离组分的相对挥发度。

（2）挥发性小。具有比被分离组分高得多的沸点，溶剂的挥发度要远低于所需要分离的物系中最高沸点组分的挥发度，且不与其他组分形成共沸物，从而使萃取剂的回收易于实现，萃取剂损耗少。

（3）相容性好。萃取剂与被分离组分具有足够的互溶度，即两者能很好地混合、液相不易分层，使其在每层塔板上都充分发挥萃取剂的作用。

（4）热稳定性和化学稳定性好。在高温下不分解，对设备无腐蚀或腐蚀很小，毒性低，不与被分离组分发生任何化学反应，从而使其在生产过程中安全、可靠，有利于环境保护。

（5）萃取剂的价格便宜，容易取得。萃取剂在市场上比较常见，价格比较低廉。

（6）分子体积小、黏度低、相对分子质量低、分子比热容小。可以提高塔板效率、提高塔的生产能力，并降低装置能耗。

1.4.3 萃取精馏的特点

萃取精馏装置的主要设备是萃取精馏塔，和普通精馏不同的是进入塔内的物料除原料和回流外还有溶剂，而且溶剂的流量往往大大超过其他物料的流量。由于溶剂的沸点高于原溶液各组分的沸点，所以它总是从塔釜排出。被分离物料大多采用气相加料，这样在萃取精馏塔的精馏段与提馏段中的溶剂浓度才能基本维持恒定。为了使塔的绝大部分塔板上能维持较高的溶剂浓度，溶剂加入口一定要在原料进入口以上。但一般情况下，它又不能从塔顶引入，因为溶剂入口以上必须有若干块塔板，组成溶剂回收段，以便使馏出物从塔顶引出以前能将其中的溶剂浓度降到可忽略的程度。溶剂与重组分一起自萃取精馏塔底部引出后，送入溶剂回收装置，用蒸馏塔将重组分自溶剂中蒸出，并送回萃取精馏塔循环使用。一般整个流程中溶剂的损失是不大的，只需添加少量新鲜溶剂补偿即可。

1.4.4 萃取精馏的操作注意事项

萃取精馏的最大特点是加入了萃取剂，而且萃取剂的量较多、沸点高，在操作过程中每一层塔板上都要维持一定的溶剂浓度，一般为 70%~80%。而且要使被分离组分和萃取剂完全互溶，严防分层，否则会使操作恶化，破坏正常的气-液相平衡，达不到预期的分离效果。根据这一特点，在进行萃取精馏操作时，应注意以下几点。

（1）必须严格控制好溶剂比（即溶剂量与加料量之比），过大则会使能耗显著增加，而且影响处理能力；过小则会破坏正常操作，使其产品不合格。这是萃取精馏操作和工艺设计最关键的影响因素。

（2）萃取剂的进塔温度和含水量对操作都有很大影响，萃取剂的进塔温度一定要适宜，必须严格控制，一般比塔顶温度高 3~5℃，因为萃取剂用量大，它的温度有微小变化都会影响到每层塔板上各组分的浓度分布及气-液相平衡。若萃取剂温度低，会使塔内回流量增加，反而会使“恒定浓度”降低，不利于分离正常进行；温度过高则容易导致塔顶产品不合格。一般极性溶剂（ACN、NMP）含水的目的：一是增加其选择性；二是降低操作温度，减少聚合。但含水量不宜过多，因为过多会降低 C_4 溶解度。还会加剧乙腈分解，对设备腐蚀加剧。

（3）维持适合的回流比。这一点不同于普通精馏，萃取精馏塔的回流比一般非常接近最小回流比，操作过程一定要仔细地控制，精心调节。回流比过大不仅不会提高产品质量，反而会降低产品质量。因为增加回流量就直接降低了每层塔板上溶剂的浓度，不利于萃取精馏操作，使分离变得困难。

（4）要重视被分离组分的进料状态和组分含量的变化。在萃取精馏操作过程中，物料一般以饱和蒸气状态加入塔内，使操作较易平稳。也有的生产厂家采用液相进料，但相对能耗增加（考虑到装置内的能源综合利用），对分离效果并无明显影响。原料中组分含量变化时，应随之改变操作条件。如 C_4 馏分中丁二烯含量由 40%改变到 50%时，萃取剂用量要随之增加，塔釜温度也要提高。

第 2 章　丁二烯生产技术

2.1　DMF 抽提丁二烯生产技术

2.1.1　工艺流程叙述

DMF 抽提丁二烯装置主要分为以下四部分：

（1）第一萃取精馏部分；

（2）第二萃取精馏部分；

（3）普通精馏部分；

（4）溶剂净化部分。

其中前三部分连续进料；前两部分是以 DMF 为萃取剂的萃取精馏部分。

原则上，原料中比 1,3-丁二烯难溶的组分首先在第一萃取精馏部分脱除，比丁二烯易溶的组分则留在第二萃取精馏部分脱除，只有沸点与丁二烯有较大差别的杂质才在普通精馏部分脱除。前两部分用的循环溶剂，采出其中小部分连续送往溶剂净化部分进行净化。工艺流程如图 2-1 所示。

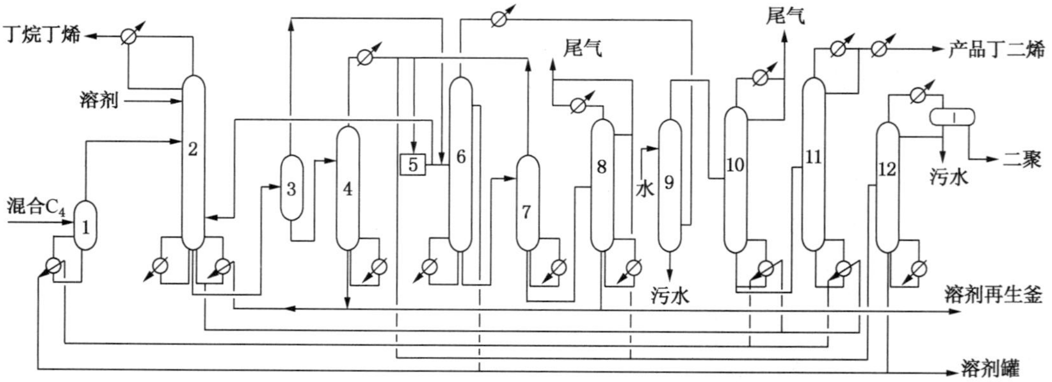

图 2-1　DMF 丁二烯抽提装置工艺流程图

1—原料蒸发罐；2—第一萃取精馏塔；3—预汽提罐；4—第一汽提塔；5—压缩机；6—第二萃取精馏塔；7—丁二烯回收塔；8—第二汽提塔；9—洗胺塔；10—脱轻塔；11—脱重塔；12—溶剂精制塔

2.1.1.1　第一萃取精馏部分

在 DMF 存在下，凡是与 1,3-丁二烯相比其相对挥发度高于 1.0 的组分，都在这部分除去。这部分的主要设备有：原料蒸发罐、第一萃取精馏塔以及预汽提罐和第一汽提塔。

本装置的上游装置是乙烯裂解装置，从裂解装置来的 C_4 原料首先进入原料蒸发罐，其热量由第一汽提塔和第二汽提塔塔底来的循环溶剂的余热供给。C_4 原料经加热汽化后进入装置第一萃取精馏塔，未能蒸发的重组分作为液化气送出装置外。

由循环溶剂泵送来的萃取剂 DMF 进入第一萃取精馏塔上部。一般在溶剂进料板之上还会有几块塔板，这几块塔板组成溶剂回收段，主要作用是从抽余液馏分中脱除夹带的溶剂。

萃取剂 DMF 经过这几块塔板与回流液充分混合，使从塔顶采出的抽余液馏分中不含 DMF。第一萃取精馏塔塔底由溶剂再沸器和蒸汽再沸器共同为该塔提供加热能量。在第一萃取精馏塔中，C_4 原料中比丁二烯较难溶于 DMF 的组分(丁烷、丁烯)从塔顶馏出，进塔顶冷凝器冷凝后，一部分作为回流重新返回塔内，另一部分作为副产品采出装置，作为液化气或下游装置的原料。在该塔的操作中，正确调节溶剂加入量和回流量十分重要，这两个量和压缩机返回第一萃取精馏塔塔底的丁二烯的量，共同控制该塔塔顶丁二烯的损失量和塔底釜液的组成。

原料中的丁二烯以及比丁二烯重的组分(主要是炔烃)与溶剂一起借助压差，进入预汽提罐。由于该罐的压力高于第二萃取精馏塔的塔压。因此该罐溶剂中的部分丁二烯由罐顶闪蒸出来，直接进入第二萃取精馏塔。预汽提罐罐底的烃类和溶剂靠压差进入第一汽提塔。塔顶解析出的丁二烯和炔烃进入第一汽提塔第一冷却器和第二冷却器两个串联的换热器部分冷凝后，进入第一汽提塔回流罐。回流罐内的液体部分打回流，剩余部分进入溶剂精制塔精制。粗丁二烯气体进入丁二烯气体压缩机，经升压后大部分送入第二萃取精馏塔，部分返回第一萃取精馏塔塔底以调节第一萃取精馏塔的质量。

2.1.1.2 第二萃取精馏部分

这部分的主要设备有：第二萃取精馏塔、丁二烯回收塔和第二汽提塔。

第二萃取精馏塔的进料中主要含丁二烯和在 DMF 中比丁二烯更易溶的组分，如乙烯基乙炔、乙基乙炔、1,2-丁二烯、C_5 烃以及甲基乙炔等。

甲基乙炔在 DMF 中的相对挥发度与 1,3-丁二烯接近。因此大部分甲基乙炔不在这部分脱除，而是送往下一流程的精馏部分脱除。

乙烯基乙炔与顺-2-丁烯能在精馏时生成共沸混合物，因此在精馏前应将前者完全脱除。由于乙烯基乙炔能在第二萃取精馏部分轻易脱除，因此第二萃取精馏塔的操作对产品丁二烯中乙烯基乙炔的合格极为重要。乙基乙炔、1,2-丁二烯等其他组分利用增加回流量的方法，也能在这部分脱除。

由循环溶剂泵送来的萃取剂 DMF 进入第二萃取精馏塔，在溶剂进料板之上也有几块塔板，用于脱除馏出物中的溶剂，与第一萃取精馏塔的溶剂回收段的作用一样。该塔塔釜也是由蒸汽再沸器和溶剂再沸器为该塔共同提供热量的。由于丁二烯和炔烃在溶剂 DMF 存在下的相对挥发度不同，相对挥发度大的组分 1,3-丁二烯(含少量杂质)从塔顶馏出，冷凝后，一部分打回流，另一部分采出进洗胺塔。

第二萃取精馏塔塔底含有乙烯基乙炔和相当数量的丁二烯的溶剂，靠压差或经过泵输送经第二萃取精馏塔第一再沸器换热，降低温度后送入丁二烯回收塔。丁二烯回收塔塔顶馏出的丁二烯和少量杂质返回压缩机一段入口，回收溶剂中的丁二烯。塔釜含炔烃的溶剂用泵送至第二汽提塔。在第二汽提塔中乙烯基乙炔等烃类从塔顶馏出，冷凝后的液体一部分打回流，另一部分送往溶剂精制塔进行精制。不凝的烃类气体排入尾气回收系统，用作燃料综合利用。为了安全起见，塔顶和尾气回收管线引入了从第一萃取精馏塔来的抽余液对不凝气进行稀释，防止由于不凝气中的乙烯基乙炔含量过高而引起爆炸。塔底排出的热溶剂与第一汽提塔塔底排出的热溶剂汇合后，抽出一小部分送往溶剂再生釜，以脱除其中的焦油等重组分。其余溶剂经热利用后再冷却至 40~50℃，重新进萃取精馏塔循环使用。此外，第二汽提塔回流液中含 DMF，应将其中的一部分送往溶剂精制塔，除去水、丁二烯二聚物等比 DMF 沸点低的物质。

为了防止丁二烯在萃取精馏塔内自聚，循环溶剂中要加入一定量的阻聚剂糠醛、亚硝酸钠、新型阻聚剂；为了防止溶剂起泡、降低塔板效率，还要加入一定量的消泡剂——硅油。

2.1.1.3 普通精馏部分

这部分的主要设备有：洗胺塔、脱轻塔和脱重塔。

虽然 C_4 原料中大部分杂质经第一萃取精馏和第二萃取精馏后已经脱除，但 1,3-丁二烯中仍含有一定的杂质。这些杂质需要在脱轻塔和脱重塔中脱除。

由于从第二萃取精馏塔采出的粗丁二烯中含有微量的二甲胺，为了保证产品丁二烯中不含二甲胺，因此在装置内设置了洗胺塔。从第二萃取精馏塔塔顶采出的粗丁二烯进入洗胺塔塔底，从塔底流向塔顶。蒸汽冷凝水经洗胺塔进水冷却器冷却后进入洗胺塔上部，从塔顶流向塔底。在该塔中利用液液萃取的方式，将粗丁二烯中所含的 DMF 水解产生的微量二甲胺转移到水中，和水一道靠塔的自身压力从塔底排出，送至污水处理场，粗丁二烯从塔顶出来，靠压差送至脱轻塔。

脱轻塔脱除水和比丁二烯轻的组分甲基乙炔。脱轻塔进料中含有少量水，在这个塔中，水与丁二烯形成非均相共沸物，从塔顶馏出，甲基乙炔也从该塔的塔顶馏出，冷凝后进入回流罐，通过充分的静置，水从丁二烯中分离出来，从罐底排出，不能冷凝的甲基乙炔和部分丁二烯一起从回流罐顶部排出，送入尾气回收系统作为尾气综合利用。通过这个塔的处理，丁二烯中水的含量降至 20μg/g 以下。

从脱轻塔塔釜排出的丁二烯由塔釜泵送至脱重塔，在脱重塔进一步脱除重组分杂质。丁二烯中的碳五、1,2-丁二烯、乙基乙炔、顺-2-丁烯等杂质从塔底排出。塔顶采出质量合格的丁二烯经塔顶冷凝器冷凝后进入回流罐，一部分作为回流返回塔内，另一部分作为产品采出装置。

脱重塔塔釜液靠压差进入废碳四、碳五蒸发器，蒸出的气体回收利用，未汽化的液体送往燃料油罐，回收塔釜排出的 TBC。

为了防止产生丁二烯过氧化物和端基聚合物，在脱轻塔和脱重塔回流线或冷凝器入口要加入一定量的阻聚剂 TBC。为保证脱重塔冷凝系统有 TBC、产品丁二烯中又不含 TBC，馏出物从塔顶出来后就分为回流和采出两条线：馏出物一部分进回流冷凝器，冷凝后进入回流罐，其余部分的丁二烯进产品冷凝器，冷凝后进丁二烯产品罐，用产品采出泵经产品冷却器冷却后送至罐区。

2.1.1.4 溶剂净化部分

这部分的主要设备有：溶剂精制塔和溶剂再生釜。

萃取精馏部分的循环溶剂在此净化。工艺过程中排放的被污染的溶剂和污水也在此净化。

（1）通过溶剂再生釜脱除溶剂中的重组分。再生量约为萃取精馏用的循环溶剂量的 0.5%（质量分数）。

（2）通过溶剂精制塔脱除溶剂中的轻组分。精制量约为循环溶剂量的 0.7%（体积分数）。另外该塔还用于间歇处理装置在正常生产过程中产生的含杂质的溶剂和污水等。

由第一汽提塔和第二汽提塔回流罐来的溶剂进入溶剂精制塔，以脱除循环溶剂中的水和丁二烯二聚物。溶剂精制塔顶的馏出气经冷凝后，在回流罐中由于密度差别分为水和二聚物两层，一部分水用作回流，多余的水沿清污分流线送污水处理场[DMF ≤ 0.5%（质量分数）]，二聚物则送入燃料油罐，作为燃料油被送出装置外。不能冷凝的气体从回流罐顶被排放至尾气回收系统回收。塔釜精制合格的溶剂，经釜液冷却器冷却后送至精制溶剂受槽，作为泵的密封溶剂，通过给泵提供密封返回溶剂系统。

溶剂精制塔的作用就是通过调节该塔的溶剂精制量来脱除循环溶剂中的水，使循环溶剂中的水含量保持在500μg/g以下。

第一汽提塔和第二汽提塔塔底抽出的一部分溶剂(约为循环溶剂总量的0.5%)进溶剂再生釜，在负压下加热以半连续蒸馏的方式脱除循环溶剂中的焦油等高沸物。溶剂从再生釜的顶部馏出，冷却后送至精制溶剂受槽，焦油在达到一定浓度后从釜底定期排出。脱除溶剂后的焦油进入搅拌釜内，与自轻柴油储罐来的轻柴油按照焦油：轻柴油=1：2~1：5(体积比)在搅拌釜中进行搅拌溶解，混合液压入渣油储罐中储存，待积攒到一定体积后安排罐车运出装置处置。

2.1.2 主要工艺条件及关键工艺控制点

以国内某套7.5×10⁴t/a DMF丁二烯抽提装置的典型设计工艺条件为例，装置采用DCS系统进行控制，操作人员能在带操作键盘和CRT屏幕显示器的操作站进行画面集中监视和控制。装置全流程共有20个控制单元、50个操作组，其中前44个为控制点，45~50为数字点。由于用DCS取代了常规模拟仪表，提高了控制和生产管理水平，保证装置能长期平稳、连续、安全、可靠运行。

2.1.2.1 第一萃取精馏塔

溶剂进料温度：40~50℃。

溶剂进料量：C_4进料中丁二烯量×(15.5~16.5)t/h。

回流量：溶剂进料量×(0.08~0.16)。

塔顶压力：0.33~0.39MPa。

塔顶温度：38~44℃。

塔底温度：125~132℃。

2.1.2.2 预汽提罐

罐顶压力：0.35~0.40MPa。

罐底温度：125~130℃。

2.1.2.3 第一汽提塔

回流量：第一萃取精馏塔溶剂进料量×(0.04~0.05)t/h。

塔顶压力：0.015MPa。

塔顶温度：100~115℃。

塔底温度：163℃(在0.03MPa下DMF的沸点)。

2.1.2.4 第二萃取精馏塔

溶剂进料温度：40~50℃。

溶剂进料量：第二萃取精馏塔进料量×(1.6~2.0)t/h。

回流量：第二萃取精馏塔采出量×(1.1~1.3)t/h。

塔顶压力：0.35MPa。

塔顶温度：34~43℃。

塔底温度：125~135℃。

2.1.2.5 丁二烯回收塔

进料温度：50~60℃。

塔顶压力：0.015MPa。

塔底温度：120～147℃。

2.1.2.6 第二汽提塔

回流量：第二萃取精馏塔溶剂进料量×(0.15～0.18)t/h。

塔顶压力：0.01MPa。

塔顶温度：100～145℃。

塔底温度：163℃(在0.03MPa下DMF的沸点)。

2.1.2.7 洗胺塔

进料位置：塔釜。

冷凝水进料位置：塔顶。

塔顶压力：0.38～0.60MPa。

凝水温度：30～45℃。

塔顶烃液中：二甲胺≤1μg/g。

2.1.2.8 脱轻塔

回流量：脱轻塔进料量×(1～1.5)t/h。

塔顶压力：0.34～0.42MPa。

塔顶温度：30～42℃。

塔底温度：37～47℃。

2.1.2.9 脱重塔

回流量：采出量×(4.0～6.0)t/h。

塔顶压力：0.30～0.40MPa。

塔顶温度：33～44℃。

塔底温度：50～62.2℃。

2.1.2.10 溶剂精制塔

回流量：溶剂精制塔进料量×(0.4～0.5)t/h。

塔顶压力：0.01MPa。

塔顶温度：90～110℃。

塔底温度：163℃(在0.03MPa下DMF的沸点)。

2.1.3 主要分析控制指标

以国内某套DMF丁二烯抽提装置的典型设计工艺条件为例说明如下。

2.1.3.1 常规分析

常规分析项目见表2-1。

表2-1 DMF丁二烯抽提装置常规分析项目表

序号	分析项目	控制指标	采样地点	分析频率	分析方法
1	碳四原料	C_3≤0.5% C_5<0.2% C_4≥99%	原料蒸发罐顶部出气管线	1次/12h	Q/SH3155.SXJ.H20
2	丁烷丁烯馏分	1,3-丁二烯≤0.5%	第一萃取精馏塔塔顶馏出管线	1次/d	Q/SH3155.SXJ.H20

续表

序号	分析项目	控制指标	采样地点	分析频率	分析方法
3	第一汽提塔 塔顶物料组成	顺-2-丁烯≤2.5% 反-2-丁烯≤0.5%	第一汽提塔 第一冷凝器出口管线	1次/6h	Q/SH3155. SXJ. H20
4	第二萃取 精馏塔塔顶物料组成	乙烯基乙炔≤5μg/g	第二萃取精馏塔 塔顶馏出管线	1次/12h	Q/SH3155. SXJ. H20
5	第二汽提塔 塔顶物料组成	乙烯基乙炔≤30% 1,3-丁二烯≤70%	第二汽提塔 塔顶馏出管线	1次/d	Q/SH3155. SXJ. H20
6	脱轻塔塔顶 物料组成	甲基乙炔≤40% 1,3-丁二烯≤80%	脱轻塔回流罐顶 尾气排出管线	1次/12h	Q/SH3155. SXJ. H20
7	脱重塔塔顶 物料组成	纯度≥99.5% 炔烃≤20(其中VA≤5)μg/g 水值≤20μg/g 胺值≤1μg/g	产品丁二烯冷却器 出口管线	1次/6h 1次/6h 1次/d 1次/d	Q/SH3155. SXJ. H20 Q/SH3155. SXJ. D12 Q/SH3155. SXJ. F05 GB/T 6025
8	脱重塔塔底物料组成	1,3-丁二烯≤10%	脱重塔塔底管线	1次/12h	Q/SH3155. SXJ. H20
9	溶剂精制塔 塔顶物料组成	DMF≤0.5%	溶剂精制塔 回流管线	按需	Q/SH3155. SXJ. D05
10	循环溶剂	糠醛：0.8~1.5% 焦油：1.5~2.5% 水≤500μg/g	溶剂进料泵 出口管线	每周一、 三、五 各1次	Q/SH3155. SXJ. D05 Q/SH3155. SXJ. D06 Q/SH3155. SXJ. F05

注：上述为燕山石化分析数据。

2.1.3.2 在线分析

DMF法抽提丁二烯生产装置现场设置工业色谱在线分析小屋，内置工业色谱及相关配套设备，对第一萃取精馏塔塔顶馏出管线物料组成、第二汽提塔塔顶馏出管线物料组成等进行在线分析监控。

在线分析项目见表2-2。

表2-2 DMF丁二烯抽提装置在线分析项目表

序号	分析项目	控制指标	采样地点
1	抽余液馏分	1,3-丁二烯≤0.5%	第一萃取精馏塔塔顶馏出管线
2	第二汽提塔	乙烯基乙炔≤30% 1,3-丁二烯≤70%	第二汽提塔塔顶馏出管线
3	第二萃取精馏塔	乙烯基乙炔≤5μg/g	第二萃取精馏塔塔顶馏出管线
4	成品丁二烯	水值≤20μg/g VA≤5μg/g	产品丁二烯冷却器出口管线
5	脱重塔	氧≤100μg/g	脱重塔回流罐顶管线

注：上述为燕山石化分析数据。

2.1.4 主要设备简介

以国内某套7.5×10^{4}t/a丁二烯抽提装置的典型设计工艺条件为例，DMF丁二烯抽提装置主要设备见表2-3。

表 2-3　DMF 丁二烯抽提装置主要设备一览表

序号	设备名称	介　质	材　　质		温度/℃		压力/MPa	
			塔盘	塔体	设计	操作	设计	操作
1	第一萃取精馏塔	C_4+DMF	SUS410/SS41	SM41B	150	130	0.70	0.51
2	第一汽提塔	C_4+DMF	SUS410/SS41	SM41B	185	163	0.30 及真空	0.03
3	第二萃取精馏塔	C_4+DMF	SUS410/SS41	SM41B	160	135	0.60 及真空	0.39
4	丁二烯回收塔	C_4+DMF	SUS410/SS41	SM41B	155	145	0.30 及真空	0.04
5	第二汽提塔	C_4+DMF	SUS410/SS41	SM41B	185	163	0.30 及真空	0.04
6	第一普通精馏塔	丁二烯	SUS410/SS41	SM41B	70	50.8	0.70	0.48
7	第二普通精馏塔	丁二烯	SUS410/SS41	SM41B	85	62.2	0.70	0.40
8	溶剂精制塔	C_4+DMF+二聚	SUS410/SS41	16MnR	185	163	0.30 及真空	0.03
9	洗胺塔	C_4+DMF	A3F	16MnR	80	50	0.70	0.50
10	预汽提塔	C_4+DMF	—	16MnR	120	120	0.70	0.39
11	水洗塔	C_4、水	—	Q135-B	150	100	0.60	0.03

2.1.4.1　第一萃取精馏塔

作用：在 DMF 作用下，凡与丁二烯相比，其相对挥发度高于 1.0 的组分将在这个塔脱去，主要是从 C_4 中把丁烷、丁烯(绝大部分反-2-丁烯和部分顺-2-丁烯)组分分离出来。

附属设备：第一萃取精馏塔冷凝器、第一萃取精馏塔溶剂再沸器、第一萃取精馏塔蒸汽再沸器、第一萃取精馏塔回流罐和离心泵。

2.1.4.2　预汽提罐

作用：将溶剂中溶解的丁二烯等 C_4 解析出一部分，利用压差直接进入第二萃取精馏塔，以减轻压缩机负载，提高装置生产能力。

2.1.4.3　第一汽提塔

作用：将溶剂中溶解的丁二烯等 C_4 解析出来，在塔釜得到纯度较高的溶剂 DMF，以便循环使用。

附属设备：第一汽提塔第一冷凝器、第一汽提塔第二冷凝器、第一汽提塔再沸器、第一汽提塔回流罐和离心泵。

2.1.4.4　丁二烯气体压缩机

作用：将从第一汽提塔出来的粗丁二烯气体升压后送往第二萃取精馏塔。

附属设备：润滑油系统、氮气密封系统、冷却水系统。

2.1.4.5　第二萃取精馏塔

作用：在溶剂(DMF)作用下，凡与丁二烯相比，其相对挥发度低于 1.0 的组分在此塔脱除，即比丁二烯重的组分乙烯基乙炔和大部分乙基乙炔等在此塔脱除，是萃取精馏系统脱除重组分的萃取精馏塔。

附属设备：第二萃取精馏塔冷凝器、第二萃取精馏塔第一再沸器、第二萃取精馏塔第二再沸器、第二萃取精馏塔回流罐和离心泵。

2.1.4.6　丁二烯回收塔

作用：减少丁二烯损失，同时保证第二汽提塔塔顶尾气中乙烯基乙炔在安全操作范围内。

附属设备：丁二烯回收塔再沸器。

2.1.4.7 第二汽提塔

作用：将丁二烯回收塔塔釜溶剂中的炔烃等杂质解析出来，在塔釜得到纯度较高的溶剂DMF，以便循环使用。

附属设备：第二汽提塔冷凝器、第二汽提塔再沸器、第二汽提塔回流罐和离心泵。

2.1.4.8 脱轻塔

作用：主要脱除粗丁二烯中的水和比丁二烯挥发度大的轻组分甲基乙炔，是精馏系统的脱轻塔。

附属设备：脱轻塔冷凝器、脱轻塔再沸器、脱轻塔回流罐和离心泵。

2.1.4.9 脱重塔

作用：主要脱除未能在第一萃取精馏部分和第二萃取精馏部分脱除的重组分，如顺-2-丁烯、1,2-丁二烯、乙基乙炔以及 C_5 类，是精馏系统的脱重塔。

附属设备：脱重塔冷凝器、脱重塔再沸器、脱重塔溶剂再沸器、脱重塔回流罐、产品丁二烯储罐、产品丁二烯冷却器和离心泵。

2.1.4.10 洗胺塔

作用：利用胺在水和丁二烯中的不同分配系数，通过水洗除去丁二烯中的二甲胺。

附属设备：洗胺塔进水冷却器。

2.1.4.11 溶剂精制塔

作用：脱除循环溶剂中的水和丁二烯二聚物，处理含 DMF 的污水。

附属设备：溶剂精制塔冷凝器、溶剂精制塔再沸器、溶剂精制塔塔釜液冷却器、溶剂精制塔回流罐和离心泵。

2.1.4.12 溶剂再生釜

作用：脱除循环溶剂中的焦油等重组分。

附属设备：溶剂精制受槽、溶剂再生釜冷凝器和真空泵。

2.1.5 装置生产的特点和难点

DMF 抽提丁二烯装置属甲级防爆装置，其安全生产有以下特点和难点。

(1) 萃取剂 DMF 在溶解性能方面优于其他溶剂，尤其对丁烷、丁烯、丁二烯具有高溶解度，溶剂选择性高，分离效果好；DMF 的饱和蒸汽压较低，热稳定性和化学稳定性好，腐蚀性小，且不与碳四烃任何组分形成共沸物。

(2) DMF 抽提丁二烯装置的特点是两段萃取精馏和两段普通精馏相结合，流程设计比较经济，具有基本投资少、分离效果好、能耗较低、产品收率高、产品纯度高、溶剂易精制等特点，是一种较为先进的方法。

(3) 装置处理的物料是裂解 C_4。副产品是抽余液，产品是高纯度丁二烯，均属于易燃易爆的一级危险品，其闪点低，爆炸极限宽，气态相对密度比空气大，不易扩散，发生泄漏时易爆炸着火。

(4) 使用的化学品，如溶剂 DMF、甲苯、糠醛、TBC 等属有毒有害的危险品，对人体有一定的危害，发生泄漏后，易造成人员中毒或灼伤，污染环境。

(5) 丁二烯易发生自聚反应，在氧的存在下，极易生成过氧化物及端基聚合物，大量丁二烯自聚可造成设备堵塞、胀裂，有发生爆炸着火的危险。

(6) 因为装置内第一汽提塔和第二汽提塔的操作温度比较高，所以装置内产生的焦油和二聚物比较多。

（7）由于有丁二烯气体压缩机，装置的开停工操作比较复杂，装置的电耗较高。

2.2　ACN 抽提丁二烯生产技术

2.2.1　工艺流程叙述

ACN 法抽提丁二烯工艺以裂解 C_4 为原料，以乙腈为萃取剂，采取两段萃取精馏和两段普通精馏相结合的工艺流程。

首先在第一萃取精馏塔中分离出丁烷、丁烯等难溶组分，在第二萃取精馏塔中分离出炔烃如乙基乙炔、乙烯基乙炔等易溶组分，得到粗丁二烯；其次在脱轻塔中分离出轻组分甲基乙炔、水等，在脱重塔中分离出的重组分主要是 1,2-丁二烯、顺-2-丁烯等，制得产品纯度可达到 99.5%（质量分数）以上的成品丁二烯；最后在循环溶剂乙腈再生部分，从第一萃取精馏塔和第二萃取精馏塔的循环溶剂中，采出一小部分循环溶剂送往溶剂再生塔进行再生，以除去循环溶剂中的杂质。ACN 法抽提丁二烯的简单示意流程如图 2-2 所示。

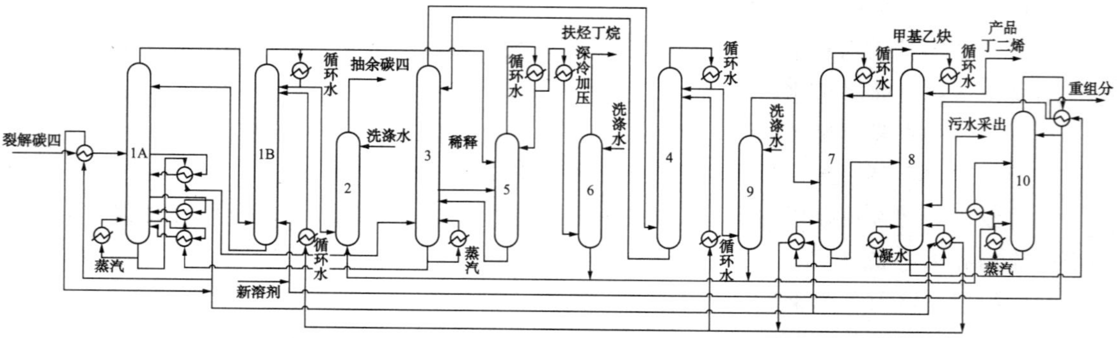

图 2-2　ACN 法抽提丁二烯简单流程示意图

1A—第一萃取精馏塔（下）；1B—第一萃取精馏塔（上）；2—抽余液水洗塔；3—汽提塔；4—第二萃取精馏塔；5—炔烃闪蒸塔；6—炔烃水洗塔；7—脱轻塔；8—脱重塔；9—粗丁二烯水洗塔；10—溶剂再生塔

2.2.1.1　第一萃取精馏部分

裂解 C_4 从原料罐区经过 C_4 原料进料泵经进料调节阀连续送入原料蒸发罐，在原料蒸发罐内汽化后靠压差进入第一萃取精馏塔上段的下部或下段的上部。循环溶剂乙腈由第一萃取精馏塔溶剂进料泵从溶剂罐抽出，送入第一萃取精馏塔上段塔板。含微量丁二烯的抽余液从第一萃取精馏塔塔顶蒸出，经冷凝后，一部分打回流，另一部分送抽余液水洗塔采用液液萃取的方法水洗除去微量的 ACN 后，作为副产品采出装置进而作为液化气或下游装置的原料。第一萃取精馏塔塔底物料与第一萃取精馏塔下塔中部物料换热后，进入汽提塔。

2.2.1.2　第二萃取精馏部分

汽提塔的作用是将烃类组分从循环溶剂 ACN 中汽提出去。在汽提塔中部和下部的几块塔板之间炔烃浓度积聚较高，从该段侧线采出含炔烃气相或液相物料送入炔烃闪蒸塔。汽提塔顶部汽提出的烃类气体靠压差进入第二萃取精馏塔，汽提塔塔釜热溶剂由汽提塔塔釜液泵抽出，经第一萃取精馏塔塔釜溶剂再沸器、第一萃取精馏塔中间再沸器、原料蒸发罐加热器、脱重塔塔釜溶剂再沸器、脱轻塔塔釜溶剂再沸器等热交换设备回收热能，再经溶剂冷却器调节温度后返回溶剂罐循环使用。各个外冲洗泵的外冲洗液来自第一萃取精馏部分、第二萃取精馏部分的循环溶剂进料泵。

汽提塔塔顶气相(主要组分如丁二烯和少量的顺-2-丁烯)进入第二萃取精馏塔下部，循环溶剂ACN进入第二萃取精馏塔上部塔板。在循环溶剂的作用下，比1,3-丁二烯易溶的乙基乙炔、乙烯基乙炔和部分1,2-丁二烯从第二萃取精馏塔塔釜用泵送入汽提塔顶部。丁二烯、甲基乙炔及其他部分杂质从第二萃取精馏塔塔顶馏出，冷凝后一部分作为回流，其余部分送入粗丁二烯水洗塔进行水洗，以充分回收粗丁二烯中的ACN。

从汽提塔侧线采出口抽出的含炔烃的气相或液相物料进入炔烃闪蒸塔，闪蒸出的烃类物质及夹带的溶剂从炔烃闪蒸塔塔顶馏出，经第一级循环水冷凝后的溶剂全部打回流，含炔烃物料经第二级深冷后送炔烃水洗塔。

炔烃闪蒸塔塔釜液(闪蒸出烃类后的循环溶剂)用泵抽出通过炔烃闪蒸塔进出料换热器换热，再经萃取精馏系统循环溶剂冷却器调节温度后送至循环溶剂罐，作为循环溶剂继续使用。

由于在较高温度下，乙烯基乙炔不稳定，当其分压达到0.075MPa或浓度高于50%(摩尔分数)时易发生爆炸。因此，在炔烃闪蒸塔中部加入第一萃取精馏塔塔顶来的气相抽余液作为稀释气，用于降低炔烃闪蒸塔塔顶馏出物中乙烯基乙炔的分压。

2.2.1.3 水洗部分

第一萃取精馏塔抽余液(组分为丁烷、丁烯)水洗塔，为液-液萃取塔，该塔用装置蒸汽冷凝液和再生水作为萃取剂将抽余液中夹带的ACN萃取出来。经过洗涤的抽余液从塔顶靠压差进入抽余液储罐送出界区。塔底含ACN污水送溶剂回收单元废水缓冲罐，待回收再生。

炔烃水洗塔，用装置蒸汽冷凝液和再生水将炔烃中的ACN萃取出来。经洗涤的炔烃从塔顶靠压差进入储罐送出界区，或经加氢除去乙烯基乙炔，返回裂解碳四原料罐或MTBE原料罐。正常生产过程中，抽出循环溶剂的1%进入炔烃水洗塔下部，洗涤除去溶剂中的杂质。塔底含ACN污水送溶剂回收单元废水缓冲罐，待回收再生。

粗丁二烯水洗塔，由第二萃取精馏塔塔顶部馏出的粗丁二烯进入粗丁二烯水洗塔底部，用蒸汽冷凝液和再生水将粗丁二烯中的ACN萃取出来。经过洗涤的粗丁二烯从塔顶靠压差进入脱轻塔。塔底含ACN污水送溶剂回收单元废水缓冲罐，待回收再生。

为了提高水洗效果，降低污水排放量，节约蒸汽冷凝液用量，抽余液水洗塔、丁二烯水洗塔分别采用两段水洗的方法，即在水洗塔中部和顶部分别引入来自ACN再生塔的塔釜水和蒸汽冷凝液两股洗涤水。

2.2.1.4 脱轻塔

脱轻塔的作用是脱除粗丁二烯中的甲基乙炔和水，这两种组分从塔顶馏出，经冷凝后液体打回流，不凝的甲基乙炔与部分丁二烯从回流罐顶部抽出；游离水从回流罐脱水包中定期排放。因甲基乙炔在一定条件下会发生自分解爆炸，必须使其浓度小于40%(摩尔分数)，因此必须损失一部分丁二烯以保证安全。为减少丁二烯损失，含有甲基乙炔和丁二烯的不凝混合气体先经过二次冷凝，凝液返回脱轻塔回流罐，不凝气经流量调节阀排送至尾气回收装置回收利用。塔底丁二烯和其他重组分用釜液泵送入脱重塔。

2.2.1.5 脱重塔

脱重塔的作用是脱除比丁二烯重的组分(包括顺-2-丁烯、1,2-丁二烯、乙基乙炔、C_5、C_6、丁二烯二聚物等)，重组分和杂质从塔釜脱除。产品丁二烯从塔顶馏出，用丁二烯产品采出泵送往丁二烯储罐。

为了防止脱轻塔、脱重塔系统内生成丁二烯聚合物，在脱轻塔、脱重塔塔顶馏出线至冷凝器前或在回流管线上加入阻聚剂 TBC，分别随着回流进入脱轻塔、脱重塔的塔顶。另外，为了防止丁二烯在安全阀入口管线处自聚而引起安全阀堵塞失灵，在脱轻塔、脱重塔塔顶馏出线安全阀与前保护阀间设置 TBC 加入点。

2.2.1.6 溶剂回收、再生部分

装置废水缓冲罐中含 ACN 的污水，用泵抽出，经预热后进入循环溶剂 ACN 再生塔。ACN 和极少量的烃类物质与水形成共沸物从 ACN 再生塔塔顶分离出来，与脱重塔塔釜物料换热，经冷凝后一部分打回流，其余部分进入第一萃取精馏塔上塔釜。ACN 再生塔塔釜液用泵抽出，与进料换热回收热量后，一部分经过再生水冷却器调节温度后作为抽余液水洗塔、炔烃水洗塔、粗丁二烯水洗塔的洗涤水，另一部分送污水处理场。

2.2.2 主要工艺条件及关键工艺控制点

以国内某套 6.5×10^4t/a ACN 丁二烯抽提装置的典型设计工艺条件为例，装置采用 DCS 系统进行控制，操作人员能在带操作键盘和 CRT 屏幕显示器的操作站进行画面集中监视和控制。装置全流程共有控制回路 68 个，模拟输入 48 个，AI 点 114 个，AO 点 67 个，热电偶 46 个，DI 点 12 个。用 DCS 取代了常规模拟仪表，提高了控制和生产管理水平，保证装置能长期平稳、连续、安全、可靠运行。

2.2.2.1 第一萃取精馏塔

溶剂进料温度：48~53℃。

溶剂进料量：C_4 进料量×(6.5~7.5)t/h。

回流比：2~4。

塔顶压力：0.4~0.5MPa。

塔顶温度：45~50℃。

塔底温度：115~120℃。

2.2.2.2 汽提塔

塔顶压力：0.35~0.45MPa。

塔底温度：135~145℃。

2.2.2.3 第二萃取精馏塔

溶剂进料温度：30~38℃。

腈烃比：2~3。

回流比：2~4。

塔顶压力：0.30~0.35MPa。

塔顶温度：37~44℃。

塔底温度：95~103℃。

2.2.2.4 炔烃闪蒸塔

进料温度：90~100℃。

塔顶压力：0.05~0.10MPa。

塔顶温度：75~85℃。

塔底温度：90~102℃。

2.2.2.5 抽余液水洗塔

洗涤水温度：30~40℃。

水烃比：0.5～1.0。
塔顶压力：0.25～0.40MPa。
塔底温度：25～35℃。

2.2.2.6 炔烃水洗塔

洗涤水温度：30～40℃。
水烃比：0.5～1.0。
塔顶压力：0.01～0.30MPa。
塔顶温度：15～25℃。
塔底温度：35～45℃。

2.2.2.7 丁二烯水洗塔

洗涤水温度：30～40℃。
水烃比：0.5～2.0。
塔顶压力：0.30～0.50MPa。
塔顶温度：30～37℃。
塔底温度：25～35℃。

2.2.2.8 脱轻塔

回流量：全回流。
塔顶压力：0.30～0.40MPa。
塔顶温度：38～41℃。
塔底温度：42～47℃。

2.2.2.9 脱重塔

回流比：3～5。
塔顶压力：0.30～0.40MPa。
塔顶温度：40～45℃。
塔底温度：55～60℃。

2.2.2.10 ACN 再生塔

回流比：1.0～2.0。
塔顶压力：0.01～0.03MPa。
塔顶温度：72～81℃。
塔底温度：106～109℃。

2.2.3 主要分析控制指标

以国内某套 6.5×10^4t/a ACN 丁二烯抽提装置的典型设计为例，说明如下。

2.2.3.1 常规分析

常规分析见表 2-4。

表 2-4 ACN 丁二烯抽提装置常规分析项目表

序号	分析项目名称	控制指标	采样地点	分析频率	分析方法
1	C_4 原料	$C_4\geqslant99.0\%$ $C_3\leqslant0.5\%$ $C_5+C_6\leqslant0.5\%$	原料罐 顶馏出线	1 次/班 1 次/班 1 次/班	Q/SHYS. S05. E01 Q/SHYS. S05. E01 Q/SHYS. S05. E01

续表

序号	分析项目名称	控制指标	采样地点	分析频率	分析方法
2	循环溶剂 亚硝酸钠	乙腈浓度≥90% $NaNO_2$≥200μg/g	循环溶剂 泵出口	1次/班 1次/d	Q/SHYS. S05. E04 Q/SHYS. S05. E05
3	第一萃取 精馏塔馏 出线物料组成	1,3-丁二烯≤40μg/g	第一萃取精 馏塔馏出线	2次/班	Q/SHYS. S05. E01
4	第二萃取 精馏塔馏 出线物料组成	1,3-丁二烯≥95.0% 反-2-丁烯≤1.0% VA≤5μg/g	第二萃取 精馏塔塔 顶馏出线	2次/班 2次/班 2次/班	Q/SHYS. S05. E01 Q/SHYS. S05. E01 Q/SHYS. S05. E07
5	炔烃 水洗塔	VA≤40.0% ACN≤100μg/g	炔烃水洗 塔塔顶	1次/班 1次/班	Q/SHYS. S05. E01 Q/SHYS. S05. E09
6	第一普通 精馏塔塔 底水值	水≤20μg/g	第一普通 精馏塔塔 底泵出口	2次/班	Q/SHYS. S05. E06
7	第一普通 精馏塔回 流液 TBC	TBC≥30μg/g	第一普通 精馏塔塔 底泵出口	1次/d	Q/SHYS. S05. E10
8	第二普通 精馏塔顶 物料组成	1,3-丁二烯≥99.5% 总炔≤20μg/g VA≤5μg/g	第二普通 精馏塔顶 馏出线	2次/班 2次/班 2次/班	Q/SHYS. S05. E01 Q/SHYS. S05. E07 Q/SHYS. S05. E07
9	第二普通 精馏塔顶 物料组成	ACN≤0.1μg/g 水≤20μg/g	第二普通 精馏塔回 流管线	2次/班 2次/班	Q/SHYS. S05. E08 Q/SHYS. S05. E06
10	第二普通 精馏塔回 流液 TBC	TBC≥30μg/g	第二普通 精馏塔回 流管线	1次/d	Q/SHYS. S05. E10
11	第二普通 精馏塔塔 釜组成	1,3-丁二烯≤5.0%	第二普通 精馏塔塔 釜泵出口	1次/班	Q/SHYS. S05. E02
12	抽余液水 洗塔塔顶	ACN≤0.1μg/g	抽余液水 洗塔塔顶 馏出线	1次/班	Q/SHYS. S05. E08
13	乙腈再生 塔塔顶物 料组成	ACN≥75.0%	ACN 再生塔 回流泵出口	2次/班	Q/SHYS. S05. E04
14	乙腈再生 塔塔釜物 料组成	ACN≤100μg/g	ACN 再生塔 塔釜泵出口	1次/班	Q/SHYS. S05. E08
15	产品丁二 烯储罐组成	1,3-丁二烯≥99.5% 总炔≤20μg/g VA≤5μg/g 乙腈≤0.1μg/g 水≤20μg/g TBC：未检出	产品丁二烯 储罐	按需 按需 按需 按需 按需 按需	Q/SHYS. S05. E01 Q/SHYS. S05. E07 Q/SHYS. S05. E07 Q/SHYS. S05. E08 Q/SHYS. S05. E06 Q/SHYS. S05. E10

2.2.3.2 在线分析

ACN 法抽提丁二烯生产装置现场一般设置工业色谱在线分析小屋，内置工业色谱及相关配套设备，对 C_4 原料罐出口组成、第一萃取精馏塔塔顶馏出线物料组成、第一萃取精馏塔塔釜 C_4 物料组成、第二萃取精馏塔塔顶馏出线物料组成、脱轻塔塔顶馏出线物料组成等进行在线分析监控。ACN 丁二烯抽提装置常规分析项目见表 2-5，控制指标与单位同常规分析。

表 2-5 ACN 丁二烯抽提装置常规分析项目表

序号	分析项目名称	控制指标	采样地点
1	原料碳四	$C_4 \geqslant 99.0\%$ $C_3 \leqslant 0.5\%$ $C_5+C_6 \leqslant 0.5\%$	原料罐罐顶馏出线
2	第一萃取塔下段塔板物料组成	反-2-丁烯≤1.0%	第一萃取塔下段塔板
3	第一萃取精馏塔馏出线物料组成	1,3-丁二烯≤0.5%	第一萃取精馏塔馏出线
4	第二萃取精馏塔馏出线物料组成	1,3-丁二烯≥95.0% 反-2-丁烯≤1.0% VA≤5μg/g	第二萃取精馏塔馏出线
5	第二普通精馏塔塔顶物料组成	1,3-丁二烯≥99.5% 总炔≤20% VA≤5μg/g	第二普通精馏塔塔顶馏出线

2.2.4 主要设备简介

以国内某套 6.5×10^4t/a ACN 丁二烯抽提装置的典型设计为例，主要设备见表 2-6。

表 2-6 ACN 丁二烯抽提装置主要设备一览表

序号	设备名称	介质	材质		塔顶/釜温度/℃		塔顶/釜压力/MPa	
			塔盘	塔体	设计	操作	设计	操作
1	第一萃取塔(上)	C_4，ACN	16MnR	16MnR	100	45.6/72.6	0.75	0.44/0.50
2	第一萃取塔(下)	C_4，ACN	16MnR	20R	170	73.1/115.9	0.80	0.51/0.57
3	汽提塔	C_4，乙腈烃	16MnR	16MnR	167	61.1/137.5	0.69	0.41/0.46
4	第二萃取塔	C_4，ACN	16MnR	16MnR	145	40.1/56.9	0.60	0.35/0.4
5	炔烃闪蒸塔	C_4，ACN	16MnR	16MnR	130	84.9/95.5	0.30	0.05/0.08
6	提余液水洗塔	水，C_4，ACN	16MnR	20R	70	39.9/45.3	1.00	0.55/0.60
7	炔烃水洗塔	水，C_4，ACN	16MnR	16MnR	100	37.9/55.6	1.00	0.04/0.05
8	丁二烯水洗塔	水，C_4，ACN	A3	20R	100	39.8/44.6	1.00	0.47/0.57
9	脱轻塔	水，C_4	16MnR	A3	70	40.0/46.8	0.60	0.37/0.42
10	脱重塔	C_4	16MnR	A3	90	41.2/56.7	0.60	0.35/0.42
11	ACN 再生塔	水，ACN	16MnR	A3	139.3	79.4/109.3	0.50	0.01/0.04

2.2.4.1 第一萃取精馏塔

作用：裂解 C_4 组分在循环溶剂 ACN 作用下，将与丁二烯相比相对挥发度大于 1.0 的组分脱除，主要组分为丁烷、丁烯(绝大部分反-2-丁烯和部分顺-2-丁烯)。

附属设备：塔顶冷凝器、溶剂再沸器、蒸汽再沸器、回流罐和回流泵。

2.2.4.2 汽提塔

作用：将溶剂与 C_4 组分进行分离，塔釜得到解析干净的溶剂 ACN；塔顶得到粗丁二烯组分，利用压差进入第二萃取精馏塔做进一步分离；并通过侧线抽出，将富集的炔烃组分从侧线抽出进炔烃闪蒸塔。

附属设备：蒸汽再沸器。

2.2.4.3 第二萃取精馏塔

作用：在循环溶剂 ACN 作用下，将与丁二烯相比相对挥发度小于 1.0 的组分脱除，主要组分为乙烯基乙炔、乙基乙炔等组分。

附属设备：塔顶冷凝器、回流罐和回流泵。

2.2.4.4 炔烃闪蒸塔

作用：将汽提塔侧线抽出的含炔烃溶剂中的杂质解析出来，在塔釜得到纯度较高的溶剂 ACN，以便继续循环使用。

附属设备：冷凝器、溶剂再沸器、蒸汽再沸器、回流罐和回流泵。

2.2.4.5 抽余液水洗塔

作用：主要脱除第一萃取精馏塔抽余液丁烷、丁烯中所含的溶剂 ACN，为下道工序提供原料。

附属设备：抽余液储罐。

2.2.4.6 炔烃水洗塔

作用：主要脱除炔烃中所含的溶剂 ACN，达到回收循环溶剂之目的。

附属设备：炔烃储罐。

2.2.4.7 粗丁二烯水洗塔

作用：主要脱除粗丁二烯中所含的溶剂 ACN，为脱轻塔提供合格原料。

2.2.4.8 脱轻塔

作用：脱除粗丁二烯中的甲基乙炔和水，为脱重塔提供合格原料。

附属设备：塔顶冷凝器、塔釜溶剂再沸器、回流罐和回流泵。

2.2.4.9 脱重塔

作用：脱除粗丁二烯中的重组分，如顺-2-丁烯、1,2-丁二烯、乙基乙炔、C_5、C_6 等，得到纯度合格的丁二烯产品。

附属设备：塔顶冷凝器、蒸汽冷凝液再沸器、溶剂再沸器、回流罐、产品丁二烯储罐、产品丁二烯冷却器和回流泵及产品泵。

2.2.4.10 ACN 再生塔

作用：回收萃取单元各回流罐脱水包中 ACN 水及各水洗塔釜废水中的溶剂 ACN，供萃取系统循环使用。

附属设备：塔顶冷凝器、塔顶釜式换热器、蒸汽再沸器、装置废水储罐、回流罐和回流泵。

2.2.5 装置生产的特点和难点

（1）ACN的来源容易，价格低；相对分子质量、黏度、热容、密度最小；废水易生化处理，再生时不生成焦油；对丁烷和顺-2-丁烯的溶解能力、稳定性、腐蚀性虽不是最好的，但在工业上可以接受。

（2）ACN的选择性较低，虽需要的理论塔板数比较多，但由于溶剂的黏度小，塔板效率高，可降低实际塔板数，且传热系数大。ACN的密度最小，溶解碳四馏分的量多，弥补了溶解度低的缺点。ACN抽提丁二烯装置的特点是两段萃取精馏和两段普通精馏相结合，流程设计比较经济，具有基本投资少、分离效果好、能耗较低、产品收率高、产品纯度高等特点，是一种较为先进的方法。

（3）装置处理的物料是裂解C_4。副产品是抽余液，产品是高纯度丁二烯，均属于易燃易爆的一级危险品，其闪点低，爆炸极限宽，气态相对密度比空气大，不易扩散，发生泄漏时易爆炸着火。

（4）ACN的沸点低，系统温度也最低，即使在压力高达0.44MPa的汽提塔内，系统温度也只有134℃，不需要使用压缩机升压。但ACN的沸点低，产品中夹带了少量的溶剂，故产品需水洗处理。

（5）ACN溶剂的选择性较低，用ACN工艺的回流比大于其他两种抽提工艺，加大了气相负荷。

（6）由于ACN抽提丁二烯装置没有丁二烯气体压缩机，所以装置的开、停车比较简单、安全，装置的能耗也较低。

（7）在ACN抽提丁二烯装置中，没有可以直接控制溶剂浓度的方法，只能通过间接手段来控制。这是ACN法抽提丁二烯技术有别于DMF、NMP方法抽提丁二烯的难点。当溶剂浓度偏高时，可以采取下列措施来控制溶剂浓度：①停止对萃取系统回流罐排水；②降低ACN再生塔塔顶ACN浓度；③适当开大溶剂再生量。当溶剂浓度偏低时，可以采取下列措施来控制溶剂浓度：①加强对萃取系统回流罐排水；②提高ACN再生塔塔顶ACN浓度；③适当减小溶剂再生量；④检查相关设备是否有泄漏，如有泄漏及时处理。

2.3 NMP抽提丁二烯生产技术

2.3.1 工艺流程叙述

NMP法抽提丁二烯装置包括两段萃取精馏系统和两段普通精馏系统，以及溶剂脱气、溶剂再生等系统如图2-3所示。

液态混合C_4原料加入原料蒸发罐中，被原料蒸发器加热蒸发成混合C_4气体进入主洗塔（第一萃取精馏部分）底部，塔顶加入含一定规格水的NMP溶剂，经过气液逆向洗涤，在主洗塔中1,3-丁二烯以及C_4炔烃等相对易溶组分被NMP吸收下来，而丁烯、丁烷、丙烯、丙烷等难溶组分则从塔顶馏出，经冷凝液化后送出装置，作为副产品C_4抽余液。为安全需要，其中部分C_4抽余液气体被送往炔烃洗涤塔对采出的炔烃进行稀释。溶解了1,3-丁二烯以及易溶组分的溶剂从主洗塔底部送往精馏塔上部（也是第一萃取精馏的一部分）。

在精馏塔上部，未脱除的丁烯等组分继续从1,3-丁二烯中脱除出来，从塔顶采出返回到主洗塔底部。精馏塔底部分为两部分，其中下部分作为预脱气部分，来自精馏塔上部和后洗塔（第二萃取精馏部分）底部的溶剂在此经过预闪蒸，部分烃类被解析出来，以降低脱气

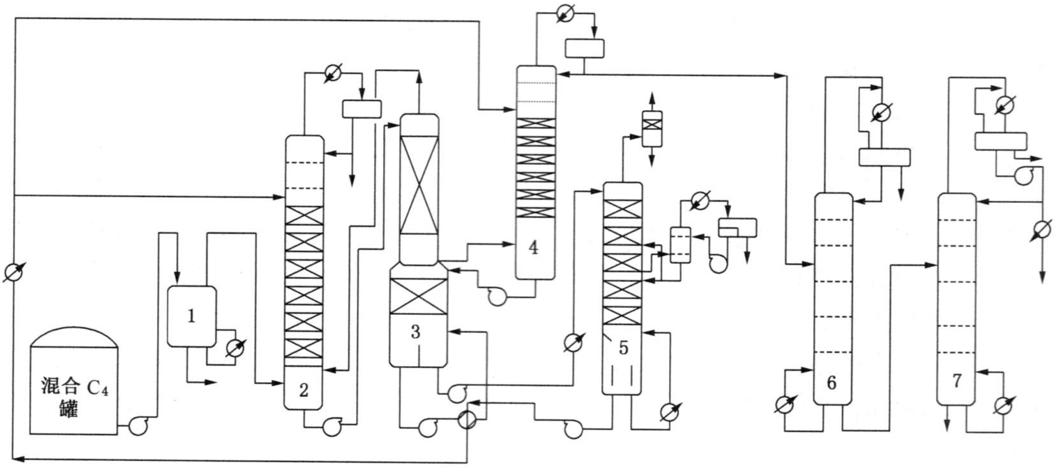

图 2-3　NMP 法抽提丁二烯装置流程简图

1—原料蒸发罐；2—主洗塔(第一萃取精馏塔)；3—精馏塔；
4—后洗塔(第二萃取精馏塔)；5—脱气塔；6—脱轻塔；7—脱重塔

塔和压缩机的负荷。溶剂预脱气之后被加热送往脱气塔进行完全脱气。

解析出来的1,3-丁二烯以及易溶组分送往后洗塔(第二萃取精馏部分)中，经过气液逆向洗涤，炔烃作为易溶组分从1,3-丁二烯中被溶剂吸收洗涤下来，粗1,3-丁二烯则从后洗塔顶馏出，经冷凝液化后送至普通精馏系统继续脱除其中所含杂质。为防止丁二烯产生爆聚物，在后洗塔塔顶冷凝器中加入阻聚剂 TBC。

在脱气塔中，通过闪蒸和再沸，溶剂中所含的1,3-丁二烯和炔烃等烃类被完全脱除后，经过逐级换热回收热量，再送回主洗塔和后洗塔循环使用。脱气塔塔顶馏出的烃类气体，经过冷却塔降温后进入循环气压缩机，升压后返回精馏塔塔底。炔烃和水蒸气则从脱气塔中部抽出，进入炔烃洗涤塔，通过水洗回收炔烃中夹带的溶剂并调节系统中溶剂的水值。从炔烃洗涤塔塔顶抽出的炔烃经过抽余液稀释后送出装置。

在脱轻塔中被脱除甲基乙炔和水等轻组分的粗丁二烯，被送往脱重塔，在脱重塔中1,2-丁二烯、C_4 烃和部分的顺-2-丁烯等重组分被从塔釜脱除，塔顶馏出高纯度的1,3-丁二烯产品，经冷凝液化后送出装置。

2.3.1.1　原料蒸发部分

主原料蒸发器的加热介质是使用脱气塔塔釜送出，经溶剂热交换器及脱重塔再沸器回收热量后的热溶剂，经过主原料蒸发器再次回收热量后的溶剂进入溶剂冷却器，降温至正常操作温度后，送入主洗塔和后洗塔循环使用。

辅原料蒸发器使用冷却塔塔釜泵送出的的热的冷却剂(水、NMP 的混合物)作为热源。根据生产负荷的要求，由主原料蒸发器提供主要的蒸发热量，通过原料蒸发量调节阀自动控制进入主原料蒸发器的热容剂流量以精确调整 C_4的蒸发量。

在生产过程中，C_4 原料中所含的 C_5 以上等高沸点组分会逐渐在原料蒸发罐中累积，所以要定期将罐底高沸点组分排出装置。

2.3.1.2　主洗塔(第一萃取精馏塔)

将被气化后的 C_4 原料和从精馏塔塔顶返回的 C_4 气体分别加入主洗塔底部。溶剂加入主洗塔顶部(填料层与浮阀塔盘之间)，用作萃取剂。溶剂的加入量根据主洗塔的溶剂比(溶剂进料量/C_4 原料进料量)计算得出。C_4 气体与溶剂在塔内逆向接触，1,3-丁二烯及更易溶的烃类几乎全部被溶剂吸收。

塔顶采出的气相产品称为抽余液，主要含有丙烷、丙烯、丙二烯、丁烷和丁烯等烃类组分，其中一部分被抽出送往炔烃洗涤塔顶，用作炔烃的稀释剂，以降低乙烯基乙炔的浓度。其余部分气相产品经冷凝后，一部分作为主洗塔的回流；另一部分作为副产品送出装置。在溶剂进料口之上，回流进料口之下，由浮阀塔盘组成的溶剂回收段，将抽余液中夹带的少量溶剂洗涤下来。

从主洗塔塔釜排出的含有丁二烯及更易溶的烃类组分的溶剂经主洗塔釜泵在塔釜液位调节阀控制下送往精馏塔。

2.3.1.3 精馏塔

精馏塔是一座分为上下塔径不同的两段填料塔，精馏塔上部也是第一萃取精馏的一部分，在塔顶主要含1,3-丁二烯和丁烯的烃类物流，被送往主洗塔塔釜。经过解析，在精馏塔中部的气相组分中含有大量1,3-丁二烯，1,2-丁二烯，C_4 烃、C_5 烃(主要是炔烃和二烯烃)及少量残留的丁烯(主要是顺-2-丁烯)。

这股气相物流由精馏塔中部(上下两段之间)抽出，进入后洗塔(第二萃取精馏塔)塔釜，在后洗塔中比1,3-丁二烯更易溶于溶剂中的烃类组分，如乙烯基乙炔、乙基乙炔、C_5 烃及部分1,2-丁二烯被 NMP 洗涤下来，由后洗塔塔釜泵将富含炔烃的溶剂送回精馏塔下段，进入预脱气部分。从脱气塔解析出的主要含有1,3-丁二烯的 C_4 烃类气体在经压缩机升压后返回到精馏塔塔釜闪蒸室。

主要含1,3-丁二烯和比之更易溶的烃类的溶剂用精馏塔釜泵从吸入室送出，经过三台串联的溶剂热交换器，用脱气塔塔釜送出的热溶剂加热后，进入精馏塔塔釜闪蒸室进行闪蒸，部分解析出其中溶解的烃类，以降低脱气塔和压缩机的负荷。

在精馏塔底部闪蒸出的 C_4 烃类气体与来自脱气塔塔顶经压缩机送回的 C_4 气体混合在一起，送往主洗塔和后洗塔中。预脱气后的溶剂经脱气塔进料泵加压后送往溶剂加热器，用低压蒸汽加热后，再送入脱气塔塔顶进一步脱气。

2.3.1.4 预闪蒸部分

精馏塔底部分为两部分，吸入室中是从精馏塔上部和后洗塔塔釜送入的富含烃类的溶剂，闪蒸室中是部分脱气后的溶剂。

主要含1,3-丁二烯和比之更易溶的烃类的溶剂用精馏塔塔釜泵从吸入室送出，经过三台串联的溶剂热交换器，用脱气塔塔釜送出的热溶剂(148℃)加热至122℃后，进入精馏塔釜闪蒸室进行闪蒸，部分解析出其中溶解的烃类，以降低脱气塔和压缩机的负荷。

溶剂热交换器的热源是从脱气塔塔釜送出的完全脱气后的溶剂，其温度为148℃左右。为便于溶剂热交换器中结垢后清理，溶剂热交换器设计为浮头式交换器，并设有四台，正常使用中为三开一备。精馏塔塔釜泵应将溶剂的压力升到足够高，以避免在溶剂热交换器中形成气相，因为在溶剂热交换器中温度较高，丁二烯聚合的危险较大。

从精馏塔底部闪蒸出的 C_4 烃类气体与来自脱气塔塔顶经压缩机送回的 C_4 气体混合在一起，送往主洗塔和后洗塔中。部分脱气后的溶剂从精馏塔塔釜闪蒸室抽出，由脱气塔进料泵加压后送往溶剂加热器，用低压蒸汽加热升温至120℃，再送入脱气塔塔顶进一步脱气。

2.3.1.5 后洗塔(第二萃取精馏塔)

精馏塔中部采出的主要含1,3-丁二烯和比1,3-丁二烯更易溶于溶剂的烃类气体，进入后洗塔塔釜。溶剂从后洗塔顶部加入(填料层与浮阀塔盘之间)，上升的C_4气体与向下流动的溶剂逆向接触，比1,3-丁二烯更易溶的烃类组分，主要为炔烃等在塔中几乎全部被吸收。后洗塔塔釜的溶剂在液位调节阀控制下由后洗塔塔釜泵送回精馏塔的中部。

后洗塔塔顶采出的气相产品称为粗丁二烯，纯度可达到98%，其中还含有1,2-丁二烯、甲基乙炔、顺-2-丁烯、少量的1-丁炔和C_5等烃类杂质。在塔顶冷凝后，一部分作为后洗塔的回流，另一部分被送往普通精馏部分继续脱除其中所含杂质。

因为粗丁二烯纯度很高，为防止产生爆聚物，在粗丁二烯进入后洗塔塔顶冷凝器之前，必须将适量的TBC加入后洗塔塔顶冷凝器中作为阻聚剂，作为一种进一步地抑制聚合的措施，将回流泵出口分出的少量物料喷淋到冷凝器内部的蒸汽相空间及塔顶部和冷凝器出口的四个安全阀的根部来避免死角的存在。在后洗塔塔顶冷凝器的气相中设置在线氧含量检测仪连续检测氧含量，如果氧含量超过$5mL/m^3$，应通过火炬排放线及时放空。

2.3.1.6 脱气塔

从精馏塔塔釜闪蒸室来的经过预脱气含烃溶剂经加热后，进入脱气塔顶部。脱气塔底部的溶剂在塔釜再沸器中被用中压蒸汽加热至沸腾(溶剂含水量为8.3%时，溶剂沸点约为148℃)，将溶剂中的烃类完全脱除。

在脱气塔中，自下而上的塔内气相组分中水和NMP的浓度逐渐减少，总烃含量升高。炔烃在NMP溶剂中比1,3-丁二烯更易于溶解，因而炔烃在脱气塔中段的浓度将达到最高，炔烃由脱气塔中部侧线抽出，送往炔烃洗涤塔。而以1,3-丁二烯为主的烃类则由脱气塔顶部采出，冷却后经由压缩机升压返回精馏塔底部。

2.3.1.7 炔烃洗涤塔

脱气塔侧线采出的炔烃气体从炔烃洗涤塔塔釜进入，塔顶加入的水逆向洗涤炔烃气体，加入的水主要来自从水分离罐回收的水，不足的部分可以用低压蒸汽冷凝液补充。炔烃洗涤塔的作用：一是减少塔顶溶剂损失；二是保持系统中溶剂含水量的稳定。为保持萃取精馏系统的运转稳定，溶剂中的水含量必须保持相对稳定。

从脱气塔侧线采出的炔烃气体必须根据其流量和炔烃浓度按比例用来自主洗塔塔顶的气态抽余液稀释，以确保其中的炔烃(包括乙烯基乙炔和乙基乙炔)含量在安全范围。

2.3.1.8 水分离罐

水分离罐罐内有一块挡板，将罐内分为底部互不相连的两部分。由炔烃洗涤塔塔顶冷凝器冷凝下来的液相组分被送入水分离罐工艺水侧(来自下列设备的水也收集在水分离罐的工艺水侧：主洗塔回流罐水室，后洗塔回流罐水室，脱轻塔回流罐水室，脱重塔回流罐水室，炔烃回收罐水室)。经过沉降后其中下层的水从罐底抽出，经炔烃洗涤塔水进料泵一部分送回炔烃洗涤塔作为回流，另一部分送往废水汽提塔处理后送出装置。根据炔烃洗涤塔所需水量和水分离罐中工艺水的情况可在炔烃洗涤塔水进料泵出口管线中补入适量的冷凝液。

如果水分离罐工艺水侧工艺水温度上升较多，说明水中溶剂含量较多，需要及时调整脱气塔和炔烃洗涤塔的操作状态，减小溶剂损失。

工艺水侧的水经过沉降分离，上层含烃较多的废水在液位足够高时，会从挡板上方漫过进入水分离罐的废水侧，通过液位调节阀的控制送至废水汽提塔处理后送出装置。

2.3.1.9 冷却塔

从脱气塔塔顶采出的 C_4 烃类气体在进入压缩机之前必须在冷却塔中冷却降温，并将气体中夹带的微量溶剂洗涤下来。

塔釜温度较高的冷却剂由冷却塔塔釜泵送出，至辅原料蒸发器作为混合原料蒸发的热源，再经过冷却塔冷却器降温至设计温度后，返回冷却塔塔顶循环使用。

2.3.1.10 循环气压缩机

循环气压缩机是一台双螺杆压缩机。从冷却塔塔顶出来的烃类气体经压缩机升压后返回到精馏塔。压缩机入口的压力通过调节压缩机出口返回到冷却塔的气体量保持稳定。压缩机的出口温度可通过调节冷却塔的冷却液流量和温度来实现。

2.3.1.11 脱轻塔

脱轻塔的塔釜再沸器用高温凝液作为传热介质，在塔釜设有热量控制阀调节凝液的流量。

从脱轻塔塔釜排出的粗丁二烯由塔釜液位调节阀控制送入脱重塔，由于脱轻塔和脱重塔的塔压相差较大，塔釜不需设塔釜泵，粗丁二烯在压差作用下进入脱重塔。

脱轻塔塔顶馏出组分在塔顶冷凝器中被液化，进入脱轻塔回流罐，由回流泵送回脱轻塔。塔顶冷凝器中无法冷凝的轻组分从冷凝器顶部排出装置。

为防止产生丁二烯爆聚物，危及安全生产，在粗丁二烯进入脱轻塔塔顶冷凝器之前，必须将适量的30%的TBC甲苯溶液加入脱轻塔塔顶冷凝器中作为阻聚剂。作为一种进一步地抑制聚合的措施，将回流泵出口分出的少量物料喷淋到冷凝器内部的蒸汽相空间及塔顶部和冷凝器出口的四个安全阀的根部来避免死角的存在。

2.3.1.12 脱重塔

脱重塔的塔釜再沸器将来自脱气塔塔釜，经过溶剂换热器降温后的热溶剂作为加热介质。脱轻塔塔釜送出的粗丁二烯中含有少量的顺-2-丁烯、反-2-丁烯、1,2-丁二烯、1-丁炔和 C_5 烃等重组分杂质，在脱重塔塔釜被脱除。塔顶采出的高纯度的1,3-丁二烯产品被冷凝后，一部分作为脱重塔的回流送回塔顶，另一部分作为丁二烯产品送入储罐。

脱重塔塔釜组分在调节阀控制下送出装置。塔釜产物中主要含有1,2-丁二烯、1,3-丁二烯、顺-2-丁烯、C_5 烃、少量的乙烯基环己烯和痕量的1-丁炔。C_5 烃含量会随混合 C_4 原料中 C_5 烃的组成与浓度的不同而变化。

进入脱重塔塔顶冷凝器之前，必须将适量的TBC甲苯溶液加入脱重塔塔顶冷凝器中作为阻聚剂。在脱重塔塔顶冷凝器的气相中连续检测氧含量，如果氧含量超过 $5mL/m^3$，应通过火炬排放线及时放空。作为一种进一步地抑制聚合的措施，将丁二烯泵出口分出的少量物料喷淋到冷凝器内部的蒸汽相空间及塔顶部和冷凝器出口的四个安全阀的根部来避免死角的存在。

对于脱重塔塔底产物必须进行分析，因为试验表明高浓度的1,2-丁二烯也会引起分解燃烧。如果脱重塔塔釜的1,2-丁二烯浓度较高，应加大塔釜的排出量。

2.3.1.13 溶剂再生器

有些不挥发物质无法在汽提塔中除去，积累在循环溶剂中。不挥发物质的量与系统中聚合的程度，以及与 C_4 原料中聚合的杂质、过氧化物和氧的量有关。原料中的氧源于泄漏、贮存不当或开车时的疏忽大意。产品阻聚剂、溶剂阻聚剂以及消泡剂（硅油）也是不挥发物质的一部分。溶剂中不挥发物质的典型含量介于1000μg/g至3000μg/g之间。溶剂的颜色可以在黄色、棕色和深棕色范围内变化。因为导致溶剂颜色变化的化合物的含量往往极低，所以溶剂呈深色并不会影响丁二烯的分离。溶剂在高温下停留的时间越长，溶剂的颜色就会变得越深，特别是在有氧的情况下。

从溶剂换热器壳程出口管线中连续抽出占循环溶剂总量一定比例的溶剂送入溶剂再生罐中。

为降低溶剂的再生温度，使溶剂能在较低的操作温度下被蒸发气化，溶剂再生罐要求在真空状态下运转，再生后的溶剂返回到循环溶剂系统。

除正常的循环溶剂进料外，收集在溶剂废液回收罐中的溶剂也可以用溶剂废液回收泵送至溶剂再生罐内处理，但二者不能同时进行。

2.3.1.14 化学品注入系统

NMP 法丁二烯抽提装置正常生产中使用三种化学品，即 $NaNO_2$ 溶液，TBC 溶液和硅油。分别设有相应的配制储存罐和注入泵。

2.3.1.15 蒸汽及冷凝液系统

丁二烯装置的蒸汽及冷凝液系统包括低压蒸汽闪蒸罐和蒸汽冷凝液罐以及冷凝液冷却器和冷凝液循环泵。

饱和中压蒸汽在脱气塔再沸器中换热后形成冷凝液，进入低压蒸汽闪蒸罐后闪蒸产出低压蒸汽，作为溶剂废液回收罐、溶剂再生罐、溶剂加热器的加热热源。低压蒸汽闪蒸罐内产生的低压蒸汽压力保持在一定范围内，不足部分由引入的公用工程系统的低压蒸汽进行补充。

闪蒸回收低压蒸汽后的蒸汽冷凝液被送入蒸汽冷凝液罐，装置中所有低压蒸汽用户产生的蒸汽冷凝液也全部返回此罐。在蒸汽冷凝液罐中，由蒸汽闪蒸罐引入的低压蒸汽加热，高温凝液由冷凝液循环泵送出，供应给脱轻塔再沸器作为加热介质，加热后的凝液仍返回蒸汽冷凝液罐中循环使用。蒸汽冷凝液罐通过液位调节阀控制，用冷凝液循环泵将多余的凝液送出装置。在正常生产条件下，丁二烯装置自产的冷凝液量足够使用，只有在丁二烯装置开车时才需要由装置外向蒸汽冷凝液罐中引入冷凝液，预先建立冷凝液循环，以缩短开车时间。

冷凝液循环泵出口的部分高温凝液降温后送至炔烃洗涤塔、再生溶剂水洗塔、溶剂再生罐中作为装置所需的凝液进料，进料量根据相关系统的工艺需要进行调节。

2.3.1.16 溶剂废液回收罐和火炬排放罐

溶剂废液回收罐位于地下，以便于回收泄漏、停车或检修情况下排放的溶剂，也可用作溶剂缓冲槽。罐中设有加热盘管，以低压蒸汽作为热源。通过低压蒸汽加热罐内溶剂中含有的烃类蒸发脱除，气相烃类送入火炬排放罐中。溶剂废液回收罐内的溶剂达到一定数量后，可用溶剂废液回收泵送回溶剂再生系统，处理后回收使用。如果罐内的溶剂相当干净，而且不含较多不挥发物质及固态物质，也可以将溶剂直接送回精馏塔塔釜，补入循环溶剂。

装置中排放出的所有烃类气体和液体均送入火炬排放罐中。烃类气体直接经火炬排放罐送至火炬系统，而液体烃类收集在排放罐中，由罐底送入溶剂废液回收罐。在溶剂废液回收罐中通过加热将其汽化蒸出后返回火炬排放罐，再送入火炬系统。

2.3.1.17 NMP 溶剂储罐

NMP 溶剂储罐既是停车期间丁二烯装置中溶剂的储罐，也是丁二烯装置正常运转中生产负荷改变时为适应溶剂用量变化而设置的缓冲罐，其附属的溶剂输送泵在系统需补充溶剂时运行，通过补溶剂管线向精馏塔塔釜补充溶剂。

2.3.2 主要工艺条件及关键工艺控制点

以国内某设计丁二烯生产能力为 9.0×10^4t/a NMP 法丁二烯抽提装置为例，装置采用 DCS 系统进行控制，操作人员能在带操作键盘和 CRT 屏幕显示器的操作站进行画面集中监视和控制。由于用 DCS 取代了常规模拟仪表，提高了控制和生产管理水平，保证装置能长期平稳、连续、安全、可靠运行。

2.3.2.1 原料蒸发罐

压力：413kPa。

蒸出温度：47℃。

蒸发量：22227kg/h。

2.3.2.2 主洗塔(第一萃取精馏塔)

溶剂进料比(溶剂量/C_4 原料进料量)：10.1。

溶剂进料温度：38℃。

溶剂中水含量：8.3%。

回流比(回流量/C_4 原料进料量)：0.47。

C_4 抽余液产量：10228kg/h。

C_4 抽余液产量去稀释 C_4 炔烃的采出量：232kg/h。

塔顶温度：44℃。

塔顶压力：379kPa。

塔釜温度：64℃。

塔釜压力：389kPa。

2.3.2.3 精馏塔

塔顶温度：65℃。

塔顶压力：404kPa。

塔中部温度：67℃。

塔中部压力：410kPa。

塔釜闪蒸室温度：104℃。

塔釜闪蒸室压力：412kPa。

预脱气溶剂进料温度：120℃。

2.3.2.4 后洗塔(第二萃取精馏塔)

溶剂进料比(溶剂进料量/塔釜烃进料量)：2.3。

溶剂进料温度：38℃。

溶剂中水含量：8.3%。

回流比(回流量/塔釜烃进料量)：0.20。

粗丁二烯采出量：11424kg/h。

塔顶温度：45℃。

塔顶压力：388kPa。

塔釜温度：66℃。

塔釜压力：399kPa。

2.3.2.5 脱气塔

塔顶压力：67kPa。

塔顶温度：105℃。

塔釜压力：69kPa。

塔釜温度：149℃。

溶剂进料温度：105℃。

碳四炔烃采出温度：134℃。

2.3.2.6 炔烃洗涤塔

塔顶压力：62kPa。

塔顶温度：106℃。

塔釜压力：68kPa。

塔顶水进料量：462kg/h。

碳四炔烃采出量：727kg/h。

2.3.2.7 冷却塔

塔顶压力：65kPa。

塔顶温度：45℃。

塔釜压力：66kPa。

塔釜温度：76℃。

冷却剂进料温度：38℃。

2.3.2.8 循环气压缩机

入口压力：65kPa。

入口温度：45℃。

出口压力：433kPa。

出口温度：101℃。

压缩气体流量：29006kg/h。

2.3.2.9 脱轻塔

进料板位置：12。

塔顶压力：500kPa。

塔顶温度：46℃。

塔顶甲基乙炔采出量：74kg/h。

塔釜压力：530kPa。

塔釜温度：55℃。

再沸器热源温度：90℃。

2.3.2.10 脱重塔

进料板位置：32。

塔顶压力：368kPa。

塔顶温度：43℃。

塔釜压力：406kPa。

塔釜温度：59℃。

塔釜组分采出量：90kg/h。

再沸器热源温度：92℃。

2.3.2.11 溶剂再生系统

溶剂进料量：553kg/h。

溶剂再生压力：-97kPa。

溶剂再生温度：100℃。

2.3.2.12 蒸汽及冷凝液系统

低压蒸汽闪蒸罐压力：400kPa。

冷凝液罐压力：20kPa。

冷凝液罐温度：90℃。

冷凝液冷却器出口温度：40℃。

2.3.3 主要分析控制指标

NMP 法丁二烯抽提装置常规分析项目见表 2-7，在线分析项目见表 2-8。

表 2-7 NMP 法丁二烯抽提装置常规分析项目表

序号	取样点	样品名称	分析方法	分析项目	控制指标/%(质)	分析频率
1	碳四进料线	混合碳四	GB/T 6017	丙炔	≤0.22	1 次/d
				顺-2-丁烯	≤4.37	1 次/d
				1,3-丁二烯	40~55	1 次/d
				C5 烃类	≤0.2	1 次/d
				反-2-丁烯	≤6	1 次/d
				乙基乙炔	≤1	1 次/d
				乙烯基乙炔	≤1.2	1 次/d
2	抽余液送出	抽余液	GB/T 6017	1,3-丁二烯	≤0.5	1 次/d
3	产品送出线	丁二烯产品	GB/T 6017	1,3-丁二烯	≥99.6	1 次/d
				乙烯基乙炔	≤10μg/g	1 次/d
				总炔	≤20μg/g	1 次/d
				1,2 丁二烯	≤20μg/g	1 次/d
			GB/T 6023	水	≤20μg/g	1 次/d
			GB/T 6020	TBC	(50~150)μg/g	1 次/d
4	炔烃冷凝器	碳四炔烃	GB/T 6017	乙烯基乙炔	≤30	3 次/周
5	丙炔塔顶出口	丙炔	GB/T 6017	丙炔	≤50	3 次/周

表 2-8 NMP 法丁二烯抽提装置在线分析项目表

序号	取样点	样品名称	分析项目	控制指标	分析频率
1	进料进蒸发罐	C_4 原料	丙炔	0~0.3%(摩尔分数)	连续
			顺-2-丁烯	0~10%(摩尔分数)	连续
			1,3-丁二烯	0~60%(摩尔分数)	连续
			1,2-丁二烯	0~0.5%(摩尔分数)	连续
			1-丁炔	0~0.5%(摩尔分数)	连续
			丁烯基乙炔	0~1%(摩尔分数)	连续
			氧气	0~100μg/g	连续
2	主洗塔塔顶出料	抽余液	1,3-丁二烯	0~0.5%(摩尔分数)	连续

续表

序号	取样点	样品名称	分析项目	控制指标	分析频率
3	主洗塔冷凝器放空线	抽余液氧含量	氧气	0~5μg/g	连续
4	主洗塔第五层填料上	气相碳四	1,3-丁二烯	0~75%(摩尔分数)	连续
5	后洗塔塔顶出料	粗丁二烯	1,2-丁二烯	90~100%(摩尔分数)	连续
			顺-2-丁烯	0~2%(摩尔分数)	连续
			1-丁炔	0~0.01%(摩尔分数)	连续
6	后洗塔冷凝器放空线	粗丁二烯氧含量	氧气	0~5μg/g	连续
7	循环气压缩机出口	循环气	乙烯基乙炔	0~5%(摩尔分数)	连续
8	精馏塔第五层填料上	气相碳四	顺-2-丁烯	0~7%(摩尔分数)	连续
9	炔烃洗涤塔塔顶出料	碳四炔烃	1,3-丁二烯	0~60%(摩尔分数)	连续
			1-丁炔	0~15%(摩尔分数)	连续
			乙烯基乙炔	0~30%(摩尔分数)	连续
10	第一精馏塔塔顶出料	丙炔物流	甲基乙炔	10~60%(摩尔分数)	连续
			1,3-丁二烯	50~100%(摩尔分数)	连续
11	第二精馏塔 塔顶回流泵采出	丁二烯产品	甲基乙炔	0~0.005%(摩尔分数)	连续
			丙二烯	0~0.002%(摩尔分数)	连续
			异丁烯	0~0.1%(摩尔分数)	连续
			乙烯基乙炔	0~0.001%(摩尔分数)	连续
			TBC	50%~80%(摩尔分数)	连续
			1-丁炔	0~0.01%(摩尔分数)	连续
			反-2-丁烯	0~0.1%(摩尔分数)	连续
			顺-2-丁烯	0~1%(摩尔分数)	连续
			1,2-丁二烯	0~0.01%(摩尔分数)	连续
			H_2O	70%(摩尔分数)	连续
12	第二精馏塔塔顶冷凝器放空线	丁二烯氧含量	氧气	0~5μg/g	连续

2.3.4 主要设备简介

装置设备概况(以国内某 NMP 抽提丁二烯装置为例)见表 2-9。

表 2-9 NMP 抽提丁二烯装置设备概况一览表

序号	设备名称	介质	材质		设计温度/℃	设计压力/kPa
			塔类型	填料		
1	主洗涤塔	C_4，NMP	填料塔与浮阀塔	IMTP25/IMTP40	120	0.62/FV
2	精馏塔	C_4，NMP	填料塔	IMTP25/IMTP40	160	0.62/FV
3	后洗塔	粗丁二烯，NMP	填料塔与浮阀塔	IMTP25	160	0.62/FV
4	脱气塔	丁二烯，炔烃，NMP	填料塔	PRM50	210	0.30/FV
5	炔烃洗涤塔	炔烃，水	泡罩塔	无	200	0.30/FV
6	冷却塔	粗丁二烯	填料塔	ORM50	180	0.30/FV
7	第一精馏塔	丁二烯，丙炔，水	浮阀塔	无	160	0.80/FV
8	第二精馏塔	丁二烯	浮阀塔	无	160	0.60/FV
9	废水汽提塔	废水	填料塔	IMTP25	180	0.20/FV

2.3.4.1　进料蒸发罐

作用：通过进料蒸发器将液态混合碳四原料加热汽化后送入主洗塔。

附属设备：主进料蒸发器(两台)、辅进料蒸发器(两台)、溶剂冷却器。

2.3.4.2　主洗塔(第一萃取精馏塔)

作用：在溶剂(NMP)作用下，混合 C_4 中与丁二烯相比相对挥发度高于 1.0 的组分将在这个塔脱去，主要是把丁烷、丁烯(绝大部分反-2-丁烯和部分顺-2-丁烯)组分分离出来，是萃取脱除轻组分的萃取精馏塔。

附属设备：主洗塔塔顶冷凝器、主洗塔回流罐和回流泵、主洗塔塔釜泵。

2.3.4.3　精馏塔

作用：精馏塔上段是第一萃取精馏塔的延续，精馏塔下段是预脱气单元，可减少脱气塔和压缩机的负荷。

附属设备：精馏塔塔釜泵、溶剂换热器(四台，三开一备)。

2.3.4.4　后洗塔(第二萃取精馏塔)

作用：在溶剂(NMP)作用下，混合碳四中与丁二烯相比，其相对挥发度低于 1.0 的组分在此塔脱除，即比丁二烯重的组分乙烯基乙炔和大部分乙基乙炔等在此塔脱除，是萃取精馏系统脱除重组分的萃取精馏塔。

附属设备：后洗塔塔顶冷凝器、后洗塔回流罐和回流泵、后洗塔塔釜泵。

2.3.4.5　脱气塔

作用：将溶剂中溶解的丁二烯等 C_4 烃类完全解析出来，在塔釜得到纯度较高而且温度较高的溶剂，连续经过溶剂换热器、脱重塔再沸器、主进料蒸发器、溶剂冷却器回收热量后送回萃取精馏塔继续循环利用。

附属设备：脱气塔进料泵、脱气塔进料加热器、脱气塔再沸器、脱气塔塔釜泵。

2.3.4.6　冷却塔

作用：将脱气塔塔顶出来的丁二烯气体冷却后送入压缩机，冷却剂温度上升后送入辅进料蒸发器作为加热介质。

附属设备：冷却塔塔釜泵、冷却剂冷却器。

2.3.4.7　丁二烯循环气压缩机

作用：将从脱气塔塔顶出来的丁二烯气体升压后送往精馏塔。

附属设备：润滑油系统[油槽、油泵(两台)、油冷却器(两台)、油过滤器(两台)、油储能器、压缩机出口端密封泄漏油收集罐、压缩机入口端密封泄漏油收集罐]，压缩机出、入口消音器，压缩机吸入过滤器，压缩机隔音罩排风扇。

2.3.4.8　炔烃洗涤塔

作用：通过水洗减少炔烃中夹带的溶剂损失，调整溶剂中含水量，通过抽余液稀释保证乙烯基乙炔在安全操作范围内，根据工艺需要液化回收炔烃。

附属设备：炔烃洗涤塔冷凝器、水分离罐、炔洗涤塔回流泵、炔烃冷凝器、炔烃收集罐、炔烃输送泵。

2.3.4.9　脱轻塔

作用：主要脱除粗丁二烯中的水和比丁二烯挥发度大的轻组分甲基乙炔，是普通精馏系统的脱轻组分塔。

附属设备：脱轻塔塔顶冷凝器、脱轻塔再沸器(两台)、脱轻塔回流罐和回流泵、脱轻塔塔釜过滤器(两台)。

2.3.4.10 脱重塔

作用：主要脱除未能在第一萃取精馏部分和第二萃取精馏部分脱除的重组分，如顺-2-丁烯、1,2-丁二烯、乙基乙炔以及 C_5 烃类，是精馏系统的脱重组分塔。

附属设备：脱重塔塔顶冷凝器、脱重塔再沸器(两台)、脱重塔回流罐和回流泵。

2.3.4.11 溶剂再生罐

作用：脱除循环溶剂中的焦油等重组分，纯洁溶剂。

附属设备：再生溶剂水洗塔、再生溶剂冷凝器、再生溶剂罐、再生溶剂泵、真空喷射泵、喷射器冷凝器、喷射器冷凝罐、废水泵。

2.3.4.12 物料排放回收系统

作用：收集丁二烯装置的所有溶剂排放和烃类排放。烃类汽化后送至火炬系统，溶剂送往再生系统回收利用。

附属设备：废溶剂回收罐、废溶剂回收泵、火炬排放罐。

2.3.5 装置生产的特点和难点

NMP 法丁二烯抽提装置属甲级防爆装置，生产有以下特点和难点。

(1) NMP 法丁二烯抽提装置的工艺特点是两段萃取精馏和两段普通精馏相结合，流程设计比较经济，设备较少，具有基本投资少、分离效果好、能耗较低、产品收率高、产品纯度高、溶剂易精制等，是一种较为先进的方法。

(2) NMP 溶剂具有优良的化学稳定性及热稳定性，遇水不分解，易溶于水，与水形成共沸物，溶剂提纯可用少量水洗及普通精馏的方法。NMP 溶剂无腐蚀性，装置设备材质可全部使用碳钢。

(3) NMP 具有较好的选择性，且不与 C_4 烃任何组分形成共沸物；操作温度较低，热聚合效应小。

(4) NMP 溶剂毒性低，空气中最高允许浓度 $400mg/m^3$。NMP 溶剂沸点高(206℃)，常温下蒸气压力低，溶剂损失低。

(5) NMP 法抽提丁二烯装置的节能设计较好，萃取精馏部分的主洗塔、后洗塔、精馏塔均无专有的再沸器，所需热量完全依靠从溶剂循环回路逐级回收。C_4 原料的主、辅蒸发器所需热量也是从循环溶剂中获得。普通精馏部分的两座精馏塔的再沸器也使用从溶剂和装置自产的蒸汽冷凝液中回收的热量。全装置只有脱气塔再沸器使用饱和中压蒸汽作为热源，也间接作为其他换热器的热源，蒸汽消耗少。

(6) 丁二烯抽提装置处理的物料是裂解 C_4。副产品是丁烷、丁烯抽余液，产品是高纯度丁二烯，均属于易燃易爆的一级危险品，其闪点低，爆炸极限宽，气态密度比空气大，不易扩散，发生泄漏时易爆炸着火。

(7) 使用的化学品如 NMP 溶剂、甲苯、亚硝酸钠、TBC 等都属有毒有害的危险品，对人体有一定的危害。发生泄漏后，会造成人员中毒或灼伤，污染环境。

(8) 丁二烯和炔烃的化学性质非常活泼，极易发生自聚和分解爆炸等反应，在氧的存在下，极易生成过氧化物及端基聚合物，特别是普通精馏单元中，大量丁二烯自聚可造成设备堵塞、胀裂，发生爆炸着火。

（9）因为氧是主要的丁二烯聚合引发剂，为了保证长周期稳定运行，定期测量各塔塔顶冷凝器气相中的氧含量很重要。如果在装置内任何一个氧分析点分析的氧含量超过 5μg/g，都要认真查出可能的来源，并通过塔顶冷凝器的排放线放空至火炬系统。如果没有发现泄漏点，这一段时间内就要加大阻聚剂的投入量，以减少聚合发生的可能性。

（10）NMP 法丁二烯抽提装置因为有丁二烯气体压缩机，所以装置的电耗较高，装置的开停车比较复杂。

第3章　装置的开车

3.1　丁二烯抽提装置的首次开车准备

3.1.1　全面检查装置情况

检查确认丁二烯装置所有设备和管线均已按照工艺和仪表要求正确安装，并完成仪表联校工作，尤其注意检查以下各点：止逆阀方向是否正确；长期盲板位置状态是否正确；临时盲板是否全部拆除；各阀门是否安装在能安全平稳操作的位置；开车组织方案资料数据是否齐备；安全附件是否投用；助剂化学品等公用工程是否齐备；分析检测及设备检修的人员工器具是否到位；安全防护用具是否齐备；现场通信系统是否完好等。

3.1.2　空气吹扫

首次开车前设备、管线，因内部存在较多焊接时留下的焊渣与管线放置时间长而产生的铁锈、灰尘等杂质，若直接投入使用，容易损坏仪表元件设备和其他动、静设备，使首次开车不能正常进行，因此，在首次开车前必须对设备、管线内的杂质进行清除，避免仪表等设备被损坏，以确保首次开车顺利进行。

首次开车前的吹扫应使用压缩空气对所有设备和管线逐条进行吹扫，以清除设备和管道中的焊渣、尘土、铁屑等杂质，同时初步打通流程，检查确认流程畅通。

吹扫前应制定详细可行的空气吹扫方案，吹扫时装置以塔和罐作为储气设备，以它们为中心逐条吹扫附属的管线；按先主线后支线的原则操作；各管线吹扫合格后再分别吹扫该管线上的工艺排放管线、火炬排放管线、安全阀、取样点、仪表安装口等附属系统。为确保吹扫时设备的安全，吹扫前应对安全阀、调节阀、孔板、仪表元件及某些阀门等进行拆除，以短节或盲板代替，确保这部分设备不被损坏。塔和罐内部在空气吹扫结束后应进行人工清扫，在管道的吹扫过程中应不断用木锤敲击管线的弯头、焊接口等，使管壁上附着的杂物落下，以彻底清除内部的残留杂质。

空气吹扫时应注意各系统压力不得超过设备的设计压力，严禁吹扫气体进入机泵等转动设备，机泵与管线相连处应加设牢固的挡板，吹扫气体如需经过除转动设备以外的其他设备，应先将进入该设备之前的法兰断开，确认进入该设备之前的管线已吹扫合格后再连接。

吹扫过程中若发现有漏点应及时消除，拆装作业必须在确认泄压后方可进行。在对吹扫过的设备、管线等进行检查吹扫效果时应特别注意安全，避免被吹出物溅伤眼睛，在吹扫过程中应随时做好记录，避免遗漏管线或设备。空气吹扫全部完成后，将前期吹扫时拆除的设备和仪表等进行全部复位。吹扫结束后，应该对吹扫效果进行检查，具体做法是用白纸板或刷有白漆的木板正对被吹扫的管线管口，检查白纸板或木板上单位面积内杂质的数量，小于规定的数量即为合格。

对于大口径较长管线，采用常规吹扫往往效果不是很好，视情况也可采用爆破方式，吹扫时爆破片的选定不得高于管线的设计承受压力，并用红白带对爆破区划出安全区域并进行提示，防止人员进入受到意外伤害。

空气吹扫全部完成后，尽快按要求将拆除的设备和仪表复位。

3.1.3 公用工程准备

3.1.3.1 蒸气系统吹扫投用

装置的蒸汽和冷凝液系统(包括所有中压蒸汽、低压蒸汽和蒸汽冷凝液管线)需使用相应等级的蒸汽逐条管线进行吹扫，蒸气吹扫的目的、方法、注意事项与空气吹扫基本相同，但不用设备储汽，而是由外界引入蒸汽按流程逐段吹扫，引入蒸汽时需按要求充分暖管排凝，严防因水锤造成设备或人身伤害，因蒸汽温度较高，吹扫时应注意做好防范措施，特别注意避免被蒸汽烫伤。蒸汽吹扫全部完成后，应尽快按要求将拆除的设备和仪表复位。

蒸汽系统吹扫合格后，根据工艺需要可以投用，为丁二烯装置开车做好准备。

3.1.3.2 工业风和仪表风系统吹扫投用

工业风和仪表风在引入装置时，应先将各仪表使用点和支线上的阀门关闭，然后引入工业风和仪表风后在总管的末端进行排放，把其中的杂物吹净后，再逐点吹扫各仪表使用点和支线，避免将脏物杂质带入工业风和仪表风系统内。在管道的吹扫过程中应不断用木锤敲击管线的弯头、焊接口等，使管壁上附着的杂物落下，以彻底清除内部的残留杂质。在对进入仪表的仪表风管线进行吹扫时，必须要有仪表专业人员确认，进气时要缓慢，要对每条管线仔细检查，同时检查有无泄漏，若发现有泄漏应及时进行消除。工业风和仪表风系统吹扫确认合格后即可投入正常使用。

3.1.3.3 氮气系统吹扫投用

氮气系统的吹扫可先使用压缩空气，干净后再使用氮气置换全系统；也可直接使用氮气吹扫，但必须进行告知和做好相应的防范措施，严防窒息事故发生。吹扫时务必先将各使用点和支线上的阀门关闭，首先从总管端头排放，将其中的杂物吹净，再逐点吹扫各使用点和支线。在管道的吹扫过程中应不断用木锤敲击管线的弯头、焊接口等，使管壁上附着的杂物落下，以彻底清除内部的脏物和残留杂质。吹扫时与设备相连处应断开，不能将杂物吹入设备。

进气时要对每条管线仔细检查，进气要缓慢，同时检查有无泄漏。确认吹扫合格后，检查氮气的压力、纯度是否合格，检查确认后投用氮气系统。并将需要氮封的设备(如各化学品罐及机泵的密封系统等)置换合格后投用氮封，检查氮封系统的调节阀或呼吸阀工作是否正常，氮封压力是否达到要求，如有问题及时处理。

3.1.3.4 循环水系统冲洗投用

循环水进入设备前，要求使用干净的水对装置内的循环水管线进行冲洗，以除去管道中的焊渣、尘土、铁屑等杂质，避免带进设备。管线冲洗合格后，再将循环水引入每台冷却器和需要循环水的机泵中。

投用循环水系统时应注意反复开启循环水系统各个高位放空阀，特别是各换热器的高位放空阀，将管道和设备中的气体完全排空。循环水充满设备后，再根据工艺需要决定是否投用换热器，不需投用的换热器可关闭循环水的进出口阀门，打开副线阀门(如有)循环。冬季运行时特别需要注意防冻，可将各设备的循环水副线阀门(如有)稍开保持循环；夏季运行时则需要注意循环水的温度和压力是否满足工艺要求。

3.1.4 电气、仪表、DCS、联锁系统调试合格

丁二烯装置所有电气设备使用前均须由专业人员按照规定程序检查确认合格，包括现场照明和通信系统。所有机泵的电机必须单独试运合格。

各系统吹扫期间，应拆除全部的孔板、仪表元件和调节阀，以短节代替，并将仪表引压管关闭。吹扫时注意逐点将仪表引压管残存的水或杂质排净，检查调节阀安装方向是否正确；仪表指示是否正常；联锁系统试验结果是否正常；所有气动阀均需检查调校，确认动作正常；电动仪表通电试验正常。

DCS 系统调试须由专业人员按照规定程序检查，并确认 DCS 系统调试合格。

3.1.5 机泵设备的试运转

在首次投料开车前，丁二烯装置内的所有机泵应在电机单试结束后进行机泵负荷试运转，试车介质应使用干净的水，试运转结束后要将设备彻底倒空，并用氮气进行吹扫、干燥置换合格。如在冬季进行试运还应做好防冻工作。

3.1.5.1 离心泵(含屏蔽泵)的试运转

泵的试运转应满足以下条件：电机单试完成，运行正常；泵体及出入口管线冲洗合格；泵的对中找正完成；泵的密封液已加注；泵的润滑油已加注；泵的冷却循环水已运转；泵的压力表及其他仪表校验合格；泵的出入口阀门和止逆阀灵活好用；泵手动盘车正常。具备试车条件后在相关专业人员到场的情况下送电到机泵，启动机泵，检查机泵电流等运行情况，若有问题及时消除，直至机泵平稳运行。

试车步骤：打开入口阀门，关闭出口阀门，设有最小旁路线的泵应打开出口旁路线阀门，当水进入泵体后注意从高点进行排气，然后点动试车，观察泵的运转方向是否正确；若正确则再次启动泵，观察有无泄漏点，检查泵出口压力、震动、电流是否正常；逐渐打开泵的出口阀门，观察上述问题，如无异常情况，则关闭出口阀门后停泵，结束试车。

屏蔽泵用水试车时，因水密度大于烃类，温度会高于正常物料的操作温度，试车时应将泵体和出口的温度联锁(如有)暂时摘除，在试车完成后及时恢复联锁。

3.1.5.2 往复泵的试运转

泵的试运转应满足以下条件：电机单试完成，运行正常；泵体及出入口管线冲洗合格；泵的对中找正完成；泵的润滑油已加注到位；泵的压力表及其他仪表、出入口阀门和止逆阀正常可用；泵的安全阀安装正确，校验合格。

往复泵的试车步骤(介质均使用新鲜水)：打开出入口阀门，注意往复泵启动时不能关闭出口阀门，水进入泵体后注意从出口高点排气完全；点动试车，观察运转方向是否正确；然后再次启动泵，观察有无漏点，检查出口压力是否正常，是否有异常振动、噪声等现象，观察电流是否正常；在此基础上调节往复泵冲程，再次观察上述问题，如无异常，可先停泵，然后将冲程调为零，视情况关闭出口阀门，结束试车。

往复泵的流量标定：关闭泵与设备的连接阀门，将泵入口线上的计量罐充满，启动泵后记录在不同冲程条件下单位时间内计量罐内物料下降的体积，从而可精确计算出往复泵在不同冲程条件下的流量，以便开车后计算化学品的加入量。

3.1.6 压缩机的试运转

通过压缩机的试运转，对其机械性能、安装质量、仪表动作可靠性等方面进行考察检验，保证压缩机开车后能正常平稳运行。

3.1.6.1 油路系统试运转

油运合格是压缩机试运转的前提条件，目的是将油路系统的管线和设备内的杂质冲洗干净。在油运前，应先对该设备进行清洗吹扫等处理，油运时按要求调整好油路系统的工艺参数，检查油路系统是否畅通和是否存在泄漏、憋压等问题，发现情况立即处理。具体要求如下。

(1) 全面检查油路系统的流程，确认设备管线装配符合要求，并按工艺要求进行流程设定。

(2) 确认油路系统的循环水、氮气等公用工程已正常投用。

(3) 确认油路系统的仪表正常可用，油泵电机单试合格，联轴节连接正确。

(4) 确认油箱内部清洁，达到工艺要求，润滑油已加入油箱。

(5) 为避免杂质进入压缩机内和油箱内，在油路进入压缩机之前和返回油箱之前的管道法兰处必须加装合乎要求的过滤网，并以此检查油运的效果。

(6) 启动油泵，进行短时间运转，检查油泵是否有泄漏等异常现象，当润滑油被油泵充入设备和管道后，油箱的油位会有所下降，如有必要的话可以向油箱中补充润滑油。

(7) 再次启动油泵，检查油压是否在规定范围内，必要的话可以通过调整压差控制阀来调节油压，并对油泵做联锁试验。

(8) 油泵启动后要将油路系统中的空气排掉并依次检查以下各项：

① 油压和油温是否在规定参数范围内；

② 油槽和排放罐的液位；

③ 润滑油和密封油高位储罐的油位，如有必要调整高位储罐的油位；

④ 油的泄漏情况；

⑤ 通过窥油镜观察油的流动，确保压缩机的润滑效果。

(9) 定期清洗油泵过滤网，油泵在初次运行时，由于管路中存在杂质，要经常拆下进压缩机之前和返回油箱之前的过滤网进行清洗，开始时由于杂质较多，拆检时间间隔要短，以后随清洁度的提高，间隔时间可以长一些，最终由设备专业人员检查分析油样确认油运合格后，停止加装过滤网，恢复油路正常运行状态。

3.1.6.2 压缩机试运转前的检查准备

(1) 检查确认压缩机油路系统已运转正常，润滑油及密封油压力、压差、温度正常，高位油槽压力、液位正常。

(2) 检查确认压缩机冷却水系统运转正常，冷却水流量、温度正常。

(3) 检查确认压缩机的各类仪表已投用且指示正常；检查确认压缩机的联锁保护系统已正常投用；压缩机电机单试合格。

(4) 检查确认压缩机盘车正常，转动时无振动或摩擦现象。

3.1.6.3 压缩机试运转

压缩机空气试运转的目的是检验压缩机安装完成后能否正常运转，以便提早发现问题及时解决，为投料开车做准备。试车的必要条件有压缩机润滑油循环充分正常(一般需润滑油循环 48h 以上)；有 N_2 密封气系统的应启动密封气鼓风机，并使吸入压力维持在低于压缩机正常工作时的吸入压力(一般控制在 0.002~0.003MPa)，鼓风机排出的气体现场排放；压缩机盘车正常；压缩机吸入口管线及罐已清除干净并装上过滤网；室内外通信畅通；机、电、仪等有关人员到场；公用工程系统具备条件；联锁调试完好。试车的内容有压缩机升温升压试验和各路联锁的正确性试验确认等。

压缩机试运转前，对试运转流程要进行设定确认，压缩机吸入口一定要装上 60 目金属丝网，防止杂质进入缸体而损坏压缩机，排放口一定要装上闸阀并全开，用于升压升温试验时的控制。

完成流程设定后打开所有压缩机循环水管线的进出口阀门，供给仪表压缩空气，确认压缩机盘车轻松后进行点动试验，方法是快速打开和关闭主电机开关，观察情况，间隔点动2~3次均正常可进行正式试运转。启动正常后开始做升温实验，缓缓关小二段出口阀门，观察控制室内压缩机二段温升情况，并做好记录。再测试压缩机排出温度升到报警值时观察仪表显示的正确性。升温试验结束后，缓慢打开二段出口阀，待阀全开后停止压缩机运转，并对压缩机停车联锁与开车联锁进行模拟联锁试验。在试运转过程中，若有任何危险迹象，如声音、振动等出现异常时，应立即停止压缩机运转，降低排出压力，待解除故障后再进行试运转。压缩机完成试运转后，要做好后处理工作，并对系统进行置换，合格后保压备用。

3.1.6.4 压缩机试车应注意的事项

（1）压缩机试车运转时间以不超过2h为宜，其中维持高温状态不应超过0.5h。

（2）开关阀门动作一定要缓慢，快速开关会导致出口压力、温度急剧上升而引起联锁停车，并且可能损坏主驱动电机或压缩机。

（3）整个过程中，出口压力必须维持在高于吸入口压力状态，出口温度要保持在规定的最高值以下。

（4）当压缩机运行条件基本正常时，要对循环水、润滑油和密封气系统的情况进行巡检记录，并检查这些记录是否正常且在允许范围内，如发现异常，要及时处理。

（5）在压缩机试运转结束后，要保持润滑油和循环水系统继续正常运转0.5h以上，并对压缩机进行手动盘车，确认转动正常平稳。

3.1.7 水冲洗与水联运试车

首次开车前，装置必须经过水联运试车检验，以考察装置在接近正常生产的工艺条件下机泵的性能、校对检验仪表性能、检查设备和管线的泄漏情况以及收集各种相关数据等，同时通过水联运锻炼岗位人员的实际操作技能，为开车做好充分的准备。

在机泵试车与水冲洗完成后，装置基本具备开车条件，此时可进行水联运试车工作，通过水联运试车可进一步清洗系统，打通流程，水冲洗的目的是清洗去除松散附着在器壁等处的污物等杂质，找出泄漏和不能流通的区域，原则上所有设备和管线均应进行水冲洗，所用的水也应干净。

水联运试车时，先将水灌入溶剂储罐，然后按溶剂循环的步骤建立水循环，并投用各换热器和再沸器，但各塔温度应控制低于100℃，避免水汽化过多；各回流罐中也应加水，开回流泵建立回流，但须注意避免泵长时间超负荷运转。投用蒸汽加热器时注意将加热器内的水排净，避免出现水锤损坏设备现象；压缩机与系统相连的管线应加盲板隔离，防止水或蒸汽串入。

水联运试车结束后，必须将系统中的水全部排干净，特别注意死角部位，每一条管线的低点部位均需检查到位。如果有较多的水存在，开车时会影响溶剂中的含水量，使溶剂脱水时间较长，更重要的是循环水中杂质较多，易引发丁二烯聚合。排水时可向系统内充入N_2，避免系统形成负压损坏设备。

水冲洗和水联运试车工作如果在冬季进行，必须做好防冻保温工作，避免冻坏设备和管线。

3.1.8 化学清洗

1,3-丁二烯因具有共轭双键，化学性质非常活泼，在有氧、过氧化物、铁锈等存在时极易发生聚合反应，影响正常生产。因此，在首次投料开车前，必须对塔、罐以及管线等进行化学清洗。

化学清洗一般分两步进行，第一步用热柠檬酸溶液清洗除锈，然后用氨水中和后再排出。第二步用5%的热亚硝酸钠水溶液对设备及管线清洗钝化，基本按正常生产流程建立回路，钝化温度一般在70℃左右，运转时间需48h。由于普通精馏系统生产时丁二烯浓度较高，在清洗钝化时最好采用从塔釜到塔顶的逆向浸泡循环，对冷凝器的清洗钝化至少要达到24h。

3.1.9 装置气密试验

在装置水联运试车及化学清洗完成后，排水时使用氮气对全装置进行干燥吹扫，并进行气密试验。气密试验的目的是尽可能找出装置中各法兰、焊口、接头、阀门压盖等处存在的细小漏点并及时处理，以免开车后氧气由此渗入或物料由此漏出。

气密试验的压力应为操作压力的1.05~1.15倍，气密试验使用肥皂水涂刷在被检测部位，以没有气泡产生为合格。各单元所有检测点均合格后气密检查结束。

气密检查合格后，进行泄漏率试验，将系统充压后断开气源管线，保持静止24h，记录开始与结束时的系统温度和压力。通过测定系统温度和压力的变化计算系统的泄漏率，合格标准为泄漏率不超过0.2%。若泄漏率大于0.2%，应进行再次气密检查，找出原因并消除，直至泄漏率不超过0.2%合格为止。

气密试验时应注意气密试验所用的压力表必须准确可靠，每个气密单元最少配备两块压力表与两块温度表；充压过程中应防止系统超压，根据压力表指示，接近气密压力时要放慢充压速度，使系统缓慢升至气密压力；气密试验过程中密切注意低压系统的压力指示，避免系统间串气超压的情况出现；气密试验过程中需要处理泄漏点时必须注意安全，在确认已泄压后方准更换垫片。

3.1.10 氮气干燥置换

气密合格后，用 N_2 对全装置进行置换，通过排放氮气将残存在设备及管线的水分彻底清除干净，并将整个装置的氧含量降低至规定值：C_4 萃取精馏系统的氧含量降低至50mL/m^{3}以下，丁二烯精制系统的氧含量降低至20mL/m^{3}以下，避免开车后由于氧的存在引发丁二烯聚合。

氮气干燥置换时各单元应分别进行干燥置换，各单元之间必须相互隔离，避免 N_2 在系统内互串，尤其要注意避免常压塔在充压时出现超压情况，干燥置换过程中 N_2 的充压和泄压排放应间歇进行，否则死角部位不易置换合格且 N_2 消耗量较大。N_2 进入装置后，必须注意安全，人员严禁进入设备，N_2 排放点也应合理选择，以免发生窒息事故。压缩机的 N_2 置换应单独进行。

置换数次后，应从各系统选择几个有代表性的取样点分析系统中氧含量，直至氧含量合格。置换过程中排气时严格注意系统压力，防止出现负压。置换合格后，对已置换合格的系统应用 N_2 进行保压，防止空气重新进入。

3.1.11 溶剂与化学品填装配置

初次装填溶剂及化学品(糠醛、硅油、TBC等)可用桶泵或气动泵等工具将所需纯溶剂从桶中抽入相应储罐中，加入前储罐应清洗置换合格并保持氮封压力在5kPa左右(由 N_2 密封气调节阀控制)，使储罐保持微正压，防止空气进入。

装填固体化学品 $NaNO_2$ 时，将 $NaNO_2$ 添加罐的氮气阀关闭，打开放空阀进行泄压，然后打开罐顶加料阀把固体 $NaNO_2$ 从罐顶漏斗加入罐中，之后关闭罐顶加料阀，用 N_2 进行置换后保持一定压力等待备用。若使用的硅油、TBC为纯物质，需要自己配制，方法基本与 $NaNO_2$ 装填相同，在装填前，应根据所需的浓度计算好装填量，装填后再送入甲苯配置成所需的硅油/甲苯溶液和TBC/甲苯溶液，开动搅拌泵或循环泵进行搅拌与循环，使配置的硅油/甲苯溶液和TBC/甲苯溶液的混合液浓度均匀，供装置生产时添加使用。

3.1.12 检查确认消防安全系统

检查确认消防安全系统，包括现场灭火器、消防水和泡沫灭火系统、可燃气体报警仪检测系统、报警系统、洗眼器等设施均正常合格可用。

3.1.13 工艺管线按开车要求布置完毕

工艺管线按开车流程设定时要注意确认工艺排液线、火炬管线、分析取样线的阀门均已关闭；所有与设备相连的临时管线和胶管等均已拆除；对已经充入化学品等物料的设备，相连的管线要防止跑料事故的发生；确认所有安全阀已按照PID要求投用；确认所有换热器工艺侧的阀门均已打开，备用设备的阀门已关闭。

3.2 检修后开车的准备工作

3.2.1 DMF抽提丁二烯装置检修后开车的准备工作

经停车检修后，在检修设备复位结束，机、电、仪和公用工程已就位并具备投用条件时，装置进入开车准备与开车阶段。抽提丁二烯生产装置停车检修后工作程序一般都要经过拆除盲板、系统气密、吹扫、置换，压缩机试车，萃取精馏系统溶剂冷运、热运，精馏系统化学清洗、氮气干燥、C_4或丁二烯试循环清洗，最后进入投C_4开车运行生产，如图3-1所示。

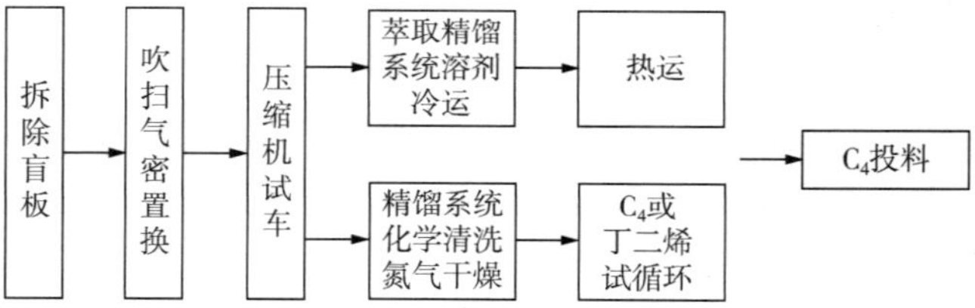

图3-1 DMF装置检修后开车工作程序图

其中，拆除盲板，压缩机试车，吹扫、气密、置换，精馏系统化学清洗与氮气干燥属于正常停车检修后的开车准备工作。

3.2.1.1 拆除盲板

盲板是为确保检修安全与防止发生串料事故所采取的一种必要手段，在检修设备复位全部结束进入开车准备期时，要对有关盲板进行拆除确认：水洗“8”字盲板复位走孔，蒸汽蒸煮塔管线盲板重新加装，氮气进装置总阀盲板抽出，循环水进装置总阀盲板抽出，蒸汽进装置总阀盲板抽出，尾气去火炬总阀盲板抽出，原料C_4进装置盲板抽出，抽余液去界区外盲板抽出，产品送出装置盲板抽出以及正常停车与检修期间所加的其他盲板全部抽出。

为便于管理，拆除盲板工作应安排专人负责，拆除时要严格按有关规定执行并做好记录，盲板拆除后，有关人员应确认签字，防止发生遗漏。盲板全部拆除完成后，对拆除盲板图与已确认签字的盲板拆除情况记录表应妥善保管，便于以后查阅考证。

3.2.1.2 气密试验

气密试验是对系统的严密性进行检验，是化工装置开车操作过程中必不可少的步骤，一般泄漏率要求小于0.2%。丁二烯装置生产所用的原料C_4、化工助剂以及丁二烯产品多为易燃易爆物品，对设备的严密性要求较高，因此对气密试验更应引起足够的重视。装置经检修动过的塔、罐人孔，再沸器、冷凝器封头，各部位的连接法兰等必须进行气密检验，发现有泄漏点及时消除，以确保下道工序工作安全顺利进行。

气密试验时应注意各系统单独进行，常压塔不能出现超压情况。气密试验一般使用 N_2 进行，对工作压力不超过 0.5MPa 的设备，气密试验时的压力应为工作压力的 1.1 倍，工作压力如果在 0.5MPa 以上的设备，气密时的压力应为工作压力的 1.05 倍。

气密试验的方法是用 N_2 把各系统充到规定压力，然后用肥皂或洗衣粉水溶液对要检测气密性的部位进行涂刷，观察该部位是否有冒泡，如果该部位有冒泡，说明该部位存在泄漏，应联系重新处理，处理后再用肥皂或洗衣粉水溶液对该部位进行涂刷和观察，如果仍有冒泡应再处理，直到不冒泡为止。

3.2.1.3 吹扫置换

设备经检修清洗后，系统内存在较多的空气和铁锈等杂质，空气和铁锈对丁二烯的聚合有催化促进作用，丁二烯遇到空气中的氧气很容易先被氧化成过氧化物，然后自聚为过氧化自聚物(浅黄色的黏稠液体)，性质很不稳定，受撞击或急剧加热时，会迅速分解而发生爆炸。而且它能引发丁二烯进行端基聚合，生成白色蜂窝状固体，附着在过氧化自聚物的表面，并继续捕集氧和丁二烯，达到一定限度时，在聚合热很难逸出情况下形成局部过热，导致过氧化物急剧分解而爆炸，再加上触发丁二烯分解就会形成更大的爆炸。因此，在开车生产前必须把空气和铁锈等杂质彻底清除出系统，以确保人身安全和装置的安全生产与长周期运行。

与进行气密试验时相同，吹扫置换时各系统不容许发生串压情况，各系统尤其是常压塔不能超过设备的设计承受压力。吹扫置换时各系统应分开，单独进行，采用充气—泄压—充气—泄压间歇式的办法重复置换，不要采用边进边放的办法，防止产生死角。吹扫置换时关闭系统所有与大气、地下罐等外界相连的阀门，把氮气从塔底的氮气管线充入塔内。当压力充到所需要的值时，关闭充氮气阀门，然后首先应从塔釜和过滤器以及泵的现场倒淋排放氮气。由设备最高点往最低点吹，便于排放杂质。通过排放氮气把系统内的空气与铁锈等杂质从大口径管线带出系统。如此重复几次，直至系统内无明显的杂质带出，然后再进行其他倒淋口的排放。排放应做到细致周密，不能有遗漏的死角，系统上所有能排放的部位都应排放。要特别注意的是现场压力表、仪表导压管等不能遗漏，现场压力表最好卸下来排放。

吹扫置换到一定程度后对系统要进行氧含量分析，分析要多选择几个具有代表性的点，一个独立的系统(如第一萃取精馏塔)不能只选一二个点，这样对整个系统来说缺乏代表性，若塔釜置换合格了，并不意味着整个系统已置换合格，因为空气与氮气的体积质量是有轻重的，吹扫置换时排放次数少的部位也可能氧含量要稍高些。分析的点如果氧含量超过 $50mL/m^3$，应继续进行置换。如果氮气中氧含量小于 $10mL/m^3$，置换程度须氧含量达到小于 $50mL/m^3$，对丁二烯流经的设备须严格控制氧含量小于 $20mL/m^3$。

对于没有连接氮气管线的设备、系统，吹扫置换时应用胶皮管连接氮气进行吹扫置换。各系统(重点是塔、罐、压缩机)吹扫置换合格后，需用氮气进行保压备用。

3.2.1.4 压缩机试车

压缩机空气试车的目的是检验装置的心脏部位——压缩机经解体检修重新安装后能否正常运转，以便提早发现问题并解决，为投料开车做准备，以确保开车生产的顺利进行和万无一失。试车的必要条件是压缩机润滑油循环充分正常(一般润滑油需循环 48h 以上)；压缩机盘车正常；压缩机吸入口管线及罐已清除干净并装上过滤网；室内外通信畅通；机、电、仪等有关人员到场；公用工程系统具备条件；联锁调试完好。试车的内容有压缩机升温升压试验和各路联锁的正确性试验确认。

试车前必须仔细检查与压缩机试运转有关的所有管线和阀门设定是否正确，相应的仪表、仪表管线(包括联锁系统)是否正确，检查油过滤器压差是否正常，润滑油是否干净好用，油压是否控制在正常条件，压缩机润滑油循环是否已达到48h以上。有 N_2 密封气系统的应启动密封氮气鼓风机，并使吸入压力维持在低于压缩机吸入压力正常工作时的压力(一般控制在0.002~0.003MPa)，鼓风机排出的气体现场排放。

压缩机试运转前，对试运转流程要进行设定确认，压缩机吸入口一定要装上60目金属丝网，防止杂质进入缸体而损坏压缩机，排放口一定要装上闸阀用于升压升温。

完成流程设定确认后，打开所有压缩机循环水管线的进出口阀门，供给仪表压缩空气，确认压缩机盘车轻松后进行点动压缩机试验，方法是快速打开和关闭主电机开关，观察情况，间隔点动2~3次均正常可正式试运转。启动正常后缓缓关闭二段出口阀门，观察控制室内压缩机二段温升情况，并做好记录。测试压缩机排出温度升到报警值观察正确性。升温试验结束后，缓慢打开二段出口阀，待阀全开后停止压缩机运转，并对压缩机停车联锁与开车联锁进行模拟联锁试验。在试运转过程中，若有任何危险迹象，如声音、振动等出现异常时，应立即停止压缩机运转，减小排出压力，待解除故障后再进行试运转。压缩机完成试运转后，要做好后处理工作，并对系统进行置换，合格后保压待命。

3.2.1.5 亚硝酸钠清洗

萃取及精馏系统经吹扫、气密、置换合格后，需经脱脂、除锈操作后，再进行 $NaNO_2$ 水溶液循环和浸泡。$NaNO_2$ 化学清洗的目的是清除检修后系统残留杂质及所产生的部分铁锈；清除系统置换后所残留的微量 O_2；杀死活性爆米花状聚合物种子和使系统设备表面钝化，以及通过清洗对仪表、设备等进行考察。

化学清洗时，先将所需 $NaNO_2$ 加水溶解配制成5%的 $NaNO_2$ 溶液，为使清洗效果更好，可通入蒸汽对 $NaNO_2$ 水溶液先加热到约70℃，然后用泵打到萃取及精制单元各回流罐中，按照化学水洗流程建立循环，循环时间至少需12h。为了彻底清除系统中的微量 O_2 和杀死活性爆米花状聚合物种子，确保生产安全与装置长周期运行，最好使 $NaNO_2$ 循环与浸泡达到24h以上。循环结束后，系统中的 $NaNO_2$ 溶液对萃取及精制单元各回流罐与冷凝器进行充液浸泡，当充液到一定时间时，应微开冷凝器顶部上的倒淋使 N_2 排出，防止憋压使冷凝器不能充满液体，当冷凝器顶部上的倒淋冒出液体时，说明冷凝器已充满 $NaNO_2$ 溶液，此时应关闭冷凝器顶部上的倒淋对其进行浸泡，浸泡时间要求同循环时间相同。冷凝器充满 $NaNO_2$ 溶液浸泡时，多余的 $NaNO_2$ 溶液由产品泵送至产品储罐，当产品储罐液面到达80%时停止向产品储罐送料，对产品储罐进行浸泡，并产品储罐浸泡时间需要24h以上，以确保丁二烯产品储存安全。

$NaNO_2$ 化学清洗结束后，溶液不能随意排放，必须将 $NaNO_2$ 溶液全部排入含油污水线，以免污染清洁下水。$NaNO_2$ 溶液倒空排完后，对以上设备用 N_2 进行置换干燥，有条件的话最好用加热的 N_2，使开车时产品的水值更快合格。

3.2.1.6 C_4 或丁二烯试循环

在萃取系统进行溶剂热运时，精馏系统要进行注入二乙基羟胺(OEHA)的 C_4 试循环，目前多数装置都用丁二烯代替 C_4 试循环，这样不仅可减少 C_4 试循环后的置换工作，为开车赢得宝贵时间；而且减少了开车时的许多重复步骤，如重新进料、重新建立回流等，缩短了开车过程所用的时间，使产品更早合格、开车过程更平稳。

用二乙基羟胺进行 C_4 或丁二烯试循环化学清洗的目的是杀死聚合物的种子，使系统内残存的活性种子脱活，并通过清洗对仪表等进行考察。这一步工作应放在溶剂热运基本稳定后进行，循环水、蒸汽冷凝液到位。有条件的装置建议用丁二烯和含有二乙基羟胺的 TBC 复合溶液进行清洗试循环。

在丁二烯试运行时，应仔细检查脱轻塔、脱重塔的各塔、罐、泵和仪表等运行情况，检查脱轻塔回流罐水室情况，若有水要排掉。同时要对脱轻塔回流罐的不凝气和脱重塔塔釜液进行定期分析检测，确保甲基乙炔在安全操作范围内。对循环物料中的 TBC 也需要定期分析，及时调整 TBC 注入量，使丁二烯试运行保持较高的 TBC 含量，保证丁二烯试运行清洗效果。

3.2.1.7 检修后开车准备工作程序及应达到的标准

检修后开车准备工作程序及应达到的标准如下。

(1) 拆除大检修期间加装的盲板，并清点数量。

(2) 装置进行试压试漏，主要是检修期间动过的法兰、人孔和新配管线的焊口，要求无漏点。

(3) 全装置进行氮气置换，主要是塔、罐、换热器和工艺管线以及仪表引压管线的置换，要求萃取系统内含氧量≤50mL/m^3，丁二烯系统含氧量≤20mL/m^3。

(4) 全装置进行氮气保压。

(5) 所有仪表(包括孔板、调节阀)、安全阀、液位计等安全附件检修回装完毕，并投入使用，工艺人员签字确认具备正常使用条件。

(6) 确认装置所有机泵及其他电气具备送电条件，所有照明设备具备使用条件，然后联系电工送电。

(7) 所有分析仪器具备正常分析条件。

(8) 溶剂罐具备收料条件。

(9) 公用工程(水、电、汽、风)系统处于可运行状态，各冷却器接通冷却水。

(10) 蒸汽接入界区，调压、调温后再接到装置各个蒸汽再沸器前。

(11) 检查工艺系统管线、阀门、倒淋，使其具备开车条件。

(12) 消防器材准备齐全，合乎使用要求。

(13) 准备好装置开车所用的溶剂及其他化学品。

(14) 准备好开车所用的工具、记录纸、交接班日记。

3.2.2 ACN 抽提丁二烯装置检修后开车的准备工作

经过停车检修(系统大检修或局部检修)后，在检修设备复位结束，机、电、仪和公用工程已就位并具备投用条件时，装置进入开车准备与开车阶段。ACN 抽提丁二烯生产装置停车检修后工作程序一般要经过拆除盲板、系统吹扫、气密、氮气置换，萃取精馏系统循环溶剂冷运、热运，普通精馏系统 $NaNO_2$ 化学清洗(循环和浸泡)、氮气干燥、C_4 或丁二烯试循环清洗，最后进入投 C_4 开车运行生产，如图 3-2 所示。

其中，拆除盲板，吹扫、气密、置换，精馏系统化学清洗与氮气干燥属于正常停车检修后的开车准备工作。

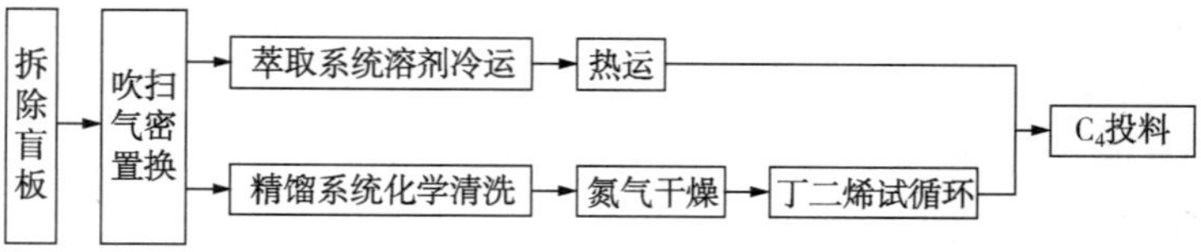

图 3-2　ACN 装置检修后开车工作程序图

3.2.2.1　拆除盲板

盲板是为确保检修安全与防止发生串料所采取的一种必要手段，在检修设备复位全部结束进入开车准备时，要对有关盲板进行确认：蒸汽蒸煮管线盲板加装，氮气进装置总阀盲板抽出，冷却水进装置总阀盲板抽出，蒸汽进装置总阀盲板抽出，尾气去火炬总阀盲板抽出，原料 C_4 进装置盲板抽出，重组分去界外盲板抽出，产品送出装置盲板抽出以及正常停车与检修期间所加的其他临时盲板全部抽出。

为便于管理，拆除盲板工作应安排专人负责，拆除时要严格按有关规定执行并作好记录，盲板拆除后，有关人员应确认签字，防止发生遗漏问题。盲板全部拆除完成后，对拆除盲板图与已确认签字的盲板拆除情况记录表应妥善保管，便于以后查阅考证。

3.2.2.2　气密试验

气密试验是对系统的严密性进行检验，是化工装置开车操作过程中必不可少的步骤，一般泄漏率要求小于 0.2%。丁二烯装置生产所用的原料 C_4、化工助剂以及丁二烯产品多为易燃易爆品，对设备的严密性要求较高，因此对气密试验更应引起足够的重视。装置经检修动过的塔、罐、人孔，再沸器、冷凝器封头，各部位的连接法兰等都必须进行气密检验，发现有泄漏点及时消除，以确保下道工序工作安全顺利进行。

气密时应注意各系统单独进行，常压塔不能出现超压情况。气密一般使用氮气进行，对工作压力不超过 0.5MPa 的设备，气密时的压力应为工作压力的 1.1 倍，如果工作压力在 0.5MPa 以上的设备，气密时的压力应为工作压力的 1.05 倍。

气密的方法是用氮气把各系统充到规定压力，然后用肥皂或洗衣粉水溶液对要气密的部位进行涂刷，观察该部位是否有冒泡，如果该部位有冒泡，说明该部位存在泄漏，应联系重新处理，处理后再用肥皂或洗衣粉水溶液对该部位进行涂刷和观察，如果仍有冒泡再处理，直到不冒泡为止。

3.2.2.3　吹扫置换

设备经检修清洗后，系统内存在较多的空气和铁锈等杂质，空气和铁锈对丁二烯的聚合有催化促进作用，丁二烯遇到 O_2 很容易先被氧化成过氧化物，然后自聚为过氧化自聚物（浅黄色的黏稠液体），性质很不稳定，受撞击或急剧加热时，会迅速分解而发生爆炸，它能引发丁二烯进行端基聚合，生成白色蜂窝状固体，附着在过氧化自聚物的表面，并继续捕集氧和丁二烯，达到一定限度时，在聚合热很难逸出情况下形成局部过热，导致过氧化物急剧分解而爆炸，再加上触发丁二烯分解就会形成更大的爆炸。因此，在开车生产前必须把空气和铁锈等杂质彻底地清除出系统，以确保人身安全和装置的安全生产与长周期运行。

与进行气密试验时相同，吹扫置换时各系统不容许发生串压情况，各系统尤其是常压塔不能出现超出设备设计承受压力。吹扫置换时各系统应分开，单独进行，采用充气—泄压—充气—泄压间歇式的办法重复置换，不要采用边进边放的办法，防止产生死角。吹扫置换时关闭系统所有与大气、地下罐等外界相连的阀门，把 N_2 从塔底的 N_2 管线充入塔内，当压力充到所需要的值时，关闭充 N_2 阀门。然后首先应从塔釜和过滤器以及泵的现场倒淋排放 N_2。由设备最高点往最低点吹，便于排放杂质。通过排放 N_2 把系统内的空气与铁锈等杂质从大口径管线带出系统。如此重复几次，直至系统内无明显的杂质带出，然后再进行其他倒淋口的排放。排放应做到细致周密，不能有遗漏的死角，系统上所有能排放的部位都应排放。要特别注意的是现场压力表、仪表导压管等不能遗漏，现场压力表最好卸下来排放。

吹扫置换到一定程度后对系统要进行 O_2 含量分析，分析要多选择几个具有代表性的点，一个独立的系统(如第一萃取精馏塔)不能只选一二个点，这样对整个系统来说缺乏代表性，若塔釜置换合格了，并不意味着整个系统已置换合格，因为空气与 N_2 的体积质量是有轻重的，吹扫置换时排放次数少的部位可能 O_2 含量要稍高些。分析的点如果 O_2 含量超过 $50mL/m^3$ 应继续进行置换，置换程度须 O_2 含量达到小于 $50mL/m^3$。丁二烯遇 O_2 起氧化反应比较敏感，因此，在开车进料前对吹扫置换工作比较苛刻，对 O_2 含量的控制要求非常严格，一般对丁二烯系统的设备须严格控制 O_2 含量小于 $20mL/m^3$。

对于没有连接 N_2 管线的设备、系统，吹扫置换时应用胶皮管连接 N_2 进行吹扫置换。各系统(重点是塔、罐、压缩机)吹扫置换合格后，需用 N_2 保压备用，等待后续工作的展开。

3.2.2.4 亚硝酸钠清洗

普通精馏系统经吹扫、气密、置换合格后，在萃取精馏系统进行循环溶剂冷运、热运的同时，精馏系统则进行 $NaNO_2$ 水溶液循环和浸泡。$NaNO_2$ 化学清洗的目的是清除检修后系统残留的杂质及所产生的部分铁锈；清除系统置换后所残留的微量 O_2；杀死活性爆米花状聚合物种子和使系统设备表面钝化，以及通过清洗对仪表、设备等进行运行性能考察。

化学清洗时，先将所需 $NaNO_2$ 加水溶解配制成 5% 的 $NaNO_2$ 溶液，为使清洗效果更好，可通入蒸汽对 $NaNO_2$ 水溶液先加热到约 70℃，然后用泵打到脱轻塔、脱重塔回流罐。再由脱轻塔回流泵打入脱轻塔内，塔内的 $NaNO_2$ 溶液由脱轻塔塔釜泵送到脱重塔内，脱重塔内的 $NaNO_2$ 溶液通过塔釜到脱重塔回流泵的管线，由回流泵送到丁二烯产品冷却器，再经不合格管线送入脱轻塔内，建立脱轻塔和脱重塔的大循环，循环时间至少需 12h。为了彻底清除系统中的微量氧和杀死活性爆米花状聚合物种子，确保生产安全与装置长周期运行，最好使 $NaNO_2$ 循环与浸泡时间达到 24h 以上。循环结束后系统中的 $NaNO_2$ 溶液对脱轻塔和脱重塔回流罐与冷凝器进行充液浸泡，当充液到一定时间时，应微开冷凝器顶部上的倒淋使 N_2 排出，防止带压使冷凝器不能充满液体，当冷凝器顶部上的倒淋冒出液体时，说明冷凝器已充满 $NaNO_2$ 溶液，此时应关闭冷凝器顶部上的倒淋对其进行浸泡，浸泡时间要求同循环时间相同。冷凝器充满 $NaNO_2$ 溶液浸泡时，多余的 $NaNO_2$ 溶液由产品泵送入丁二烯储罐，当储罐液面到达 80% 时停止向丁二烯储罐送料，并对丁二烯储罐进行浸泡，储罐浸泡时间需要 24h 以上，以确保丁二烯产品储存安全。

$NaNO_2$ 化学清洗结束后，溶液不能随意排放，必须将 $NaNO_2$ 溶液全部排入含油污水道，以确保环保，避免污染清洁下水。$NaNO_2$ 溶液倒空排完后，对以上设备用 N_2 进行置换干燥，有条件的话最好用加热的 N_2，使开车时产品的水值更快合格。

3.2.2.5 C_4 或丁二烯试循环

在萃取系统进行溶剂热运时，精馏系统要进行注入二乙基羟胺的 C_4 试循环，目前多数装置都用丁二烯代替 C_4 试循环，这样不仅可减少 C_4 试循环后的置换工作，为开车赢得宝贵时间；而且减少了开车时的许多重复步骤，如重新进料、重新建立回流等，缩短了开车过程所用的时间，使产品更早合格、开车过程更平稳。

用二乙基羟胺进行 C_4 或丁二烯试循环化学清洗的目的是杀死聚合物的种子，使系统内残存的活性种子脱活，并通过清洗对仪表等进行考察。这一步工作应放在溶剂热运基本稳定后进行，循环水、蒸汽冷凝液到位。有条件的装置建议用丁二烯和含有二乙基羟胺的 TBC 复合溶液进行清洗试循环。

在丁二烯试运行时，应仔细检查脱轻塔、脱重塔的各塔、罐、泵和仪表等运行情况，检查脱轻塔回流罐水室情况，若有水要排掉。同时要对脱轻塔回流罐的不凝气和脱重塔塔釜液进行定期分析检测，确保甲基乙炔在安全操作范围内。对循环物料中的 TBC 也需要定期分析，及时调整 TBC 注入量，使丁二烯试运行保持较高的 TBC 含量，保证丁二烯试运行清洗效果。

3.2.2.6 检修后开车准备工作程序及应达到的标准

检修后开车准备工作程序及应达到的标准如下。

（1）拆除大检修期间加装的盲板，并清点数量。

（2）装置进行试压试漏，主要是检修期间动过的法兰、人孔和新配管线的焊口，要求无漏点。

（3）全装置进行氮气置换，主要是塔、罐、换热器和工艺管线以及仪表引压管线的置换，要求萃取系统内含氧量≤50mL/m^3，丁二烯系统含氧量≤20mL/m^3。

（4）全装置进行氮气保压。

（5）所有仪表(包括孔板、调节阀)检修回装完毕，并投入使用，工艺人员签字确认各类仪表具备正常使用条件。

（6）确认装置所有机泵及其他电气具备送电条件，所有照明设备具备使用条件，然后联系电工送电。

（7）所有分析仪器具备正常分析条件。

（8）溶剂罐具备收料条件。

（9）公用工程(水、电、汽、风)系统处于可运行状态，各冷却器接通冷却水。

（10）蒸汽接入界区，调压、调温后再接到装置各个蒸汽再沸器前。

（11）检查工艺系统管线、阀门、倒淋，使其具备开车条件。

（12）消防器材准备齐全，合乎使用要求。

（13）准备好装置开车所用的溶剂及其他化学品。

（14）准备好开车所用的工具、记录纸、交接班日记。

3.2.3 NMP 抽提丁二烯装置检修后开车的准备工作

3.2.3.1 公用工程准备

冷却水已经引入装置，检查确认所有使用冷却水的换热器(主洗塔冷凝器、后洗塔冷凝器、溶剂冷却器、冷却剂冷却器、脱轻塔冷凝器、脱重塔冷凝器、冷凝液冷却器、油冷却器、炔烃洗涤塔冷凝器等)的冷却水系统已正常投用，流程设定正确；检查确认所有使用冷却水的泵的冷却水系统已正常投用，流程正确；检查确认压缩机本体和油路的冷却水系统已正常投用，流程正确，仪表状态正常。

检查确认 N_2、仪表气、杂用空气已经引入装置且各系统压力正常。装置中需要保持氮封的设备(各化学品罐、溶剂再生系统、冷凝液罐、压缩机系统等)氮封压力正常稳定可调。

3.2.3.2　蒸汽冷凝液系统准备

蒸汽冷凝液系统中的低压蒸汽闪蒸罐和冷凝液罐保持氮封压力20kPa，冷凝液循环泵检查确认状态正常。

中压蒸气引入装置，到达进入脱气塔再沸器和溶剂再生喷射器的最后一道阀前。

低压蒸气引入装置，进入公用工程系统备用和到达低压蒸汽闪蒸罐的最后一道阀前。

蒸汽引入时必须按安全要求进行，所经过的管线要充分排凝，防止蒸汽引入时发生水击损坏设备或人身伤害事故。

由界区外引精制水或凝液进入冷凝液罐中时，需逐步在冷凝液罐中建立液位，并微开冷凝液循环泵的出、入口阀，使凝液缓慢充满泵的出、入口管线。待冷凝液罐中液位达到60%以上后(由液位仪表监控)，启动冷凝液循环泵，按凝液循环路线经过脱轻塔再沸器壳程后将凝液返回冷凝液罐中。注意从脱轻塔再沸器壳程高点排气，保证再沸器壳程被凝液完全充满。

因为此时出口管线未充满，所以凝液返回冷凝液罐前的调节阀无法正常使用，要用冷凝液循环泵出口阀的开度现场控制流量，避免冷凝液罐被抽空，导致冷凝液循环泵空转损坏。在凝液已返回冷凝液罐中，液位调节阀确认投用正常后，再将冷凝液循环泵出口阀开至正常状态，并用液位调节阀控制冷凝液罐内液位稳定。

冷凝液循环建立后，可投入冷凝液冷却器，将低温冷凝液送至炔烃洗涤塔、再生溶剂洗涤塔和亚硝酸钠配制罐的最后一道阀前备用，同时打开脱轻塔再沸器壳程的旁路阀，关闭脱轻塔再沸器壳程的凝液进料阀，使凝液通过再沸器的旁路进行循环。

打开低压蒸汽闪蒸罐的低压蒸汽进料阀，将低压蒸汽引入罐中，用低压蒸汽闪蒸罐罐顶的压力调节阀控制罐中蒸汽压力达到设计要求(400kPa)，并将罐中的低压蒸汽引入冷凝液罐，将罐中冷凝液加热至90℃。同时，将低压蒸汽闪蒸罐内的低压蒸汽引至溶剂加热器、溶剂再生罐的最后一道阀前备用；溶剂废液回收罐中的加热盘管则引入低压蒸汽并投用疏水器，并将产生的低压凝液返回冷凝液罐中。

冬季运行时还应特别注意蒸汽或热水伴热系统，必须保证设备运行正常。

3.2.3.3　溶剂填装

在生产过程中，因溶剂损失而需要补入的纯溶剂数量较少，可不经过配制直接加入系统；但每次检修后开车时如果补入的新溶剂数量较多，应认真分析溶剂的pH值和丁内脂以及水含量，并根据分析结果再决定是否需要配制。如需要配制，则根据分析出的溶剂pH值和丁内脂含量，按1kg丁内脂需0.46kg氢氧化钠(NaOH)的比例，加入相应数量的氢氧化钠水溶液。所需的氢氧化钠水溶液用桶泵或气动泵等工具直接加入溶剂储罐，通过溶剂输送泵循环混合均匀即可。最终分析溶剂的pH值应为9~10。开车前溶剂的含水量应稍低，留待溶剂热运时再调整。

3.2.3.4　化学品配制

(1) 配制亚硝酸钠：将亚硝酸钠配制罐的氮气关闭，打开罐顶放空阀泄压，确认泄压完成后打开罐顶加料阀。将固体亚硝酸钠从罐顶漏斗加入罐中，之后关闭罐顶加料阀，加入氮气进行置换并保持罐的氮封压力在5kPa左右(由自励式氮气调节阀控制)。打开凝液进料阀，加入经蒸汽冷凝液冷却器冷却至40℃的蒸汽冷凝液，将亚硝酸钠配制成2%~3%的水溶液，并启动搅拌器将溶液混合均匀。

(2) 填充TBC溶液：将合格的TBC溶液用桶泵或气动泵等工具抽入相应的储罐中备用，

加入前，TBC 储罐均应置换合格并保持氮封压力在 50kPa 左右(由氮气调节阀控制)。

(3) 填充硅油：用桶泵或气动泵等工具将硅油从桶中抽入储罐中备用，加入前，储罐应置换合格并保持氮封压力在 5kPa 左右(由自励式氮气调节阀控制)。

3.2.3.5 工艺流程设定

工艺管线按正常开车流程设定时，注意确认所有工艺排液线、火炬管线；分析取样线的阀门和现场排放阀门均已关闭；所有与设备相连的临时管线和胶管等均已拆除；检查与已经充入化学品的设备相连的管线时必须特别注意，防止跑料事故的发生；确认所有安全阀的出、入口阀已全部打开；确认所有换热器工艺侧的阀门均已打开，备台设备已关闭切出。

3.2.3.6 仪表、DCS 系统、联锁系统调试

工艺人员应检查检修中拆除的仪表是否全部回装，调节阀的安装方向和阀门开度是否正确；确认所有仪表指示均正常；确认所有联锁系统试验结果正常；所有气动阀均需检查调校，确认动作正常；电动仪表通电试验正常。DCS 系统由计算机专业人员调试合格。

3.2.3.7 压缩机单机试车

压缩机检修后试车按压缩机供应商提供的操作程序进行，试车要求见首次开车前的准备工作(第 3.1.6.2 节)。

压缩机试运转时，氮气由冷却塔塔顶吸入，压缩后的气体全部经过出口返回线返回进入冷却塔塔釜，被冷却降温。

压缩机吸入压力正常操作时由出口返回线的调节阀控制，但由于氮气试车时温度较高，试车时返回线的调节阀及其旁路阀必须全开，吸入压力完全由冷却塔塔顶的放空阀调节。

压缩机试运转的方案及要求如下。

(1) 检查主气系统压力是否正常、稳定，正常压力为 45kPa 左右。

(2) 提高压缩机的出口高温联锁设定值至 155℃(具体设定值因压缩机不同需咨询压缩机供应商)。

(3) 启动电机，并认真检查电流、声音、振动和出口气体的温度。

(4) 操作压缩机的要求：

① 根据压缩机出入口压力要求，慢慢调整冷却塔塔顶的放空阀，保证压缩机入口压力稳定。

② 压缩机运转平稳后，保证出口压力和温度不超过规定值。

③ 压缩机运行过程中每小时要检查并记录下列各项工艺和设备指标，如：出、入口气体压力；出、入口气体温度；压缩机及驱动电机的振动值；润滑油系统和密封油系统的各点温度、压力及高位槽和泄漏油收集罐的油位。

④ 如果各系统没有异常问题，那么可以连续运转一段时间后停车，结束试车。由于氮气试车时温度较高，运转时间不超过 1~2h 为宜，其中维持高温不应超过 0.5h(氮气试车时最高温度为 150℃)。

⑤ 在压缩机试运行结束后，要保持润滑油和冷却水系统继续正常运转至少 0.5h，并对压缩机进行手动盘车，确认转动正常平稳。

⑥ 在压缩机试运行结束后，方可安装压缩机隔音罩。隔音罩安装完毕，保持隔音罩风扇正常运转，防止有可燃气体在压缩机隔音罩内聚集。

3.2.3.8 转动设备检查

电机情况正常；检修过的泵对中找正完成并试车正常；泵的密封液已加注正常；泵的润

滑油已加注正常；泵的冷却水已运转正常；检查泵的压力表及其他仪表正常可用；检查泵的出入口阀门和止逆阀正常可用；手动盘车正常。

3.2.3.9 化学清洗

检修过程中，设备打开后较长时间暴露在空气中，碳钢材质易生锈，在有氧、过氧化物、铁锈等引发剂存在时1,3-丁二烯极易发生聚合反应，影响丁二烯装置的正常生产。为彻底消除丁二烯装置内存在的引发剂，检修后开车前要对萃取、脱气、精馏三个系统的设备及管线进行化学清洗。

化学清洗分两步进行，首先用热柠檬酸溶液进行系统清洗除锈，清洗后的酸液再用氨水中和至pH值为7~8后排出装置。

系统清洗除锈后，必须立即使用氮气对全装置进行干燥置换，并进行气密试验。之后用5%的热亚硝酸钠对萃取、脱气、精馏三个系统的设备及管线进行清洗钝化，其中萃取、脱气系统按溶剂循环流程建立钝化回路，钝化温度为90℃，运转时间为48h。钝化过程必须在丁二烯装置气密置换合格后进行。

普通精馏系统及后洗塔回流罐系统因丁二烯浓度很高，最好采用从塔釜到塔顶的逆向浸泡循环，钝化温度为130℃，运转24h。

热亚硝酸钠钝化液的配制和加热在丁二烯装置中专设的钝化罐内进行，钝化液由钝化液循环泵送出。

钝化工作结束后，钝化循环回路所有的设备及管线需彻底倒空，并用氮气置换干燥。之后钝化罐及附属的设备及管线氮封备用。

3.2.3.10 装置气密试验

在丁二烯装置的酸洗除锈完成后，系统排液时需使用氮气对全装置进行干燥吹扫，并进行气密试验。尽可能找出装置中存在的细小漏点并及时处理，以免开车后氧气由此渗入或化工物料由此漏出。

气密试验的压力应为操作压力的1.05~1.15倍，气密试验时使用肥皂水涂刷在被检测部位，以没有气泡产生为合格。各单元所有检测点均合格后气密检查结束。

气密检查合格后，进行丁二烯装置的泄漏率试验，将丁二烯装置分若干系统充压后断开气源管线，保持静止24h，记录24h开始与结束时的系统压力。通过测定系统温度和压力的变化，计算系统的泄漏率。各系统的泄漏率一般不超过0.2%，否则应找出泄漏原因。

气密试验的注意事项：气密试验所用的压力表必须准确可靠，每个气密单元最少配备两块压力表；充压过程中应防止系统出现超压，根据压力表指示，接近气密压力时要放慢充压速度，使系统缓慢升至气密压力；气密试验过程中密切注意低压系统的压力指示，避免系统间串气超压的情况出现；气密试验过程中需要处理泄漏点时必须注意安全，在确认相关系统已泄压后方准更换垫片。

3.2.3.11 氮气干燥置换

气密合格后，用氮气对全装置进行干燥置换，通过间断排放氮气将残存在设备及管线的水分彻底清除干净。并将全装置的氧含量降低至0.1%以下，避免丁二烯装置开车后由于氧的存在引发丁二烯聚合。

干燥置换可将丁二烯装置分成萃取、脱气、精馏、溶剂再生等若干单元分别进行，各单元之间必须相互隔离，避免氮气在不同单元间互串。干燥置换过程中氮气的充压和泄压排放应间歇进行，不能敞开直排，否则死角部位不易置换合格且氮气消耗量较大。氮气进入丁二烯装置后，必须注意安全，人员严禁进入设备内作业，氮气排放点也应合理选择，以免发生人员窒息事故。压缩机的氮气置换应单独进行。

置换数次后，应从各塔顶冷凝器的分析取样点分析系统中氧含量，必须小于0.1%方为合格。置换过程中排气时严格注意系统压力，不能将系统压力放完，导致空气进入装置。置换合格后，全装置应用氮气保压50~150kPa，避免空气进入装置。

3.3 开车程序

3.3.1 DMF抽提丁二烯装置的开车

开车时应填写开车申请单，经相关主管部门对装置做全面检查并签字后进行。开车前应按工艺流程全面检查设备、机泵、管道、法兰、阀门、调节阀、止逆阀、安全阀、盲板、现场仪表、液面计等是否按工艺和仪表的要求正确安装就位、调试完好；是否处于开车状态，并做好记录，交接清楚。冬季开车时应特别注意检查各管线、设备等是否有冻结现象，如有冻结应及时处理。同时应检查放空系统是否畅通，是否处于开车状态。通信系统是否好用，火警报警系统是否灵敏、安全可靠。

开车前应做好现场杂物清理，搞好环境卫生，保证道路畅通。准备好操作时所必需的工具，包括大小F形扳手等专用工具、岗位操作记录纸、仪表记录纸、交接班日记、手电筒等。同时还应准备好消防器材和安全防护用具。

开车前应联系调度、仪表、电气、机修、消防等有关单位做好开车前的准备工作，要求电送到电机，并将循环水、蒸汽、仪表风接进装置，达到所要求数值（一般为蒸汽压力≥0.9MPa，循环水压力≥0.45MPa，氮气压力≥0.6MPa）。

3.3.1.1 *溶剂冷运*

溶剂冷运的目的是检查溶剂流经的线路上经检修动过的各设备、法兰、阀门等是否存在泄漏并对仪表投用情况进行检验，同时通过溶剂冷运对该系统的设备进行清洗，通过过滤网把杂质清除出系统，以便提早发现问题及时解决，保障正常开车的顺利进行。

该步骤必须在机、电、仪各就各位，系统经吹扫、气密、置换合格后才能进行。在溶剂冷运前，必须先把冷却水引入装置内和各使用冷却水的泵中，溶剂罐事先备好足够的DMF，密封溶剂罐补有足够的密封溶剂，各化学品罐装填就位，溶剂罐和各化学品罐氮密封投用，呼吸阀工作正常，各排放系统具备投用条件。

溶剂冷运只在萃取精馏系统进行，普通精馏系统只涉及几台用溶剂换热的再沸器。在启动溶剂密封泵和溶剂泵前，对溶剂冷运的流程需事先设定确认，避免因某些操作人员对流程还不是很熟悉而失误开错阀门发生串料事故，确保溶剂冷运的顺利进行。溶剂冷运应按先二萃，后一萃进行。溶剂冷运流程设定确认如下。

1. 密封溶剂罐和密封溶剂泵的准备

确认密封溶剂罐中溶剂液面为60%左右，已用氮封并且呼吸阀工作正常。打开密封溶剂罐到密封溶剂泵的阀门，确认密封溶剂泵的出口阀关闭；打开密封溶剂泵到密封溶剂罐压力调节阀的保护阀阀门，调节阀手动关闭；关闭密封溶剂泵到溶剂罐的阀门；打开密封溶剂泵流量计阀门；设定密封溶剂泵到第一萃取精馏塔中间塔塔釜泵的密封溶剂流程；设定密封溶剂泵到第一汽提塔塔釜泵的密封溶剂流程；设定密封溶剂泵到丁二烯回收塔塔釜泵的密封溶剂流程；设定密封溶剂泵到第二汽提塔塔釜泵的密封溶剂流程。现场关闭每台使用密封溶剂的泵的转子流量计的进口阀。

2. 干气密封系统的准备工作

检查干气密封系统的紧固部件，打开排气阀门和密封气阀门，排干净管线和罐内的液体，密封气流量为0.5m^3/h，密封气压力为0.2MPa。

3. 地下罐的准备

打开工艺排液总管到地下罐的过滤器切断阀阀门；确认地下罐泵到废水罐的出口阀关闭；设定地下罐到火炬系统的阀门打开，并确认尾气放空总管盲板已抽出。

4. 溶剂罐到塔的流程设定

确认溶剂罐内有足够的溶剂，已用氮封并且呼吸阀、泄压人孔工作正常。打开溶剂罐到溶剂输送泵入口阀门，确认溶剂输送泵的出口阀关闭；打开溶剂冷却器进溶剂罐的手动阀门，关闭溶剂冷凝器进溶剂输送泵的手动阀门；打开溶剂输送泵到第一萃取精馏塔溶剂进料调节阀的现场手动保护阀门，溶剂进料调节阀在控制室内切换至手动关闭；打开溶剂输送泵到第二萃取精馏塔溶剂进料调节阀的现场手动保护阀门，溶剂进料调节阀在控制室内切换至手动关闭。

5. 第一萃取精馏塔的流程设定

打开第一萃取精馏塔A塔(上塔)塔底到第一萃取精馏塔中间釜液泵A泵的阀门，确认A泵的出口阀门关闭；打开A塔塔底到B塔(下塔)塔顶流量调节阀的现场手动保护阀门，调节阀在控制室内切换至手动关闭；打开B塔塔底到第一萃取精馏塔中间釜液泵B泵的阀门，确认第一萃取精馏塔A塔塔底到该泵的阀门已关闭，打开该泵去预汽提罐的阀门，确认该泵去第一萃取精馏塔B塔的阀门和该泵出口的第一道阀门已关闭；打开B泵出口到预汽提罐流量调节阀的现场手动保护阀门，调节阀在控制室内切换至手动关闭；打通第一萃取精馏塔B塔塔顶到第一萃取精馏塔A塔塔底流程。

6. 预汽提罐的流程设定

打开预汽提罐罐底至第一汽提塔釜液泵B泵的阀门，确认第一汽提塔塔底到该泵的阀门已关闭，打开该泵去第一汽提塔的阀门，确认该泵去第一汽提塔的阀门和该泵出口的第一道阀门已关闭；打开B泵出口到第一汽提塔流量调节阀的现场手动保护阀门，调节阀在控制室内切换至手动关闭；打通预汽提罐罐顶到第二萃取精馏塔的流程。

7. 第一汽提塔的流程设定

(1) 气相管线流程设定：将第一汽提塔塔顶到第一冷凝器(蒸汽冷凝液冷凝器)再到第二冷凝器再到回流罐的流程打通，确认压缩机吸入主阀和第一汽提塔回流罐放空阀(压缩机紧急泄压阀)关闭。同时应注意确认压缩机出口至第一萃取精馏塔的压缩机排出压力调节阀、第二萃取精馏塔的进料调节阀、压缩机返回气调节阀、压缩机返回气旁路调节阀及现场保护阀门已关闭。

(2) 回流管线流程设定：打开第一汽提塔回流罐到第一汽提塔回流泵的阀门，确认回流泵的出口阀门关闭；打开第一汽提塔回流管线上的回流罐液位调节阀的现场手动保护阀门和回流泵到溶剂脱气加热器的液位调节阀的现场手动保护阀，在控制室内将第一汽提塔回流罐液位调节阀和溶剂脱气加热器液位调节阀切换至手动关闭。

(3) 釜液管线流程设定：打开塔釜到釜液泵的阀门，确认釜液泵的出口阀门关闭；打开釜液泵去第一萃取精馏塔溶剂再沸器的液位调节阀的现场手动保护阀和过滤器的切断阀阀门，第一汽提塔液位调节阀在控制室内切换至手动关闭。注意确认溶剂去溶剂再生釜的现场阀门已关闭。

8. 第二萃取精馏塔的流程设定

打开塔底过滤器的进出口阀门，并确认借用丁二烯回收塔釜液泵流程管线上的阀门已打开，确认丁二烯回收塔塔釜液到该泵的阀门已关闭，打开该泵去丁二烯回收塔的阀门，确认该泵去第二汽提塔的阀门和该泵出口的第一道阀门已关闭，打开第二萃取精馏塔到丁二烯回收塔管线上的第二萃取精馏塔液位调节阀的现场手动保护阀，该调节阀在控制室内切换至手动关闭。

9. 丁二烯回收塔的流程设定

打开塔底到釜液泵的阀门，确认该泵的出口阀门已关闭，打开丁二烯回收塔液位调节阀的现场手动保护阀，将调节阀在控制室内切换至手动关闭；将丁二烯回收塔塔顶到第一汽提塔第一冷凝器（蒸汽冷凝液冷凝器）的流程打通。

10. 第二汽提塔的流程设定

打开塔底到釜液泵的阀门，确认该泵的出口阀门已关闭，打开该泵去第一萃取精馏塔溶剂再沸器的手动阀和第二汽提塔液面调节阀的现场手动保护阀，将调节阀在控制室内切换至手动关闭。确认塔顶到冷凝器、回流罐、火炬系统流程已经打通；打开回流罐到回流泵的阀门，打开回流罐液面调节阀的现场手动保护阀，将调节阀在控制室内切换至手动关闭。

11. 循环溶剂系统的流程设定

打开第一汽提塔釜液泵和第二汽提塔釜液泵到第一萃取精馏塔溶剂再沸器去的过滤器的切断阀阀门；打开第一萃取精馏塔溶剂再沸器 A/B 台的循环溶剂进出口阀门；打开脱重塔溶剂再沸器的循环溶剂进出口阀门；打开脱轻塔再沸器的循环溶剂进出口阀门、原料蒸发罐再沸器的一台循环溶剂进出口阀门和循环溶剂压力调节阀的现场手动保护阀，将该调节阀在控制室内切换至手动关闭；打开循环溶剂冷却器的进出口阀门、打开循环溶剂温度调节阀，打开循环溶剂返回溶剂罐的阀门，关闭循环溶剂去溶剂输送泵的阀门。确认循环溶剂与地下罐、密封溶剂泵来的阀门已关闭，完成溶剂冷运流程的确认。

3.3.1.2 溶剂冷运操作步骤

溶剂冷运流程设定确认后进入溶剂冷运步骤，盘动密封溶剂泵、排掉泵内气体、检查泵润滑油等均正常（启动泵前的检查准备工作以后不再赘述），启动密封溶剂泵并打开泵的出口阀，把密封溶剂输送到各溶剂密封泵（各泵所需量由转子流量计进行调节），调节密封溶剂压力调节阀使密封溶剂泵的出口压力给定在 0.7MPa 以上。

密封溶剂泵运行正常后，把密封溶剂送入溶剂输送泵，按开泵要求启动溶剂输送泵，在控制室内手动缓慢打开第一萃取精馏塔溶剂进料调节阀，把溶剂 DMF 送入第一萃取精馏塔内，同时手动缓慢打开第二萃取精馏塔溶剂进料调节阀，把溶剂 DMF 送入第二萃取精馏塔内，送入的量由溶剂进料调节阀控制，各装置可按自己需要决定，一般为正常生产负荷的 80%左右。

经检修后的设备虽然经过吹扫置换，但系统内的铁锈与氧肯定比正常生产时高，因此，在溶剂冷运时要将较多的化学品亚硝酸钠分批溶解加入循环溶剂中。一套 5.6×10^4t/a 的丁二烯装置，在溶剂冷运时一般要分批溶解加入约 200kg 的亚硝酸钠。

当第一萃取精馏塔 A 塔塔底液位上升时，启动第一萃取精馏塔中间釜液泵 A 泵，将溶剂送至第一萃取精馏塔 B 塔，在控制室内手动调节第一萃取精馏塔 A 塔到 B 塔的流量，使第一萃取精馏塔 A 塔的塔釜液位保持正常。当第一萃取精馏塔 B 塔塔底液位上升时，启动第一萃取精馏塔中间釜液泵B泵，将溶剂送至第一汽提塔，手动调节第一汽提塔进料调节阀的流量，维持第一萃取精馏塔B塔塔釜液面正常。当第一汽提塔塔底液位上升时，启动第一汽提塔塔釜液泵，将溶剂送至第一萃取精馏塔溶剂再沸器A/B，手动调节第一汽提塔液位调节阀开度，使第一汽提塔塔釜液面正常。第一萃取精馏塔溶剂再沸器A/B出来的溶剂进入脱重塔溶剂再沸器，然后经脱轻塔再沸器、原料蒸发罐再沸器和循环溶剂压力调节阀，再经溶剂冷凝器后返回溶剂罐，在投用各溶剂再沸器时应注意把再沸器壳程中的N_2排净。

当第二萃取精馏塔塔釜液面上升时，启动丁二烯回收塔釜液泵B泵，将溶剂送入丁二烯回收塔，手动调节第二萃取精馏塔液面调节阀，使第二萃取精馏塔液面正常，打开第二萃取精馏塔第一再沸器(溶剂再沸器)管程放空，排尽N_2后关闭。当丁二烯回收塔塔釜液面开始上升时，启动丁二烯回收塔釜液泵A泵，将溶剂送入第二汽提塔，调节丁二烯回收塔液面调节阀开度，使丁二烯回收塔塔釜液面正常。当第二汽提塔塔釜液面上升时，启动第二汽提塔塔釜液泵，将溶剂送到第一汽提塔釜塔液泵出口进入第一萃取精馏塔溶剂再沸器，进行溶剂热量回收，最后返回溶剂罐。调节第二汽提塔塔釜液面调节阀开度，使第二汽提塔塔釜液面正常。

当第一萃取精馏系统和第二萃取精馏系统的溶剂冷运正常时，将各调节阀切换至自动控制，循环溶剂压力调节阀的压力应设定在0.2MPa。在溶剂冷运时，应密切注意监视溶剂罐压力和各塔不能出现负压，必要时应及时充N_2补压，保证溶剂冷运正常进行。在溶剂冷运期间，应对循环溶剂进行全组分分析，为操作调整提供有力的数据保障。各装置应根据具体情况确定溶剂冷运的时间，一般溶剂冷运大约运行8h。

3.3.1.3 溶剂热运

溶剂热运是在溶剂冷运的基础上进行加热操作，目的是进一步检查溶剂流经的线路上检修动过的阀门、法兰等在受热情况下是否泄漏，同时再投用检验一部分仪表。溶剂热运时萃取系统各塔温度需达到正常生产操作温度，为投料平稳开车创造有利条件。热运的次序也应按先二萃，后一萃进行，在溶剂热运前，应将还未投用加热的换热器的溶剂切换至副线，确认尾气系统畅通，蒸汽已引入装置，各再沸器前的蒸汽根阀已排尽凝液，并组织好到蒸汽冷凝液罐的流程。接引蒸汽时，一定要与外界联系，先排掉管内凝液，并且要先暖管，开启阀门一定要缓慢，有水击、振动时说明管内有凝液，要及时排掉。

1. 第一萃取精馏系统热运

把冷却水引入第一萃取精馏塔冷凝器和第一汽提塔第二冷凝器，将蒸汽引至第一萃取精馏塔和第一汽提塔的再沸器前并排掉凝液水，确认第一萃取精馏塔溶剂再沸器的热溶剂副线阀已关闭。手动逐渐打开第一萃取精馏塔再沸器的蒸汽调节阀进行加热，当第一萃取精馏塔B塔塔底温度升到规定值(一般为130℃左右)并已稳定时，将第一萃取精馏塔塔釜温度调节阀切至自动控制，并使釜温保持在规定值。逐渐打开第一汽提塔再沸器的蒸汽流量调节阀，对第一汽提塔进行加热，将第一汽提塔塔底温度升至DMF沸点(一般为163℃)，当第一汽提塔回流罐液位上升时，启动第一汽提塔回流泵打回流，调节第一汽提塔回流罐液位调节阀控制回流罐液面，再调节再沸器的蒸汽流量使回流量达到所需值，待操作稳定后把调节阀切换至自动控制。预汽提罐罐底加热器的蒸汽阀保持关闭。

2. 第二萃取精馏系统热运

将冷却水引入第二萃取精馏塔与第二汽提塔冷凝器和溶剂冷却器中，将蒸汽引至第二萃取精馏塔、丁二烯回收塔和第二汽提塔加热蒸汽调节阀前并排掉凝液水，手动逐渐打开第二萃取精馏塔塔釜温度调节阀、丁二烯回收塔塔釜温度调节阀和第二汽提塔再沸器蒸汽流量调节阀，把蒸汽通入各再沸器中进行加热。当第二萃取精馏塔塔釜温度升至130℃时，将第二萃取精馏塔塔釜温度调节阀切至自动控制，并使温度保持在130℃。当丁二烯回收塔塔釜温度升至135℃时，将丁二烯回收塔塔釜温度调节阀切至自动控制，并使温度保持在135℃左右。调节进第二汽提塔再沸器的蒸汽量，使第二汽提塔塔釜温度升至DMF沸点（大约163℃）。当第二汽提塔回流罐液位上升时，启动第二汽提塔回流泵进行回流，用回流罐液位调节阀控制回流罐液面，调节第二汽提塔再沸器的蒸汽量使回流量达到所需值。

3. 其他系统投用

热运开始后，把糠醛和其他阻聚剂加入循环溶剂中，使循环溶剂中糠醛含量达到1.2%以上，以确保投C_4开车时的阻聚效果。

热运时，各再沸器的凝液水先就地排放一段时间，待水变清后切入凝液水回收系统，当蒸汽冷凝液水罐达到一定液面后（一般为80%左右）启动蒸汽冷凝液水泵，按所需流程投用蒸汽冷凝液系统，蒸汽冷凝水罐液面由液面调节阀控制，多余凝液水送往界区外。此时，溶剂精制系统可投用，以降低循环溶剂的水值。

溶剂热运时间的长短可根据具体情况而定，但溶剂热运时间一般不宜超过两天，以免增加DMF的分解。热运时，应注意常压塔不能出现超压情况。若出现压力超高，应及时排放到火炬系统。

3.3.1.4 C_4或丁二烯试循环

在萃取系统进行溶剂热运时，精馏系统要进行注入二乙基羟胺的C_4试循环，C_4试循环结束后把C_4送往C_4原料罐，然后对精馏系统进行倒空置换，防止投料开车生产时因C_4试循环中的烃类（主要是炔烃）影响产品质量。现在很多装置都用丁二烯代替C_4进行试循环，这样不仅可减少C_4试循环后的置换工作，为开车赢得宝贵时间，而且减少了开车时的许多重复步骤，如重新进料、重新建立回流等。用丁二烯试循环，缩短了开车过程所用的时间，使产品更早合格、开车过程更平稳。

用二乙基羟胺进行C_4或丁二烯试循环的目的是进行化学清洗，以杀死聚合物的活性种子，使系统内残存的活性种子失活，并通过清洗对仪表等进行考察。这一步工作应放在溶剂热运基本稳定后进行，循环水、蒸汽冷凝液到位。有条件的装置建议用丁二烯和含有二乙基羟胺的TBC复合溶液进行清洗试循环。操作过程如下。

将冷却水送入脱轻塔和脱重塔冷凝器并排出里面的空气，将界外或丁二烯产品中间罐中预先已加入含有二乙基羟胺的TBC复合溶液的丁二烯经开工线送入脱轻塔。当塔釜液位上升时，把溶剂进脱轻塔再沸器的旁路关闭，切入再沸器对塔釜进行加热，调整溶剂进再沸器的量使塔的液位维持平稳。注意在投用脱轻塔再沸器时，应关注循环溶剂压力保持正常，调节阀保持在适当的调节范围内。此时将配制好的TBC溶液加入进脱轻塔冷凝器的气相管线内，并检查投用TBC进料管线伴热，防止因TBC的凝固点高而结晶。

当脱轻塔塔压升到0.3MPa时，打开该塔冷凝器与回流罐上的放空管线阀门，将N_2排至火炬系统后再关闭。调节塔顶冷凝器的冷却水量，使压力保持在正常操作值。当回流罐液位开始上升时，启动回流泵进行回流，调节回流罐液面调节阀使液位保持在50%以上，回流罐高液位有利于增加物料停留时间，便于水与丁二烯的分离而排出，然后再通过调节进脱轻塔再沸器的热溶剂量，使回流量保证在设计值。

随着甲基乙炔的逐渐浓缩，露点和泡点的差值增大，如果脱轻塔塔顶馏出管线的温度与回流罐中的液体温度之差达4.5℃时，应开始通过脱轻塔回流罐上的放尾气管网流量调节阀将甲基乙炔气体从回流罐中排放至放空尾气总管。

脱轻塔循环建立后，启动釜液泵将粗丁二烯送入脱重塔，通过调节脱轻塔液位调节阀开度使脱轻塔塔底液位保持正常。当脱重塔塔釜液面上升时，投用脱重塔溶剂再沸器，此时也应关注调整循环溶剂压力保持正常，使调节阀阀位在适当位置。同时，将配制好的TBC溶液加入进脱重塔冷凝器的气相管线内并投用TBC进料管线伴热。待脱重塔塔底液位达到60%时，将循环蒸汽冷凝液送入脱重塔蒸汽冷凝液(STC)再沸器，调节脱重塔液位调节阀开度，使脱重塔塔底液位保持正常。

当脱重塔的压力开始上升时，用塔顶压力调节器调节进入脱重塔冷凝器的冷却水量，使塔的压力维持在正常操作值。在塔压升到0.3MPa时，打开脱重塔冷凝器和回流罐上的放空管线阀门，将N_2排至火炬系统后再关闭。当脱重塔回流罐液位开始上升时，启动脱重塔回流泵将回流罐中的液体作为回流送入脱重塔内，调节回流调节阀开度和塔釜液位调节阀开度(调整蒸汽冷凝液量)使回流增加至所需值。

当脱重塔循环建立后，停止向脱轻塔送丁二烯，把循环水送入丁二烯产品冷却器并排出冷却器中的氮气，打开脱重塔回流罐液位调节阀，通过不合格产品管线将丁二烯返回到脱轻塔的进料管线，进行精馏系统的大循环。

在丁二烯试运行时，应仔细检查脱轻塔和脱重塔的各塔、罐、泵和仪表等运行情况，检查脱轻塔回流罐水室情况，若有水要排掉。同时要对脱轻塔回流罐的放火炬气和脱重塔塔釜液进行定期分析检测，确保甲基乙炔含量在安全操作范围内。对循环液中的TBC要定期进行分析，及时调整TBC加入量，使丁二烯试运行保持较高的TBC含量，保证丁二烯试运行清洗效果。

丁二烯试运行一段时间后，可将脱重塔塔釜液少量送入废碳四、碳五蒸发器，通过塔釜排放流量调节阀控制其流量，当废碳四、碳五蒸发器达到正常液位时，设定操作条件，用手动操作其液位调节阀将蒸汽引入废碳四、碳五蒸发器进行加热，蒸出的碳四气体送入火炬系统或进行回收。

3.3.1.5 C_4投料开车

C_4投料开车必须在萃取精馏系统进行溶剂热运及精馏系统进行C_4或丁二烯试循环后进行，在C_4投料开车前，应组织好有关的流程设定和确认，做好充分的准备，使开车安全顺利地进行。开车时，应以安全、环保、优质、高效、一次成功为原则，尽可能地降低损耗。装置开车操作是按设计能力下限进行的，开车稳定后逐渐提到满负荷操作。

1. 第一萃取精馏系统的开车

打开原料C_4进料调节阀向原料蒸发罐进料，当原料蒸发罐液面上涨后，手动打开原料蒸发罐液面调节阀将溶剂逐渐送入原料蒸发罐再沸器A或再沸器B，对原料C_4进行加热，调节原料蒸发罐液面调节阀使原料蒸发罐液位保持正常，此时还应调节循环溶剂压力调节阀，使循环溶剂压力保持在一定值(一般为0.2MPa)，以确保原料蒸发罐再沸器加热正常。有原料在线分析仪的装置，此时可以投用在线分析仪对原料组分进行在线检测。

原料蒸发罐进料后，第一萃取精馏塔的压力开始上升，当塔顶压力达到0.3MPa时，打开第一萃取精馏塔塔顶冷凝器和回流罐上的放空阀，将N_2慢慢排至火炬系统后关闭，调节塔顶压力调节阀使顶压控制在正常操作值。过一段时间后，第一萃取精馏塔的回流罐液面开始上升，此时启动第一萃取精馏塔回流泵并手动缓慢打开回流调节阀建立回流，过一段时间回流罐液面还会继续上升，此时应联系界外并打开回流罐液面调节阀通过不合格管线把抽余液(BBR)返回原料罐，调节回流罐液面调节阀使回流罐液面保持在正常值，平稳一段时间后，回流罐液面调节阀可切换至自动控制。调节第一萃取精馏塔釜温调节阀使釜温保持在正常操作值。此时，第一萃取精馏塔的顶压已达 0.3MPa 以上，可把第一萃取精馏塔 B 塔塔釜向第一汽提塔送料改为靠压差输送。此时有在线分析仪的装置，可投用气相色谱仪对第一萃取精馏塔塔釜组分进行检测。

调节第一汽提塔再沸器蒸汽量，使塔釜温度保持在溶剂 DMF 沸点、灵敏板温度保持在正常操作值。当第一萃取精馏塔 B 塔塔釜液溶剂中的 C_4 在第一汽提塔中汽提出后，第一汽提塔的压力开始上升，打开第一汽提塔回流罐上的放空调节阀将 C_4 排至火炬系统，使第一汽提塔的压力保持在 0.03MPa 左右。当放空调节阀全开，第一汽提塔塔压仍达到 0.03MPa 时准备启动压缩机。此时应派人打开压缩机吸入主阀、压缩机出口返回第一汽提塔第二冷凝器阀和该阀旁路阀、压缩机排出返回第一萃取精馏塔 B 塔和第二萃取精馏塔进料阀的现场手动阀，注意此时压缩机排出压力调节阀与第二萃取精馏塔进料调节阀在控制室内手动关闭，确认压缩机具备启动条件后启动压缩机，逐渐调节压缩机排出返回第一汽提塔第二冷凝器阀与该阀旁路阀，使压缩机排出压力逐渐上升。当压缩机排出压力上升到高出第一萃取精馏塔 B 塔釜压为 0.02MPa 时，缓慢打开压缩机排出返回第一萃取精馏塔的调节阀向 B 塔塔釜返回 C_4 气，此时应不断调节以上阀和压缩机排出压力调节阀，使压缩机维持在正常操作值。

2. 第二萃取精馏系统的开车

压缩机排出 C_4 气向第一萃取精馏塔返回后，第一萃取精馏塔塔釜的丁二烯含量逐渐上升、反-2-丁烯与顺-2-丁烯的含量逐渐下降。当第一萃取精馏塔塔釜气相中反-2-丁烯降到一定值(大致为<0.2%)时，逐渐打开第二萃取精馏塔进料调节阀向第二萃取精馏塔进料。此时应逐渐关闭压缩机放空调节阀，同时调节压缩机排出返回第一汽提塔第二冷凝器的调节阀与该阀的旁路调节阀和压缩机排出压力调节阀，使压缩机维持正常操作直至压缩机放空调节阀全关。此时应控制压缩机至第二萃取精馏塔的进料量不能太大，以保证第一汽提塔塔顶馏出气中反-2-丁烯控制在正常质量指标范围内。

当 C_4 气进入第二萃取精馏塔后，塔的压力开始上升，当塔顶压力达到 0.3MPa 时，把第二萃取精馏塔塔釜液送丁二烯回收塔改为靠压差输送，此时应打开第二萃取精馏塔冷凝器和回流罐上的放空阀，将 N_2 慢慢排至火炬系统后关闭，调节塔顶压力调节阀使顶压控制在正常操作值。第二萃取精馏塔的回流罐液面开始上升后，启动第二萃取精馏塔回流泵并手动缓慢打开回流调节阀进行回流，建立回流后回流罐液面还会继续上升，此时应联系界外把不合格丁二烯通过不合格管线返回原料罐，调节回流罐液面调节阀使回流罐液面保持在正常值。回流建立后，塔顶馏出气中的乙烯基乙炔含量逐渐下降，当含量下降到一定允许值时就可向丁二烯净化系统进料。

第二萃取精馏塔塔釜液经该塔第一再沸器换热后进入丁二烯回收塔，调节丁二烯回收塔加热量使丁二烯回收塔釜温保持在正常操作值，塔顶含丁二烯的馏出气进入第一汽提塔第二冷凝器进行冷凝回收利用；塔釜液进入第二汽提塔脱除溶剂中的烃类物质，调节第二汽提塔再沸器加热蒸汽量，使第二汽提塔塔釜温度与灵敏板温度控制在正常操作值。在第二汽提塔脱除溶剂中的烃类物质时，应打开来自第一萃取精馏塔塔顶的 BBR 稀释气进第二汽提塔的手动阀，对汽提出的主要含有乙烯基乙炔的气体进行稀释，降低乙烯基乙炔的浓度与分压，防止乙烯基乙炔含量超高而发生爆炸事故。该系统运行平稳后把调节阀均切换至自动控制。

3. 丁二烯精馏系统的开车

丁二烯精馏系统包括洗胺塔、脱轻塔和脱重塔。当第二萃取精馏塔塔顶粗丁二烯馏出气中的乙烯基乙炔含量符合要求后，将第二萃取精馏塔回流罐中的物料送到洗胺塔与脱轻塔，该二塔应同时投用，投用时应先进脱轻塔，等精馏塔到达正常操作压力后再由脱轻塔向二甲胺脱除塔平稳压力，然后再把第二萃取精馏塔进脱轻塔的流程改为进二甲胺脱除塔。目的是减少波动、避免萃取水被大量带入后工序，使开车时产品水值尽快合格。

因精馏系统已经在进行丁二烯大循环，操作条件均已正常，当第二萃取精馏塔塔顶乙烯基乙炔含量≤5μg/g时，把第二萃取精馏塔外送的粗丁二烯切进洗胺塔，调整各参数，并将脱重塔送脱轻塔的丁二烯通过不合格管线改送至界区外。当脱重塔塔顶产品分析均符合产品质量指标时，把原送界区外的丁二烯产品和抽余液(BBR)切进各自的产品罐，丁二烯产品按需决定加入或不加入阻聚剂TBC，如产品是外销的则必须加入阻聚剂TBC，使产品丁二烯中的TBC含量保持在50~150μg/g，以确保储运安全。第一罐产品经二次分析确认合格后，方可作为合格产品外送。

4. 溶剂精制部分的开车

在主要工艺部分调节到正常操作值后，投用溶剂精制塔。若需要也可在溶剂热运时投用，以降低循环溶剂中的水含量。

确认溶剂脱气加热器至第一汽提塔第二冷凝器气体管线已打通后，手动打开进溶剂脱气加热器液位调节阀，将第一汽提塔回流罐中的一部分回流液送入溶剂脱气加热器，手动调节设定温度，并将蒸汽引入溶剂脱气加热器，使其温度维持在正常范围。当溶剂脱气加热器液位开始上升时，启动溶剂排出泵向溶剂精制塔送料，此时应将冷却水送入溶剂精制塔塔顶冷凝器和塔釜采出冷却器。当溶剂精制塔的塔釜液位开始上升时，逐渐打开溶剂精制塔再沸器的蒸汽流量调节阀，将塔釜温度升至DMF的沸点。当回流罐液位开始上升时，启动溶剂精制塔回流泵进行回流，把多余废水送含油污水罐。现在很多装置已用蒸汽冷凝液替代塔顶废水作为回流，以改善塔顶馏出物的品质，减少精制溶剂中的二甲胺含量，以减缓对设备的腐蚀。

当溶剂精制塔塔釜温度到达溶剂沸点，塔顶约95~105℃，塔釜液位还在上升时，启动溶剂精制塔釜液泵，调节塔釜液位调节阀将塔釜溶剂经釜液冷却器冷却后送至精制溶剂受槽。上述操作完毕后，应确认溶剂精制塔釜液冷却器的溶剂出口温度低于40℃。第二汽提塔回流罐中的溶剂也可以很少(约循环溶剂流量×0.1)的流量进入溶剂精制塔。待溶剂精制塔的操作稳定后，将所有调节器从手动控制切换到自动控制。

当循环溶剂中焦油含量上升到一定含量后，投用溶剂再生釜进行脱焦处理，先通过蒸汽喷射器将再生釜压力控制在-0.075MPa，再将冷却水送入溶剂再生釜冷凝器，由再生釜液位调节阀控制循环热溶剂进溶剂再生釜量，调节蒸汽量，使再生釜的固定进料量均得到保证。在再生釜中汽化的DMF在溶剂再生釜冷凝器中冷凝并冷却到40℃后，借助重力流入精制溶剂受槽。溶剂再生釜中的焦油浓缩后加压排放。

3.3.2 ACN抽提丁二烯装置的开车

开车时应填写开车申请单，经技术、设备、安全、消防、调度等有关方面对装置做全面检查并确认签字后，方可进行。开车投料前需排放系统内的氮气，但要保证萃取系统正压(大于0.01MPa)。装置开车操作是按设计能力70%进行，开车稳定后逐渐提到满负荷操作。

3.3.2.1 萃取精馏岗位

循环溶剂乙腈冷运和热运。

（1）溶剂冷运。

溶剂冷运的目的是打通装置溶剂系统的工艺流程，检查溶剂流经的工艺线路上经检修后的设备、法兰、阀门等是否存在泄漏，并对仪表投用情况进行检验。同时通过溶剂冷运对该系统的设备进行清洗，通过过滤网把杂质清除出系统，以便提早发现问题及时处理，保障开车的顺利进行。

溶剂的冷运必须在各公用工程系统准备就绪，系统经吹扫、气密、置换合格后才能进行。在溶剂冷运前，溶剂储罐事先准备好足够的溶剂，各排放系统具备投用条件。溶剂冷运主要在第一萃取精馏系统、第二萃取精馏系统进行，脱轻塔、脱重塔系统只涉及需用溶剂换热的几台溶剂再沸器。在启动溶剂泵前，对溶剂冷运的流程需事先确认，避免因某些操作人员对流程不是很熟悉而失误开错阀门发生串料事故，确保溶剂冷运的顺利进行。

具体操作：与调度和罐区联系收循环溶剂乙腈，从乙腈往返线向循环溶剂罐内收乙腈，当其液面达到50%时，启动第一萃取精馏系统溶剂进料泵和第二萃取精馏系统溶剂进料泵分别向第一萃取精馏塔及第二萃取精馏塔打入乙腈，投循环溶剂流量控制调节阀。当第一萃取精馏塔上段、第二萃取精馏塔上段塔釜液面至50%时，启动第一萃取精馏塔和第二萃取精馏塔中间泵向第一萃取精馏塔下段、第二萃取精馏塔下段打入循环溶剂乙腈。当第一萃取精馏塔塔釜液面达50%时，启动第一萃取精馏塔釜液泵向第二萃取精馏塔下段打入乙腈。当第二萃取精馏塔下段塔釜液面达50%时，启动第二萃取精馏塔塔釜泵进行循环溶剂的冷循环。

（2）溶剂热运。

溶剂冷运循环正常后，确认系统无漏点，溶剂循环回路的所有调节阀和手动阀状态正常后，可以逐步开始溶剂热运。

溶剂热运的目的是进一步检查溶剂流经的工艺路线上经检修过的各设备、法兰、阀门等是否存在泄漏并对仪表投用情况进行检验，并调整循环溶剂的含水量，使之符合开车条件。

具体操作：打开第一萃取精馏塔、第二萃取精馏塔塔釜再沸器低压蒸汽调节阀，投用疏水器，把低压蒸汽引入第一萃取精馏塔、第二萃取精馏塔塔釜蒸汽再沸器，开始加热循环溶剂并适当提高塔釜温度。投各塔釜液面自控，投循环溶剂温度自控。溶剂升温后，操作人员要认真检查现场及各换热器是否出现泄漏，如果需要可进行设备的热把紧。溶剂热运稳定后，投 C_4 进料前应开始往溶剂中逐渐加入亚硝酸钠溶液。

溶剂热运的次序原则上应按先第二萃取精馏系统后第一萃取精馏系统的次序进行，也可以第一萃取精馏系统、第二萃取精馏系统同时进行溶剂热运。在溶剂热运前，应让还未投用加热的溶剂换热器走旁路，确认蒸汽已引入装置，各再沸器前倒淋阀已排尽凝液。接引蒸汽时，一定要先排尽管内液体，并且要先暖管，开启阀门一定要缓慢，有水击、振动时说明管内有液体，要尽快排掉。

分析人员要分析循环溶剂组成，工艺人员要调整蒸汽冷凝液的进料以及亚硝酸钠的添加量，确保亚硝酸钠在循环乙腈中含量在50~150μg/g。

（3）溶剂热循环正常后与调度、罐区联系收 C_4 原料加入第一萃取精馏塔。投用 C_4 进料流量仪表、原料罐液面控制仪表。装置开车时 C_4 进料量为设计能力的70%，开车稳定后逐渐提到满负荷操作。装置各系统开始升温升压，及时从各回流罐排放系统内的氮气。C_4 进料后，调整第一萃取精馏塔、第二萃取精馏塔的腈烃比及其他工艺参数，以满足质量控制要求。

(4) 各水洗塔加水。水洗岗位循环的同时(当蒸汽冷凝液罐液面至50%左右时)，各水洗塔(第一萃取精馏塔抽余液水洗塔、粗丁二烯水洗塔、炔烃水洗塔)加水进行水循环，注意各系统内排放氮气。各水洗塔的水来自装置蒸汽冷凝液罐。

蒸汽冷凝液罐的操作方法如下：

① 循环溶剂热运后，系统蒸汽冷凝液进入蒸汽冷凝液罐。当其液面达到1/3~1/2时，启动蒸汽冷凝液升压泵将蒸汽冷凝液一部分送到脱重塔蒸汽冷凝液再沸器用作加热介质，同时投用蒸汽冷凝液罐液面控制系统。

② 自脱重塔蒸汽冷凝液再沸器返回的凝液大部分回蒸汽冷凝液罐，多余部分送出装置，部分经蒸汽冷凝液冷却器冷却后启动水泵给各个水洗塔送洗涤水。

(5) 调整第一萃取精馏塔工艺质量指标。其回流罐液面上涨到50%时，启动第一萃取精馏塔回流泵建立塔回流，液面继续上升时部分经第一萃取精馏塔回流泵送入抽余液水洗塔水洗循环至罐区。投第一萃取精馏塔回流罐液位、回流量自控，投抽余液水洗塔界面、水量控制。

(6) 调整第二萃取精馏塔工艺、质量指标。第二萃取精馏塔回流罐液面上涨达50%时，启动其回流泵建立塔回流，液面继续上升时，部分经第二萃取精馏塔回流泵送入粗丁二烯水洗塔向罐区循环。投第二萃取精馏塔回流罐液位、回流量自控，投粗丁二烯水洗塔界面、水量控制。第二萃取精馏塔质量指标合格后，作为下一道工序的进料。

(7) 第一萃取精馏塔塔釜出料通过第一萃取精馏塔塔釜泵引入第一萃取精馏塔下塔中部再沸器，降低汽提塔中段的进料温度，稳定第二萃取精馏塔下段的操作。此时应注意及时调节溶剂解析塔的塔釜加热量，确保循环溶剂中的C_4解析干净。

(8) 视具体情况自第二萃取精馏塔下段(溶剂解析塔中部)塔板上抽出侧线物料，分析侧线组成。并根据侧线中乙烯基乙炔、丁二烯的相对比例，调整侧线抽出口及侧线采出量。投侧线采出仪表控制。确保第二萃取精馏塔中乙烯基乙炔分离彻底。

(9) 炔烃闪蒸塔采用减压闪蒸或加温闪蒸，保证其回流量，以确保炔烃闪蒸效果。由于在温度较高情况下，乙烯基乙炔不稳定，当其分压达到0.075MPa或浓度高于50%(摩尔分数)时易发生爆炸。因此，在炔烃闪蒸塔中部加入第一萃取精馏塔塔顶来的抽余液作为稀释气，用于降低炔烃闪蒸塔塔顶馏出物中乙烯基乙炔的分压。

(10) 当炔烃闪蒸塔回流罐液面至50%时启动炔烃闪蒸塔回流泵，投用炔烃闪蒸塔塔顶压力控制和塔顶温度控制。分析塔顶乙烯基乙炔含量，调整稀释气加入量，以确保安全生产。

(11) 根据炔烃水洗塔水洗效果，调节炔烃水洗塔水量、水温。洗涤水经流量调节后从塔顶进入，与塔底上升的炔烃逆向接触吸收炔烃中的乙腈，控制出塔炔烃中乙腈浓度小于100μg/g。

(12) 第一萃取精馏塔或第二萃取精馏塔塔顶产品质量不合格需要循环操作时，为避免原料组成大幅度波动，抽余液水洗塔、粗丁二烯水洗塔两塔顶物料应同时采往原料罐区(C_4原料罐)。第一萃取精馏塔或第二萃取精馏塔塔顶产品质量合格后，第二萃取精馏塔萃取液经过粗丁二烯水洗塔水洗后采往脱轻塔，第一萃取精馏塔抽余液经过第一萃取精馏塔抽余液水洗塔水洗后采出送往下一道工序。

(13) 待循环溶剂热运稳定后，投C_4进料前，通过亚硝酸钠加料罐开始往溶剂系统中逐渐加入亚硝酸钠溶液。通过分析检测保证其在循环溶剂中的含量在50μg/g以上。

（14）循环溶剂中常带有一定量的丁二烯二聚物，这会严重影响萃取精馏塔的分离效果。所以，装置开车平稳、生产正常后，萃取系统循环溶剂乙腈通常由溶剂泵抽出一部分去炔烃水洗塔进行再生，使丁二烯二聚物与含乙腈的水分层，以除去丁二烯二聚物，达到提高循环溶剂纯度之目的。

（15）进行上述操作时要注意：启动有关萃取系统泵时，要打开相应的外冲洗阀门，及时从循环溶剂泵引进外冲洗液，以保证泵的正常运转。

3.3.2.2 普通精馏岗位

（1）第一萃取精馏塔抽余液水洗塔加水。在第一萃取精馏塔未将抽余液送入抽余液水洗塔、第二萃取精馏塔塔顶未采出物料前，用蒸汽冷凝水给抽余液水洗塔加洗涤水，投用洗涤水流量表。注意排放 N_2，水加至界面 1/3 处时停止加水。

（2）第一萃取精馏塔抽余液开始采出时，打开抽余液水洗塔进料阀并投塔顶界面控制，按照规定的水烃比连续加入洗涤水，抽余液水洗塔塔顶抽余液经萃取液分离罐采出送往下一道工序，塔釜的循环溶剂乙腈水（萃余相）采往装置的废水缓冲罐。

（3）分析第一萃取精馏塔塔顶抽余液中的循环溶剂乙腈含量，并根据第一萃取精馏塔抽余液进料量调节抽余液水洗塔洗涤水量。确保抽余液水洗塔塔顶抽余液中的循环溶剂乙腈含量小于 40μg/g。

（4）粗丁二烯水洗塔加洗涤水。加水时注意排放粗丁二烯水洗塔内的 N_2，水加至塔顶界面 1/3 处时停止加水。

（5）当第二萃取精馏塔塔顶丁二烯中 VA 含量≤5μg/g 时，打开粗丁二烯水洗塔顶丁二烯出料阀，粗丁二烯经过水洗涤后靠压差进入脱轻塔，校核粗丁二烯水洗塔塔顶界面。

（6）当脱轻塔塔釜液面达到 1/2 时，塔釜缓慢升温。注意排放脱轻塔内的 N_2。

（7）随着脱轻塔塔釜温度的缓慢升高，脱轻塔回流罐液面开始上涨，当上涨到回流罐液面的 2/3 时，启动脱轻塔回流泵，将回流液全部打入脱轻塔内，实现全回流操作，投用塔顶压力控制、回流罐液面控制。

（8）定期从脱轻塔脱水包排水（开车初期应增加从脱轻塔脱水包排水的次数，以达到产品水值尽快合格之目的），从脱轻塔回流罐气相物料中抽出甲基乙炔尾气，经盐冷处理，凝液返回脱轻塔回流罐。不凝气由流量控制后，排入尾气回收装置或者进入火炬系统。

（9）脱轻塔运行平稳后，启动其釜液泵给脱重塔进料，并投脱轻塔塔釜液面控制，稳定脱轻塔的操作。

（10）当脱重塔塔釜液面达到 1/2 时，塔釜开始缓慢升温，投用脱重塔塔釜温度（或者塔釜液位）控制。注意排放脱重塔内的 N_2。当脱重塔回流罐液面涨到 2/3 时，启动脱重塔回流泵建立回流，投用塔顶压力控制，回流量、回流罐液面控制。启动脱重塔釜液泵，重组分排往 TBC 回收加热器，投用脱重塔塔釜采出流量控制。

（11）调节脱重塔工艺及质量指标，分析脱重塔塔顶馏出产品质量，如不合格将其送回原料罐，萃取精馏塔的抽余液同时从第一萃取精馏塔萃取液水洗塔改循环。在脱重塔塔顶产品质量全部指标合格后，塔顶产品丁二烯采往成品罐，萃取精馏塔抽余液也相应地改送至下一道工序。

（12）脱轻塔、脱重塔进料后，要及时启动阻聚剂 TBC 加料泵，向脱轻塔、脱重塔内加入 TBC（加在冷凝器气相入口或相应的安全阀下端），加料初期要将 TBC 加料泵的冲程开得大一些。

(13) 当脱重塔塔顶产品质量全部指标合格后，塔顶产品丁二烯采往成品罐。此时，按需决定产品丁二烯中是否加入 TBC，如产品丁二烯是供下道工序连续使用，则无须加入 TBC，否则必须使产品丁二烯中的 TBC 含量保持在 50~150μg/g，以确保储运安全。

3.3.2.3 循环溶剂回收岗位

(1) 当装置废水缓冲罐液面上涨至 1/2 时，启动循环溶剂乙腈再生塔进料泵给塔进料，其进料流量表先可以设定为手动，稳定后可以改为自动。当循环溶剂乙腈再生塔塔釜见液面后，开始缓慢升温，塔釜温度升至控制指标时，塔釜物料经分析合格后采出，若不合格则自身循环，投用塔釜液位控制、塔釜蒸汽量控制。

(2) 当循环溶剂乙腈再生塔回流罐液面涨到 1/2 时，启动回流泵建立回流，投用回流量表，循环溶剂乙腈再生塔塔顶乙腈纯度合格后采往第一萃取精馏塔上塔塔釜。分析循环溶剂乙腈再生塔塔釜液 ACN 含量，塔釜液中 ACN≤100μg/g 时，塔釜液改去污水处理厂。

(3) 循环溶剂乙腈再生塔塔顶馏出物一部分去腈、烃类换热器，从脱重塔釜采出一部分釜液到腈、烃类换热器回收循环溶剂乙腈再生塔塔顶馏出物中部分热量，蒸出的烃蒸汽返回脱重塔塔釜；另一部分去循环溶剂乙腈再生塔塔顶冷凝器。

(4) 循环溶剂乙腈再生塔生产正常后，塔釜出水部分采至第一萃取精馏塔抽余液水洗塔和粗丁二烯水洗塔中部用作洗涤水，其余部分送出界区。

当乙腈装置的三个岗位(萃取精馏岗位、普通精馏岗位、循环溶剂回收岗位)顺利运行、平稳生产后，整个乙腈装置开车就称为正常。这时第一萃取精馏塔进料量可以分步逐渐提高到满负荷。

3.3.3 NMP 抽提丁二烯装置的开车

3.3.3.1 溶剂冷运

将溶剂储罐内的溶剂用溶剂输送泵送出，进入精馏塔塔釜闪蒸室，可微开脱气塔进料泵出口阀，使溶剂缓慢充满泵的出口管线。待精馏塔塔釜闪蒸室被溶剂充满后(由液位仪表监控)，启动脱气塔进料泵，经溶剂加热器将溶剂加入脱气塔中。

脱气塔塔釜逐渐出现溶剂后，可微开脱气塔塔釜泵的出、入口阀，使溶剂缓慢充满脱气塔塔釜泵的出、入口管线。待脱气塔塔釜被溶剂充满后(由液位仪表监控)，启动脱气塔塔釜泵，按溶剂循环路线依次经过溶剂换热器(三台串联)壳程、脱重塔再沸器壳程、主原料蒸发器壳程、溶剂冷却器壳程后将溶剂加入主洗塔中。

主洗塔塔釜逐渐出现溶剂后，可微开主洗塔塔釜泵的出、入口阀，使溶剂缓慢充满主洗塔塔釜泵的出、入口管线。待主洗塔塔釜被溶剂充满后(由液位仪表监控)，启动主洗塔塔釜泵，将溶剂加入精馏塔塔顶。精馏塔泵吸入室逐渐出现溶剂后，可微开精馏塔塔釜泵的出、入口阀，使溶剂缓慢充满泵的出、入口管线。待精馏塔泵吸入室被溶剂充满后(由液位仪表监控)，启动精馏塔塔釜泵，按预脱气溶剂循环路线经过溶剂换热器(三台串联)的管程将溶剂加入精馏塔闪蒸室中。至此，溶剂循环回路初步建立，应继续通过溶剂输送泵补充溶剂，加大溶剂循环流量，提高各塔液位，同时打开后洗塔溶剂进料调节阀，逐渐将溶剂送入后洗塔，在后洗塔塔釜逐渐出现溶剂后，可微开后洗塔塔釜泵的出、入口阀，使溶剂缓慢充满泵的出、入口管线。待后洗塔塔釜被溶剂充满后(由液位仪表监控)，启动后洗塔塔釜泵；将溶剂加入精馏塔中部。按上述步骤完成后，丁二烯装置的溶剂已全部建立，当各塔液位达到正常开车要求，且后洗塔和主洗塔溶剂加入量达到开车负荷要求时，可停止向系统加溶剂。溶剂输送泵改为自身循环状态，以备必要时再进行补充。

建立溶剂循环的过程中，必须仔细做好流程设定，认真检查，防止溶剂跑料泄漏。除及时发现处理现场漏点，还必须注意溶剂废液回收罐的液位指示，如果溶剂废液回收罐的液位出现上涨，必须及时查出漏点并处理。

建立溶剂循环的过程中，由于溶剂会吸收部分氮气，要密切注意系统的氮封压力，如果下降过多，必须及时补充氮气，防止形成负压，导致氧气进入系统。

3.3.3.2 溶剂热运

溶剂冷运循环正常后，确认系统无漏点，溶剂循环回路的所有调节阀和手阀状态正常后，可以逐步开始溶剂热运。

热运前，脱重塔再沸器壳程和主原料蒸发器壳程的溶剂进料阀关闭，溶剂经过换热器的旁路进行循环。

首先，打开溶剂加热器管程的低压蒸汽调节阀，投用疏水器，从低压蒸汽闪蒸罐引入低压蒸汽开始加热溶剂，最终达到正常操作温度。

其次，打开脱气塔塔釜再沸器管程的蒸汽流量调节阀，投用疏水器，从公用工程系统引入中压蒸汽开始加热脱气塔塔釜的溶剂。如果换热效果不好，可由再沸器底部通入氮气进行强制循环，但通氮气时间要尽量短，产生效果后立即停止。同时及时调节脱气塔塔顶压力，防止系统超压。

脱气塔塔釜再沸器正常投用后，塔釜温度最终需要达到正常操作温度。从再沸器疏水器送出的凝液进入低压蒸汽闪蒸罐回收热能，此时应注意调节低压蒸汽闪蒸罐和低压凝液罐的压力、液位及温度，以保持蒸汽冷凝液循环系统的操作稳定。

溶剂升温后，现场认真检查各换热器是否出现泄漏，如果需要，可进行设备的热紧固。投用溶剂冷却器将溶剂进入主洗塔和后洗塔的温度降至38℃。

溶剂热运时也要密切注意系统的氮封压力，保持压力稳定。溶剂热运稳定后，投 C_4 进料前应开始往溶剂中逐渐加入硅油和亚硝酸钠溶液。

溶剂热运的一个重要目的是调整循环溶剂的含水量，使之符合开车条件。含水量可以通过脱气塔塔釜的仪表监控，含水量的调节在脱气塔中进行，如溶剂含水量较低，则需要加大炔烃洗涤塔的水进料量。如溶剂含水量较高，可增加脱气塔底再沸器的蒸汽量以脱除水分或减少炔烃洗涤塔的水进料量，但再沸器中蒸汽的投入量主要决定于进入脱气塔的溶剂流量，不宜大幅调节。为减少溶剂的损失，炔烃洗涤塔的水进料量也不宜过少，尤其不能停止加水。

在开车前，溶剂储存时的水值应保持较低，因为如果开车前系统干燥不彻底，溶剂进入系统后，装置中死角等部分残存的水会使溶剂含水量上升；如果水值过高，溶剂热运时的脱水难度较大，脱水时间较长。

3.3.3.3 冷却剂循环

在冷凝液循环系统运转正常的情况下，通过冷凝液冷却器至冷却塔塔釜的开车线向冷却塔填充低温凝液，同时可微开冷却塔塔釜泵的出、入口阀，使冷凝液缓慢充满冷却塔塔釜泵的出、入口管线。待冷却塔塔釜被冷凝液充满后(由液位仪表监控)，启动冷却塔塔釜泵将塔釜的冷凝液送出，按冷却剂循环路线经过辅原料蒸发器壳程、冷却剂冷却器壳程再返回冷却塔塔顶。

启动冷却塔塔釜泵前，塔釜泵出口通往精馏塔的液位调节阀及其保护阀必须手动关闭，严防冷却塔内的冷凝液由此进入溶剂循环，影响溶剂水值。冷却剂循环回路建立后，调节冷却塔塔釜液位保持稳定，冷却剂流量达到要求后，可停止加入冷凝液。

3.3.3.4 C_4 进料

1. 投用进料蒸发罐

打开丁二烯装置界区的 C_4 原料进料阀，将液态混合 C_4 原料引入进料蒸发罐中。蒸发罐液位达到 30%后可启用主进料蒸发器，通过手动调节热溶剂流量控制 C_4 原料的蒸发量，并注意保持进料蒸发罐的液位。

待冷却剂温度升高后再启用辅进料蒸发器，之后按生产负荷要求，由主进料蒸发器提供80%～90%的蒸发热量，辅原料蒸发器手动调节阀开度固定以保持热冷却剂流量稳定。由主原料蒸发器提供其余的蒸发热量，并调节加热量保持 C_4原料蒸发流量稳定。

C_4 原料蒸发量稳定后投用气相 C_4 管线上的在线气相色谱仪，随时监控 C_4 原料组成的变化，以便及时调节工艺操作参数。

2. 投用主洗塔(第一萃取精馏塔)

气态 C_4 原料气体进入主洗塔后，塔压逐渐上升，此时可以打开塔顶放空调节阀，置换排放塔内氮气。塔顶冷凝器与回流罐之间的塔压调节阀可保持一定的开度，用塔顶放空调节阀控制塔压。

如塔顶温度与回流罐中液相温度之差大于 4℃，说明系统中仍残存有氮气，应继续通过塔顶排放，如排放量不大，可通过塔顶冷凝器顶部带孔板的排火炬管线进行。

根据回流罐内液位情况，适时启动回流泵，通过手动控制回流调节阀调节回流量，直至达到设计值后可改为自动调节。回流罐液位继续上升后，打开抽余液送出阀，将抽余液送出丁二烯装置界区，并通过液位调节阀保持主洗塔回流罐液位稳定。

回流罐水室液位上升至一定高度后，在水室界面调节阀的控制下将沉降下来的水送入水分离罐中。注意控制好水室界面，防止烃类被送入水分离罐汽化后影响脱气系统的操作压力稳定；也要防止水面过高，水进入抽余液中。

塔釜的富溶剂通过塔釜泵在液位调节阀控制下送入精馏塔塔顶，通过调节塔釜溶剂的送出量保持塔釜液面稳定。

3. 投用精馏塔

精馏塔与主洗塔之间通过塔顶气相管线直接连通，C_4 气体由此进入精馏塔中，精馏塔压力通过主洗塔的塔顶压力调节阀控制，不凝气也通过主洗塔的塔顶排放。当压缩机开始正常返回气体后，精馏塔与主洗塔的塔压会上升，应及时调整主洗塔的塔顶压力，保持萃取系统的压力稳定。

精馏塔塔釜泵吸入室内的溶剂经过溶剂换热器加热后返回精馏塔闪蒸室，在其中进行预闪蒸，溶剂中的部分烃类在精馏塔塔釜中被闪蒸出来。塔釜内的溶剂液位均需用液位调节阀保持稳定，系统如需要补充溶剂，新鲜溶剂会由溶剂输送泵加入精馏塔塔釜闪蒸室。

闪蒸室内的溶剂在预脱气后，经脱气进料泵送往溶剂加热器，用低压蒸汽加热后送往脱气塔塔顶。

4. 投用后洗塔(第二萃取精馏塔)

C_4 烃类气体从精馏塔中部进入后洗塔塔釜，此时可以打开后洗塔塔顶放空调节阀，置换排放后洗塔内氮气。后洗塔塔顶冷凝器与回流罐之间的粗丁二烯采出调节阀可保持一定的开度，用后洗塔塔顶冷凝器冷却水和放空调节阀控制塔压。

后洗塔回流罐液位上升后，启动回流泵，通过手动控制回流调节阀使回流罐液位保持稳定，回流量达到设计值后可改为自动调节。回流罐液位继续上升后，打开回流泵出口的粗丁二烯送出阀，将不合格的粗丁二烯送入不合格产品罐或 C_4 原料罐，并通过液位调节阀保持后洗塔回流罐液位稳定。

后洗塔回流罐水室液位上升至一定高度后，在水室界面调节阀的控制下将沉降下来的水送入水分离罐中。注意控制好水室界面，防止烃类送入水分离罐汽化后影响脱气系统的操作压力稳定；也要防止水面过高导致水进入粗丁二烯中。

由于后洗塔中粗丁二烯浓度很高，易发生爆聚，影响丁二烯装置正常生产甚至会出现安全事故，所以，烃类进入脱重塔后，要及时在后洗塔塔顶冷凝器前加入 TBC，后洗塔回流建立后，还要引出一股回流去与 TBC 溶液混合，稀释 TBC 溶液后加入后洗塔塔顶冷凝器。

后洗塔塔釜的溶剂通过塔釜泵在塔釜液位调节阀控制下送入精馏塔中部，通过调节塔釜溶剂的送出量保持塔釜液面稳定。

5. 投用脱气塔

经过预闪蒸后的溶剂进入脱气塔，彻底脱除溶剂中所含的 C_4 炔烃和丁二烯等烃类，脱气塔塔压上升后，塔内不凝气通过冷却塔和炔烃洗涤塔塔顶放空。放空时需要手动控制放空阀开度以保持脱气系统各塔压力稳定，避免超压，特别应注意不能出现塔压下降过多过快造成压缩机(启动后)因吸入压力过低而联锁停车的事故。

溶剂进入脱气塔后，需要根据塔温的变化相应调整脱气塔再沸器的蒸汽加热量，保证脱气塔塔釜温度达到溶剂沸点，以达到良好的脱气效果。

脱气塔开车后，应注意保持溶剂含水量稳定，含水量可通过塔釜的温度和压力计算得出，直接显示在操作台上。含水量低时应相应加大炔烃洗涤塔的加水量或减小脱气塔再沸器的蒸汽加热量；含水量高时应相应减小炔烃洗涤塔的加水量或加大脱气塔再沸器的蒸汽加热量以增加炔烃采出量。

6. 投用炔烃洗涤塔

投料开车后，可通过炔烃洗涤塔塔顶放空阀置换塔内不凝气，放空量应手动控制，不能影响脱气塔塔压。炔烃洗涤塔塔顶温度上升后，说明烃类进入塔中，此时为减少溶剂损失应逐渐加入蒸汽冷凝液，加入量根据脱气塔中溶剂含水量调整。同时为避免气相采出中炔烃的含量超标，必须从主洗塔塔顶引入气相抽余液对其进行稀释，稀释液由稀释管线上的孔板定量加入，以保证足够的稀释量。并开始投用炔烃采出管线上的在线色谱分析仪表，检测稀释后的炔烃含量要低于 30%(质量分数)。

炔烃洗涤塔塔顶气相采出后，塔顶冷凝器排出的不凝气(开始时主要是氮气，置换完成后主要是炔烃)排至低压火炬系统，操作稳定后经冷媒冷凝器冷凝后与抽余碳四一起送出装置。

经炔烃洗涤塔塔顶冷凝器冷凝，含少量溶剂和烃的水进入水分离罐中的工艺水侧。经过沉降分离，上层的废水漫过挡板进入废水侧，达到一定液位后启动废水泵送出丁二烯装置，并用流量调节阀保持罐中废水侧液位稳定。下层的工艺水则用炔烃洗涤塔回流泵加入炔烃洗涤塔塔顶作为洗涤水，水加入量用调节阀控制，多余部分会进入废水侧，不足部分由蒸汽冷凝液补充。在炔烃洗涤塔回流泵启动后，即需要相应减少炔烃洗涤塔的凝液加入量，两股水汇合后通过同一条管线加入炔烃洗涤塔中。

7. 投用冷却塔和压缩机

脱气塔中脱除的烃类从脱气塔塔顶进入冷却塔，冷却后进入压缩机，当脱气塔顶达到一定压力后根据压缩机操作程序启动压缩机。不凝气从脱气塔塔顶放空，以保持压缩机的吸入压力稳定，烃类逐渐置换氮气后，压缩机的出口温度会逐渐下降，此时要相应调节冷却剂的加入量和温度，最终通过调节阀保持冷却剂温度稳定在正常值，冷却剂的加入量则由压缩机出口温度调节阀自动控制。

压缩机出口温度降至正常范围后，说明脱气系统中的氮气基本排净，可以逐渐打开压缩机出口阀，将压缩后的烃类气体送回精馏塔。此时要相应关小压缩机出口返回线阀门，同时逐渐关闭冷却塔塔顶放空阀，保持压缩机入口压力稳定。最终将塔顶放空阀和出口返回线阀门的旁路完全关闭，依靠出口返回线调节阀保持压缩机入口压力稳定。

压缩机操作时必须精心调节，避免因出口压力、温度过高或入口压力过低等工艺操作幅度过大而引起压缩机联锁停车。

8. 投用脱轻塔

后洗塔回流罐中的粗丁二烯合格后送入脱轻塔。为缩短置换时间，脱轻塔进料前塔压应适当降低。进料后塔压逐渐上升，此时可以打开脱轻塔塔顶放空调节阀，置换排放塔内氮气。脱轻塔塔顶冷凝器与回流罐之间的塔压调节阀可保持适当开度，用放空调节阀控制塔压。

脱轻塔塔釜出现液位后，逐渐投用塔釜再沸器，在流量调节阀的控制下将蒸汽冷凝液送入塔釜再沸器，再沸器加热量可根据脱轻塔的进料量由塔釜热量调节阀通过调节进入再沸器的蒸汽冷凝液流量自动控制。

当脱轻塔塔顶压力随塔内氮气减少而下降后，应逐渐关小放空调节阀，通过塔压调节阀控制脱轻塔塔压，按上述步骤排放氮气后，如塔顶温度与回流罐中液相温度之差大于4℃，说明脱轻塔中仍残存有氮气，应继续通过塔顶排放，如排放量不大，可通过塔顶冷凝器带孔板的排火炬线进行。塔顶冷凝器中的甲基乙炔等轻组分不能被冷凝，在冷凝器顶部流量调节阀的控制下送出丁二烯界区。

当脱轻塔回流罐液位上升后，启动回流泵，通过手动控制调节阀使回流罐液位保持稳定，回流量达到设计值后可改为自动调节，并通过液位调节阀保持回流罐液位稳定。

水主要在脱轻塔中脱除，脱轻塔回流罐水室液位上升至一定高度后，在水室界面调节阀的控制下将沉降下来的水送入水分离罐中。注意控制好界面，防止烃类送入水分离罐中汽化后影响脱气系统的操作压力稳定；也要防止水面过高，水通过回流进入脱轻塔内进而造成脱重塔顶丁二烯产品中水值超标。

脱轻塔的塔釜液位、回流罐液位、回流量基本稳定后，再次将后洗塔回流罐中的粗丁二烯切出，仍旧送入不合格产品罐或C_4原料罐，或执行丁二烯装置的小循环操作。

脱轻塔全回流操作，塔釜的粗丁二烯经过分析合格后，在塔釜液位调节阀控制下送入脱重塔，通过调节塔釜的送出量保持脱轻塔塔釜液面稳定。由于脱轻塔与脱重塔之间的压差较大，粗丁二烯可直接进入脱重塔，不需要泵输送。同时恢复脱轻塔从后洗塔回流罐的正常进料。

脱轻塔塔内氮气基本排净，塔温基本正常后，投用塔顶的在线分析仪表，检测塔顶馏出气体中的甲基乙炔浓度。按安全要求，脱轻塔塔顶馏出气体中的甲基乙炔浓度不能高于60%（质量分数）。

脱轻塔中丁二烯纯度较高，极易发生丁二烯爆聚反应，影响丁二烯装置的正常生产甚至会出现安全事故。所以，粗丁二烯进入脱轻塔后，要及时在塔顶冷凝器前加入 TBC，回流建立后，还要引出一股回流去与 TBC 溶液混合，稀释后加入脱轻塔塔顶冷凝器。

9. 投用脱重塔

脱轻塔塔釜的粗丁二烯指标合格后进入脱重塔。为缩短置换时间，脱重塔进料前塔压应适当降低。

进料后脱重塔塔压逐渐上升，此时可以打开塔顶放空调节阀，置换排放塔内氮气。塔顶冷凝器与回流罐之间的塔压调节阀可保持适当开度，用塔顶放空调节阀控制脱重塔塔压。

塔釜出现液位后，逐渐投用塔釜再沸器，在塔釜液位调节阀的控制下将热溶剂送入再沸器，通过调节进入塔釜再沸器的热溶剂流量保持脱重塔塔釜液位和温度稳定。脱重塔塔釜再沸器投用后，会使循环溶剂的温度下降，应注意调节加大进入主进料蒸发器的热溶剂量，保证足够的 C_4 原料蒸发热量。

当脱重塔塔顶压力随塔内氮气减少而下降后，应逐渐关小塔顶放空调节阀，通过塔压调节阀控制脱重塔塔压稳定在操作压力，按上述步骤排放氮气后，如脱重塔塔顶温度与回流罐中液相温度之差大于 4℃，说明系统中仍残存有氮气，应继续通过塔顶排放，如排放量不大，可通过脱重塔塔顶冷凝器顶部带孔板的排火炬线进行。

当脱重塔回流罐液位上升后，启动回流泵，通过手动控制调节阀使回流罐液位保持稳定，回流量达到设计值后可改为自动调节。脱重塔回流罐液位继续上升后，打开丁二烯产品送出阀，将尚不合格的丁二烯产品送出界区，送入不合格产品罐或 C_4 原料罐，或执行丁二烯装置的大循环操作。并通过脱重塔回流罐液位调节阀保持回流罐液位稳定。

丁二烯产品中的水分主要在脱轻塔中脱除，脱重塔回流罐水室中正常时不应出现较多的水，如果水室液位上升至一定高度后，可将沉降下来的水送入水分离罐中。注意控制好界面，防止烃类送入水分离罐中汽化后影响脱气系统的操作压力稳定；也要防止水面过高，水进入丁二烯中使丁二烯产品水值超标。

脱重塔塔内氮气基本排净，塔温基本正常后，投用塔顶的在线分析仪表，检测脱重塔塔顶馏出的丁二烯产品气体中的杂质浓度。

脱重塔中丁二烯浓度非常高，极易发生丁二烯爆聚反应，影响丁二烯装置的正常生产，甚至会出现安全事故。所以，粗丁二烯进入脱轻塔后，要及时在塔顶冷凝器前加入 TBC。回流建立后，还要引出一股粗丁二烯去与 TBC 溶液混合，稀释后加入塔顶冷凝器。

对于送出装置的丁二烯产品按需来决定产品丁二烯中是否加入 TBC，如产品丁二烯是供下道工序连续使用，则无须加入 TBC，否则必须使产品丁二烯中的 TBC 含量保持在 50～150μg/g，以确保储运安全。

脱重塔塔釜的烃类含有 1,2-丁二烯、C_5 等重组分，在流量调节阀控制下送出装置，送出量根据脱重塔塔釜温度决定。如温度较高，说明塔釜重组分含量上升，可相应加大送出量。出于安全原因的考虑，对于脱重塔塔底组分必须进行分析，以确保其中的 1,2-丁二烯含量不超过 50%（质量分数）。

10. 投用溶剂再生系统

准备工作完成后，先打开第一级真空喷射器的中压蒸汽入口阀，再打开第二级真空喷射器的中压蒸汽入口阀，观察溶剂再生系统的压力下降情况，达到工艺操作要求的真空度后，溶剂再生罐可以开始进料开车。

溶剂再生罐在液位调节阀的控制下，进料是连续进行的。由溶剂换热器壳程出口引出的已脱气后的热溶剂加入溶剂再生罐中，建立一定的液位后，启动溶剂再生罐的搅拌器，使其受热均匀。同时打开溶剂再生罐加热夹套的蒸汽入口阀和出口的疏水器，将溶剂再生罐内的溶剂加热，使其汽化蒸出。

当溶剂再生罐罐顶采出线温度升高后，及时打开再生溶剂洗涤塔的加水阀门，加水量不宜过大，否则会造成再生溶剂含水量过高。

再生溶剂罐的液位上升后，启动再生溶剂泵将罐内的再生溶剂在液位调节阀控制下送入溶剂冷却器壳程出口，返回溶剂循环中。为避免罐内抽空使空气进入系统破坏真空，再生溶剂罐设有低液位联锁，达到指定液位后自动停泵。

喷射器冷凝罐的液位上升后，启动废水泵将罐内废水送出。同样，为避免罐内抽空使空气进入系统破坏真空，喷射器冷凝罐也设有低液位联锁，达到指定液位后自动停泵。

第 4 章　装置的停车

4.1　DMF 抽提丁二烯装置的停车

4.1.1　正常停车

4.1.1.1　停车前的准备工作

装置的停车按性质一般可分为全局性紧急停车（A 级）、局部停车（B 级）和正常停车（C 级）三级。

定期检修及计划停车属于正常停车，对其他装置的影响较小。停车时按正常停车（C 级）程序进行处理。

紧急停车通常是指因突发性的公用工程中断（主要是循环冷却水中断和仪表风中断），关键设备（压缩机）损坏或故障，发生火灾或爆炸事故，C_4 原料中断以及装置内出现大量物料泄漏，危及人身安全或无法维持正常运行的情况下的停车操作，视具体情况，有的仅属局部紧急停车（B 级），有的则需全局性紧急停车（A 级）。在此，需特别说明的是 C_4 原料中断应视具体情况而定，一般不需要执行紧急停车程序，因为 C_4 原料蒸发罐中的物料通过操作调整足以维持 30min 甚至更长时间使装置不停车维持运行。不管是全局性停车检修还是局部停车检修，都应做好充分准备，确保停车检修工作的顺利开展。

在停车前要做好以下准备工作：

（1）编制好停车计划、检修计划、停车方案以及安排好网络工作节点。

（2）人员安排以及工作的范围已划分明确，定好专项负责人。

（3）准备好停车后盲板图并编号，定好负责人以及准备好临时用盲板等材料。

（4）准备好临时用的胶管、快速接头以及其他需用的各种工器具。

（5）准备好化学清洗用的硫酸亚铁。

（6）地下罐与废溶剂回收罐物料已抽空，以便存放在停车时设备倒空排放的物料。

（7）溶剂再生系统视情况可提前停车，减少丁二烯装置停车时的工作量。

（8）为减少系统停车时的损耗，停车前，应将生产负荷降到设计生产负荷的 60%～80%，同时应将塔、罐的液面尽可能降到低限。

4.1.1.2　停车程序

正常停车按工作节点大致可分为：溶剂精制系统停车，停化学品和 C_4 进料，停压缩机，萃取系统溶剂热运、冷运，系统退料倒空，系统氮气置换，萃取系统水洗，精馏系统化学清洗，系统蒸煮，系统自然冷却或空气置换。

1. 溶剂精制系统的停车

停车前，在循环溶剂中的水与焦油含量不高的情况下，溶剂精制系统可视具体情况提前 1～2d 停车，但在停再生釜时，再生釜必须已到再生终点，以免溶剂损失过大。

（1）溶剂精制塔的停车操作。

先关闭第二汽提塔回流罐到溶剂精制塔的现场阀门，停止向溶剂精制塔进料；然后停止向溶剂脱气加热器供蒸汽，并手动关闭溶剂脱气加热器的液位调节阀和现场保护阀，停止向溶剂脱气加热器送料，当溶剂脱气加热器的液位降至低液位时，停溶剂脱气加热器向溶剂精制塔送料的泵(溶剂排出泵)并关闭泵的出口阀。溶剂精制塔停止进料后，塔釜的液位开始下降，此时应逐渐减少回流量和塔釜再沸器加热蒸汽量，但仍应维持溶剂精制塔塔釜温度在正常操作值，以保证溶剂精制塔塔釜溶剂的水值合格。当塔釜低液位时，停溶剂精制塔釜液泵、回流泵和再沸器加热蒸汽并关闭蒸汽调节阀现场保护阀，让系统自然沉降与冷却一段时间，使塔板上的溶剂沉积于塔釜便于回收，此时如果塔压下降较多或产生负压，应向塔内缓慢充入少量 N_2 以保持正压。

溶剂精制塔沉降冷却一段时间后，将溶剂精制塔和再沸器中的溶剂全部排入工艺排液受槽(地下罐)，然后用氮气将塔充压到约 0.1~0.3MPa，打开通向塔釜溶剂冷却器的阀，把冷却器内的溶剂用 N_2 压到密封溶剂罐后与密封溶剂罐进行切断，然后把冷却器内的残余液排入地下罐。

把回流罐二聚室中的二聚物全部送燃料油罐，把回流罐储水室(分离聚合物和水)中的水送含油污水或废水槽，如果水中含有较多 DMF，则将其排入工艺排液受槽，二聚物则应排入燃料油罐。

完成系统倒空后用 N_2 进行置换，分析确认无烃类后用蒸汽冷凝液或工业水对系统进行清洗，完成清洗后排出清洗水，然后打开塔顶放空阀用蒸汽蒸塔，冷却后用测氧测爆仪分析合格并用盲板隔离妥当后交设备清洗检修。

(2) 溶剂再生釜的停车。

溶剂再生釜的停车操作应在主要工艺过程停车之前进行。溶剂再生釜操作到终点时，关闭循环溶剂进溶剂再生釜的阀门，约过 3h 后关闭抽真空的蒸汽阀和加热蒸汽阀以及与溶剂再生釜冷凝器连通的阀，然后充 N_2 加压排出焦油。

2. 第一萃取精馏系统的停车

执行全装置正常停车，先通知供原料方或调度，然后手动关闭原料混合 C_4 进装置的流量调节阀，并关闭混合 C_4 进装置的现场手动阀门。

装置停原料后，原料蒸发罐的液位开始下降，此时逐渐关闭原料蒸发罐的液位调节阀，让热溶剂缓慢地从原料蒸发罐再沸器中切出，在逐渐关闭热溶剂通过原料蒸发罐再沸器的过程中，应逐渐开大该再沸器的现场旁路阀，同时调整循环溶剂压力调节阀，使循环溶剂压力保持在正常操作值，若该调节阀已全开，则应打开该调节阀的旁路阀使循环溶剂压力调节阀保持在可调范围内，确保其他溶剂再沸器的换热效果。

停止进料后，进入第一萃取精馏塔的 C_4 逐渐减少，第一萃取精馏塔的操作压力也随之下降，此时对热量的需求也随之减少，应适当减少第一萃取精馏塔再沸器的蒸汽流量，以保持第一萃取精馏塔的塔釜温度平稳，防止温度突然升高情况的发生。

第一萃取精馏塔 C_4 减少进入时，应适当降低第一萃取精馏塔的溶剂进料量与回流量，密切注意塔顶塔釜质量的变化，确保抽余液中丁二烯含量控制在指标内，若出现超标应及时通知调度并切出外送，改送返回 C_4 原料罐或不合格抽余 C_4 罐。

由于 C_4 的减少，第一汽提塔汽提出的气体量随之减少，为保证压缩机运行正常，此时应逐渐加大压缩机返回第一汽提塔冷凝器的返回量，以保证压缩机吸入量的稳定。随着压缩机返回第一汽提塔冷凝器的返回量增加，压缩机返回第一萃取精馏塔的量随之减少，压缩机排出压力调节阀会逐渐关小，调整压缩机进第二萃取精馏塔的进料量，以保证压缩机返回第一萃取精馏塔保持一定的量，使第一萃取精馏塔塔釜质量尽可能保持在允许限度之内。此时压缩机的操作参数发生变化应及时进行调整，保证压缩机运行正常。

由于 C_4 和压缩机返回第一萃取精馏塔量的减少，第一萃取精馏塔的塔釜压力逐渐降低，釜液靠压差送第一汽提塔的能力也逐渐降低，当塔釜压力降至 0.3MPa 时，启动第一萃取精馏塔中间釜液泵，将第一萃取精馏塔靠压差送第一汽提塔改为用泵输送。

当压缩机排出压力调节阀全关后，关闭压缩机返回第一萃取精馏塔的现场切断阀，压缩机排出压力由第二萃取精馏塔进料调节阀控制，调节第二萃取精馏塔进气量，使压缩机排出压力高于第二萃取精馏塔塔釜压力，维持压缩气进第二萃取精馏塔的正常进行，以回收一部分第一萃取精馏系统的 C_4。此时如第二萃取精馏塔的进料组分已出现超标，应将第二萃取精馏塔送精馏系统的料改送返回 C_4 原料罐。

当第二萃取精馏塔进料量降至低限时，打开压缩机紧急排放阀把 C_4 气排至火炬，同时停止压缩机运行，关闭压缩机吸入主阀、压缩机返回第一萃取精馏塔切断阀、第二萃取精馏塔进料现场切断阀、压缩机返回第一汽提塔冷凝器阀和旁路阀(压缩机吸入压力调节阀和旁路阀)并进行压缩机盘车、本体排液和氮气置换。虽然压缩机已停止运转，但压缩机润滑油泵仍应继续运行一段时间，盘车也要继续进行一段时间，确保压缩机自然冷却过程的润滑，起保护压缩机作用，避免压缩机轴承被损坏或卡死。

压缩机停止运转后，第一萃取精馏塔和第一汽提塔的塔釜温度仍应保持在正常操作时的温度，保持溶剂 DMF 热运一段时间以充分解析溶解在溶剂 DMF 中的剩余 C_4，当热运持续一段时间后，塔顶压下降至较低时，逐渐停止加热，保证溶剂退料时 DMF 中不含烃类物质。若热运不彻底，尤其是在夏季，残存的烃类导致存储溶剂的常压罐超压外溢，容易造成安全环保事故的发生。

3. 第二萃取精馏系统的停车

停止 C_4 原料后不久，压缩机排出气进入第二萃取精馏塔的量逐渐减少，塔的压力也会慢慢下降，此时应不断调整第二萃取精馏塔的加热蒸汽量，防止塔釜温度上升出现超温情况，以保持第二萃取精馏塔的塔釜温度平稳，同样，对丁二烯回收塔和第二汽提塔也进行适当调整，以保持塔的温度在正常操作温度。当第二萃取精馏塔的塔釜压力降至 0.3MPa 时，与第一萃取精馏塔一样把第二萃取精馏塔塔釜液改为用泵输送到丁二烯回收塔。

压缩机停运后，第二萃取精馏塔的进料也随之停止，与第一萃取精馏系统一样，各塔的塔釜温度也应保持在正常操作时的温度，保持溶剂 DMF 热运一段时间，以充分解析溶解在溶剂 DMF 中的剩余 C_4，保证溶剂退料时 DMF 中不含烃类物质，确保停车安全。

4. 丁二烯净化系统的停车

丁二烯净化系统包括洗胺塔、脱轻塔和脱重塔。当第二萃取精馏塔回流罐送丁二烯净化系统的料改送返回 C_4 原料罐时，现场切断进出洗胺塔的阀门并停止蒸汽冷凝液进料，使洗胺塔单独切出系统。洗胺塔单独切出系统后，对洗胺塔系统用氮气进行置换，直至分析合格。

粗丁二烯停止向精馏系统进料后，脱重塔回流罐中的丁二烯产品应停止向丁二烯产品罐输送，改为送出返回 C_4 原料罐。此时，停止向精馏系统加 TBC，脱轻塔和脱重塔的加热就可以停止，关闭脱轻塔和脱重塔的溶剂再沸器进出阀门，打开旁路阀门让循环溶剂走旁路循环。同时也应停止脱重塔的蒸汽冷凝液加热。

停止精馏塔加热后，脱轻塔回流罐中的丁二烯物料由回流泵全部送入塔内，然后由塔釜泵全部送至脱重塔内，脱重塔回流罐内的物料与塔内的物料则由脱重塔回流泵送至 C_4 原料罐进行回收。

4.1.2 紧急停车

紧急停车均属于事故性质的停车，停车的特点是突发性、偶然性，停车的原因一般是如下因素所引起：公用工程中断(中压蒸汽中断、冷却水中断、仪表空气中断、氮气中断)；大部分泵或压缩机的动力中断；严重的设备泄漏(包括重大安全阀起跳并且不能切出的)、火灾和爆炸事故；重大机械故障(如压缩机)；危及装置安全和人身安全的不可抗拒的重大自然灾害(如突发性大地震、海啸等)。为减少停车时的物耗损失，C_4 原料中断(指不能立即恢复供应)一般不需要按紧急停车程序停车，可按正常停车程序逐步进行停车处理。紧急停车处理程序如下。

1. 通知相关部门和人员

发生紧急停车时，由当班值班长(班长)通知调度、值班人员和本部门(车间或单元)直接领导，再由调度或值班人员向相关领导报告与通知有关部门。

2. 紧急停车步骤

在当班值班长(班长)通知相关部门和人员的同时对当班人员发出紧急停车指令，当班人员立即按各自的岗位职责进行紧急停车步骤。

内操立即按下所有停车控制按钮，分别隔断装置内外间联系(物料不进出)，机泵停转(除压缩机润滑油泵外)，热源加热切断；外操立即配合内操进行处理工作。

停车控制按钮按下后，外操应立即现场关闭装置内外间联锁阀的手动保护阀，如：原料 C_4 进料阀、抽余液外送阀、产品丁二烯排出阀；压缩机联锁现场需处理的阀门有：关闭压缩机吸入主阀、压缩机返回第一萃取精馏塔切断阀、第二萃取精馏塔进料切断阀、压缩机返回第一汽提塔冷凝器阀和旁路阀(压缩机吸入压力调节阀和旁路阀)，打开本体排液阀和氮气置换并进行压缩机盘车；热源和溶剂输送管线联锁，下列调节阀(蒸汽总阀、第一汽提塔进料调节阀、第一汽提塔塔釜液位调节阀、第二萃取精馏塔塔釜液位调节阀、第二汽提塔塔釜液位调节阀)自动关闭，现场手动保护阀也需关闭。

停车后，确认装置安全无事，视情况进行下列操作：关闭溶剂进料各调节阀、各塔釜液即液体输送阀和热溶剂及再沸器蒸汽阀门；各塔和容器液体输送管线上的所有阀门应手动关闭。注意塔压随溶剂温度降低而下降，必要时向塔内充入氮气。若在冬天应尽可能继续用蒸汽伴热。

因仪表风中断而紧急停车时，控制室内除丁二烯压缩机放空阀外，所有仪表手动关闭，对应的现场调节阀在现场用手轮关闭。起安全联锁作用的罐区至丁二烯装置的联锁、泵和压缩机联锁阀门也要现场手动关闭。

紧急停车后的其他后续处理过程及步骤可参照正常停车处理。

4.1.3 停车后的处理

4.1.3.1 退料倒空与置换

萃取精馏系统在溶剂退料倒空前必须进行溶剂热运与冷运，溶剂热运是解析停 C_4 料后溶解在溶剂 DMF 中的 C_4 烃类，以确保溶剂退料时 DMF 中不含烃类物质，保证溶剂退料时的质量与储存安全；溶剂冷运是对解析 C_4 烃类后的溶剂进行降温，进一步保障常压溶剂罐(槽)的储存安全，避免发生超压情况，使停车检修安全进行。

溶剂退料时，塔的压力较低，应注意防止出现负压，若一旦出现应立即充氮气补压。溶剂退料应做到尽可能地将溶剂回收到溶剂罐(槽)中，以减少溶剂损失，由于塔板溶剂全部回到塔釜需一定时间，因此，当第一次退料完成后，要先停泵等待一段时间，待塔釜再次积液后再重新启动泵进行回收。全部回收完成后打开萃取精馏系统设备、管线上的所有工艺排料阀，将残液排至地下罐(槽)，为使倒空彻底，务必将管线上的阀门、调节阀及旁通阀全部打开，反复多次用氮气进行吹扫充压，将残液全部吹送到地下罐(槽)，以便以后进行回收处理，但必须注意地下罐(槽)不能出现超压情况，尽量掌握好充氮气的压力与量。

精馏系统的物料全部回收后，打开精馏系统各排放至火炬系统的阀，把剩余物料放空到火炬烧掉。

确认各系统退料倒空完毕后，关闭所有工艺排料线(去地下罐)阀门与放空阀，各塔进行单独置换，气体经塔顶放空阀排放至火炬。置换时要注意各塔塔压，不能超出设备的设计压力，同时应注意各再沸器、泵及沿途各管线的置换，应反复开、关与各塔相连管线上的阀门，借助压差达到对这些管线的置换。置换时采用充气—泄放—充气—泄放间歇式的办法重复进行置换，不要采用边进边放的办法，防止产生死角。置换时关闭系统所有与大气、地下罐等外界相连的阀门，把氮气从塔底的氮气管线充入塔内，当压力充到所需要的值时，关闭充氮气阀门，然后打开放空的阀进行卸压，基本无压后再充氮气到所需压力，然后再放空卸压，如此反复，直至置换合格。

当各塔系统和其他系统氮气置换都合格后，在火炬放空线总管线顶端需接氮气充压对尾气系统进行置换，置换气体在另一端排入火炬，合格后关闭去火炬总阀并在阀内侧加盲板。

4.1.3.2 萃取精馏系统水清洗

为了完全清除萃取系统各设备内残留的溶剂，而且使之回收，便于大检修安全、顺利地进行，有必要在萃取系统停车、倒空、氮气置换后，实行二次水清洗工作。第一次水清洗与第二次水清洗因目的不同，操作方式也不同，第一次水清洗的主要目的是回收部分 DMF，因此，第一次水清洗用蒸汽冷凝液水进行，串联第一萃取精馏系统、第二萃取精馏系统，并且用水量要少，循环时间要长些；第二次水清洗的主要目的是除去系统内残留的 DMF，用水量要多些，若水量不够，可以用工业水或消防水进行补充。水清洗操作前应把蒸汽冷凝液罐液位升高，使水洗有足够的蒸汽冷凝液。

现在，为减少停车时产生的废溶剂量和提高废溶剂处理质量，多数装置采用一次水洗和二次水洗同时进行的方法，不过在水洗前的溶剂倒空置换时应多花一点时间(主要是溶剂自然沉降)，以充分回收系统中的残留溶剂，尽可能减少溶剂损耗。此方法的缺点是水洗液直接排入含油污水时，现场的气味会稍浓，产生的废水量也相对稍多。

1. 第一次水清洗

第一次水清洗时应确认溶剂罐进出阀门已关闭，用蒸汽冷凝液水泵把蒸汽冷凝液水罐中的凝液水通过水洗管线流程送到第一萃取精馏塔回流泵入口，再由第一萃取精馏塔回流泵送入第一萃取精馏塔 A 塔内，A 塔中的溶液由中间釜液泵送入 B 塔，然后用第一萃取精馏塔中间釜液泵借用泵送入第一汽提塔内。第一汽提塔内的溶液再由第一汽提塔釜液泵通过水洗管线送到第二萃取精馏塔回流泵入口，由回流泵送入第二萃取精馏塔内，塔内的溶液再借用丁二烯回收塔釜液泵送出，经第二萃取精馏塔第一再沸器后进入丁二烯回收塔，再由丁二烯回收塔釜液泵送到第二汽提塔内，然后由第二汽提塔釜液泵送出，经第一萃取精馏塔第一再沸器(溶剂再沸器)，再经脱重塔溶剂再沸器，然后分三路分别进入脱轻塔溶剂再沸器、原料蒸发罐再沸器和循环溶剂压力调节阀管线，最后汇集进入溶剂冷却器，溶剂冷却器出来的溶液再由溶剂输送泵送入第一萃取精馏塔进行循环。循环约2h后把废溶液送至废液回收罐，待以后回收其中的溶剂DMF。

2. 第二次水清洗

当第一次水清洗废溶液送完后立即进行第二次水清洗，操作方法及流程基本与第一次水清洗相同。第二次水清洗液不回收，因此，第一萃取精馏系统与第二萃取精馏系统可分别独立进行，补充水可直接送入第一萃取精馏塔回流罐与第二萃取精馏塔回流罐内，再分别由各自的回流泵送入第一萃取精馏塔和第二萃取精馏塔。第一萃取精馏系统内的水洗液由第一汽提塔釜液泵送到废水罐或直接排入含油污水；第二萃取精馏系统内的水洗液由第二汽提塔釜液泵送到废水罐或直接排入含油污水。送入废水罐的废水最后送至界区生化处理。当水洗液中DMF含量小于0.5%后停止向废水罐送，把水洗液送入循环溶剂系统进行水洗，由溶剂输送泵抽出过滤器直接排入含油污水，排出液中DMF含量小于0.5%后停止水洗，把系统内残余水洗液排入含油污水，准备进行蒸汽蒸煮工作。

4.1.3.3 硫酸亚铁($FeSO_4$)溶液化学清洗

为彻底消除脱重塔塔顶和脱轻塔塔釜以及产品储存罐中可能积聚的丁二烯过氧化物的活性，消除装置的不安全因素，确保大检修的安全进行，在各系统N_2置换后，对以上几个系统必须用$FeSO_4$水溶液进行循环浸泡清洗。

化学清洗时，先将配制罐清理干净，然后带好必要防护用品，将所需$FeSO_4$加软化水溶解配制成0.5%以上的$FeSO_4$水溶液(一般浓度为0.5%~2%)，为使清洗效果更好，可通入蒸汽对$FeSO_4$水溶液先加热到约60~80℃，然后用泵打到脱轻塔及脱重塔回流罐。再由脱轻塔回流泵打入脱轻塔内，塔内的$FeSO_4$溶液由脱轻塔塔釜泵送到脱重塔内，脱重塔内的$FeSO_4$溶液通过塔釜到脱重塔回流泵的管线由回流泵送到丁二烯产品冷却器，再经不合格管线送入脱轻塔塔内建立脱轻塔及脱重塔的大循环，循环时间至少需12h。为了彻底消除系统中的丁二烯过氧化物的活性，使清理工作更安全可靠，循环时间可适当长些，一般要达到24h以上。循环结束后系统中的$FeSO_4$溶液对脱轻塔回流罐及脱重塔回流罐与冷凝器进行充液浸泡，当充液到一定时间时，应微开冷凝器顶部上的倒淋使氮气排出，防止憋压使冷凝器不能充满液体，当冷凝器顶部上的倒淋冒出液体时，说明冷凝器已充满$FeSO_4$溶液，此时应关闭冷凝器顶部上的倒淋对其进行浸泡，浸泡时间要求同循环时间相同。

$FeSO_4$化学清洗结束后，溶液不能随意排放，必须将$FeSO_4$溶液全部排入含油污水线，以避免污染环境。$FeSO_4$溶液倒空排完后对以上设备准备进行蒸汽蒸煮工作。

$FeSO_4$化学清洗时的顺序不一定先循环后浸泡，也可以先浸泡后循环，或者循环和浸泡同时进行。为了提高停车工作效率，一般采用循环和浸泡同时进行的方式，当精馏系统建立$FeSO_4$溶液循环时，可用脱轻塔釜液泵通过化学清洗管线先使冷凝器充满$FeSO_4$溶液，然后关闭脱轻塔釜液泵到脱轻塔回流罐和脱重塔回流罐的化学清洗管线阀门与脱重塔回流罐到回流泵的阀门，使冷凝器浸泡与精馏塔循环同时进行，大大缩短$FeSO_4$化学清洗所用时间，为检修赢得时间。

4.1.3.4 蒸汽蒸煮

蒸汽蒸煮必须在萃取精馏系统完成水洗和精馏系统完成$FeSO_4$化学清洗工作后进行，系统蒸煮的目的是使存在死角的系统，借蒸汽蒸煮使死角内的可燃物挥发，一起随蒸汽排出系统，降低系统中可燃物含量，同时可借助蒸汽除去部分气味，有利于人员进入设备检修清理，确保检修安全顺利进行。

蒸汽蒸煮时，严格执行密闭蒸煮要求。按照各系统低点密闭排污水至污水系统，高点排尾气系统，后经过冷凝，冷凝污水密闭排放。为确保蒸汽蒸煮效果，蒸煮时间一般需24h以上，蒸煮完毕后，关闭蒸汽进装置总管阀门并排除管内余气，同时在蒸汽进装置总管阀门后加装盲板并挂阀门锁，然后对系统加入冷却水冷却，待塔温降到40℃以下后打开塔上的所有人孔，排尽塔内积水，使空气对流冷却，进行空气置换。

4.1.3.5 自然冷却或空气置换

设备经过蒸煮、水降温后，内部温度较高，在进入设备清理前，必须继续进行一段时间的自然冷却或空气置换，使设备内的温度降到允许温度和设备内有足够的氧气，确保人员进入设备内进行检查、清洗等工作的安全。空气置换时，可让设备进行自身置换，也可通入空气或用鼓风机等手段进行加速置换，使温度、氧气含量更快达到规定要求。

4.1.3.6 现场清理及消防设施检查

装置停车检修工艺处理全部完成后，应对现场地面、阴沟等用工业水或消防水进行冲洗，清除地面、阴沟等地方的可燃物，以保障用火安全。同时，对消防设施(如灭火器、消防带、消防枪等)也应进行完整性检查，若有缺损应立即补齐，确保检修安全。

4.1.4 装置交付检修前应做的工作

装置交付检修前除进行停车后的工艺处理，还要办理各种用火及入塔入罐等相关手续，并确认盲板加装完毕和做好各种安全防范措施，确保检修安全。

4.1.4.1 装置大检修及局部检修交出应具备的条件

大检修时，与装置界区外部有联系的阀门(进入装置内部与出装置的阀门)均必须关闭或切断，在阀门内侧加装盲板并挂上阀门锁，如：进入装置的C_4原料线阀门、氮气阀门、中压蒸汽阀门、低压蒸汽阀门等；出装置的丁二烯阀门、抽余液阀门、不合格品返回原料罐阀门、尾气总线阀门、蒸汽冷凝液阀门等，以彻底切断装置与外界的物料联系。对装置内部的动力电源也要切断。

局部检修时，装置不一定均停止运转，有的抢修甚至在压缩机不停车的情况下进行，因此，与装置界区外部的关系应根据各自的具体情况而定，但必须把局部检修区域与其他部位完全断开并加装符合要求的盲板，并挂上阀门锁。

对于可燃性的物料管线，在加装盲板前必须进行置换，在可燃物含量达标的条件下加装盲板；对于有蒸汽的高温管线，要在排尽管内蒸汽残液并已冷却的情况下加装盲板；氮气管线则应在排尽管内残气的情况下加装盲板。

不管是大检修还是局部检修，都必须对检修的塔、罐等进行后处理工作，如：退料后的倒空置换、水洗或化学清洗、蒸煮、空气置换等，最终使内部可燃物<0.2%才算合格。如果要进入设备内部，除可燃物<0.2%，还必须要置换到氧含量在19.5%~21%，富氧环境不超过23.5%才算合格。

4.1.4.2 装置大检修及局部检修与装置界区外部的关系

1. 装置大检修与装置界区外部的关系

装置大检修时，正在检修的装置要与装置界外有联系的阀门(进入装置内部与出装置的阀门)均必须关闭或切断，倒空置换合格后在阀门内侧加装盲板并挂上阀门锁，以彻底切断装置与外界的物料联系。

2. 局部检修与装置界区外部的关系

局部检修一般分为萃取精馏系统局部检修和精馏系统局部检修，其中萃取精馏系统局部检修又细分为第一萃取精馏系统局部检修和第二萃取精馏系统局部检修，局部检修有时甚至只对其中的某一设备进行抢修，必须把局部检修区域与其他部位完全断开并加装符合要求的盲板与挂上阀门锁。

（1）萃取精馏系统局部检修与装置界区外部的关系。

萃取精馏系统局部检修一般至少需要一周的时间，因此，精馏系统不能进行物料自身循环，为安全起见应将其中的物料倒空并略做置换后用氮气进行保压。萃取精馏系统局部检修时，除萃取精馏系统与装置界区外部有联系的 C_4 原料线阀门、抽余液线阀门、萃取精馏系统返回原料罐阀门必须切断并加装符合要求的盲板与挂上阀门锁外，萃取精馏系统与尾气总线阀门、氮气阀门、中压蒸汽阀门、低压蒸汽阀门、蒸汽冷凝液阀门、精馏系统有联系的阀门等也必须切断并加装盲板与挂上阀门锁。精馏系统合格丁二烯出装置线阀门与不合格丁二烯出装置线阀门最好也进行切断及加装盲板并挂上阀门锁。

如果只是对萃取精馏系统某一设备进行抢修，因检修时间较短，精馏系统可进行单塔全回流操作；萃取精馏系统的各塔根据抢修设备的具体位置决定运行方式，是否采用局部溶剂冷运、溶剂自身循环或不停 C_4（如抢修二萃系统中的某一座塔或某一设备，某些单位就采用不停压缩机进行抢修）。在不停 C_4 情况下的抢修，与装置界区外部有联系的流程基本不作变动，与装置界区外部也无须加装盲板，只对抢修设备与其他系统有联系的流程进行切断与加装盲板。如果是一萃系统中的某一座塔或某一设备进行抢修，则对与装置界区外部有联系的 C_4 原料进装置阀门与抽余液出装置阀门必须切断并加装符合要求的盲板与挂上阀门锁，其他与装置界区外部有联系的流程（如公用工程系统）保持原样，但抢修设备与其他系统有联系的流程必须切断与加装盲板（包括公用工程系统）。

（2）精馏系统局部检修与装置界区外部的关系。

精馏系统局部检修时，萃取精馏系统可根据具体情况决定运行方式，是否采用溶剂冷运或不停 C_4 按正常生产运行，如果采用溶剂冷运方式，除精馏系统与装置界区外部有联系的合格丁二烯出装置阀门和精馏系统不合格丁二烯出装置阀门以及精馏系统与火炬系统和公用工程系统有联系的阀门必须切断并加装符合要求的盲板与挂上阀门锁外，精馏系统与萃取精馏系统有联系的阀门也必须切断并加装盲板，为安全起见，与装置界区外部有联系的 C_4 原料进装置阀门与抽余液出装置阀门也最好切断及加装盲板并挂上阀门锁；如果采用不停 C_4 按正常生产运行方式，则除精馏系统与装置界区外部有联系的合格丁二烯出装置阀门和精馏系统不合格丁二烯出装置阀门以及精馏系统与火炬系统和公用工程系统有联系的阀门必须切断并加装符合要求的盲板与挂上阀门锁外，精馏系统与萃取精馏系统有联系的阀门也必须进行切断及加装盲板并挂上阀门锁。

4.1.4.3 装置大检修及局部检修应加装的盲板及管理办法

在装置检修的状态下，为确保人身和设备安全，必须做好盲板管理工作。检修期间根据情况的不同可以采用将装置与装置界区外整体用盲板隔离的方法，也可以采用将塔与塔之间用盲板隔离开的方法，使之成为一个独立的系统，保证装置检修期间的安全。在加装盲板时不仅需要对物料管线加装盲板，而且对放空管线、氮气管线、蒸汽管线、分析取样点、TBC 管线、糠醛管线、溶剂管线等与需要检修的系统相连的管线也必须加装盲板。进入清理的设备必须用盲板把它和其他设备完全隔离开，保证在进入清理时，系统外的物料不会进入需要检修的设备内。

加装盲板之前要制订严密的计划，绘制详细的盲板图。盲板要有编号，加装盲板之后要挂盲板旗。盲板安装之后，任何人都不许擅自将盲板拆下来，如果确实需要拆卸盲板，必须先填写申请，经批准后方可进行。车间必须有专人负责盲板的管理工作。盲板的安装和拆除情况要有记录，参与加装盲板人员应事先熟习盲板具体加装位置及尺寸，并且要由负责安装和拆除的人员以及负责检查的人员签字确认。

4.2 ACN 抽提丁二烯装置的停车

4.2.1 正常停车

装置的停车按性质一般可分为全局性紧急停车(A 级)，局部停车(B 级)和正常停车(C 级)三级。

4.2.1.1 停车前的准备工作

停车前的准备工作如下。

(1) 提前准备好停车方案，主要内容包括：停车目的、停车时间、停车步骤、设备的吹扫置换以及盲板安装、管理，并张贴在操作室醒目的地方。操作人员应事先熟悉其中的内容，熟知停车的步骤与程序。若需停车检修，应事先根据实际流程画出盲板图并给每一盲板编号，张贴于操作室内，并由专人负责盲板管理。参与加装盲板的人员应事先熟悉盲板的具体加装位置及尺寸。

(2) 人员安排以及工作的范围已划分明确，定好专项负责人。

(3) 停车所用工具及盲板、盲板牌准备齐全，各项检修物资准备到位。

(4) 检修前需确定检修内容及范围，并制成检修项目一览表，准备好检修工具及检修所用的票证。

(5) 停车前提前计算好助剂配制量，保证停车时助剂刚好消耗完毕，若有多余部分全部打入系统。

(6) 停车前准备好化学水洗所需的硫酸亚铁及纯碱。

(7) 停车前，适当降低萃取精馏系统、普通精馏系统回流罐及各塔釜液面，缩短停车倒料时间。

(8) 停车前适当提高系统溶剂乙腈浓度。

(9) 停车前，提前联系调度准备好水洗回收乙腈过程所需洗塔水。

(10) 准备若干条消防水带和两车沙土备用。

(11) 检查消防设备，保证好用，以防万一。

4.2.1.2 停车程序

正常停车按工作程序大致可分为：停止化学品的加入，停止炔烃水洗塔循环溶剂进料，停止 C_4 进料，萃取精馏系统循环溶剂热运、冷运，适当降低萃取精馏系统、普通精馏系统回流罐液面，装置退料倒空，系统氮气置换，萃取精馏系统进行水洗，普通精馏系统进行化学清洗，循环溶剂回收系统停车，装置进行蒸汽蒸煮，整个装置进行自然冷却或打开人孔进行空气置换。

按正常停车程序停车时，应注意降温、降量的速度不宜过快，对于可回收的组分应尽量回收。为减少系统停车时的物料损耗，停车前，应将生产负荷降到设计生产负荷的 60%～80%，同时应将塔、罐的液面尽可能降到低限，地下罐提前清空，能保证存放残余液。为减少停车时的物耗损失，C_4 原料中断后(指不能立即恢复供应)一般不按紧急停车程序停车，可按正常停车程序逐步进行停车处理。

1. 萃取精馏岗位的停车

(1) 萃取精馏岗位操作人员接到上级停车命令后，通知罐区原料岗位操作人员停送原料(C_4)，萃取精馏岗位操作人员关闭原料(C_4)进装置的流量调节阀，并关闭原料(C_4)进装置的现场手动阀门及其保护阀。

(2) 装置停进原料后，原料蒸发罐的液位开始下降，此时逐渐关闭原料蒸发罐的液位调节阀，在逐渐关闭热溶剂通过原料蒸发罐再沸器的过程中，应逐渐开大该再沸器的现场旁路阀，确保有序地将原料蒸发罐切出系统。

(3) 装置停进原料后，随着原料蒸发罐有序切出系统，进入第一萃取精馏塔的原料(C_4)逐渐减少，第一萃取精馏塔的操作压力也随之下降，此时对热量的需求也随之减少，这时应适当减少第一萃取精馏塔蒸汽再沸器的蒸汽流量，以保证第一萃取精馏塔塔釜温度的平稳下降，防止超温情况的发生。

(4) 密切关注第一萃取精馏塔塔顶塔釜质量的变化，同时根据实际情况改循环，并关闭侧线采出及稀释气调节阀。继续热溶剂循环，将溶剂内的 C_4 解析干净。当萃取系统的回流罐液面不上涨时，逐渐减少两塔的溶剂量，减少回流量，同时减少萃取系统塔底的加热蒸汽量，回收系统内的 C_4。逐渐减少炔烃闪蒸塔加热量，解析溶剂中的烃类。打开循环溶剂乙腈往返线阀，联系罐区将循环溶剂乙腈送回罐区溶剂罐。

(5) 停止萃取系统的塔釜加热和溶剂进料，关闭第一萃取精馏塔、第二萃取精馏塔两塔塔釜的加热蒸气调节阀和溶剂进料阀，把两塔的压控调节阀阀位开度在手动状态下开至100%。萃取系统的回流罐排空时停两塔回流，将 C_4 等物料继续送往罐区。

(6) 将第一萃取精馏塔上段内溶剂利用中间泵倒入第一萃取精馏塔下段，倒空后停其塔釜泵；将第一萃取精馏塔下段内溶剂倒入汽提塔，倒空后停其塔釜泵；将第二萃取精馏塔上段内溶剂倒入汽提塔，倒空后停其塔釜泵；将炔烃闪蒸塔内溶剂倒入溶剂罐，倒净后停其塔釜泵；炔烃水洗塔停加洗涤水；炔烃闪蒸塔及炔烃水洗塔的压控调节阀完全打开，把两塔内的 C_4 全部送出；乙腈水排到装置废水储罐；将汽提塔内溶剂倒入溶剂罐。萃取系统乙腈经过换热器冷却后进入溶剂储罐，为防止超压要注意溶剂储罐中循环溶剂乙腈温度一般不能超过60℃。

(7) 把萃取系统内残存的 C_4 物料全部排至火炬系统；打开萃取系统所有去地下罐管线的阀门，把积存在管道和设备内的循环溶剂乙腈全部倒入地下罐，送至溶剂回收单元处理。

注意：进行此操作时，务必将管道和设备内的循环溶剂乙腈倒净。

2. 普通精馏岗位的停车

(1) 第二萃取精馏塔塔顶停止送料后，关闭粗丁二烯水洗塔进料阀，及塔釜水采出调节阀，提高水洗塔界面，将粗丁二烯物料顶往脱轻塔。顶料过程注意不要将水顶入脱轻塔内。

(2) 顶料完毕后，将粗丁二烯水洗塔内的乙腈水排入装置废水储罐，进溶剂回收塔回收乙腈。

(3) 精馏岗位停车前，需提前停收 TBC 及甲苯，停进料后，停止助剂加入，若 TBC 罐和甲苯罐内有剩余物料则全部打入脱轻塔及脱重塔内。

(4) 脱轻塔停进料后，在保证塔釜质量合格的情况下继续采往脱重塔，质量难以保证时，停塔釜采出，改采粗丁罐或原料罐，其间，脱重塔继续保持正常采出去产品罐，直至脱重塔塔顶质量难以保证时，改采粗丁罐或原料罐。

（5）停采产品罐后，脱重塔停回流，继续加热，将塔内C_4全部蒸至回流罐中返原料罐，塔釜液全部送到重组分加热器，回流罐不上涨后，停塔釜加热。

（6）温度降至常温后，脱轻塔塔釜、脱轻塔回流罐、脱重塔回流罐内的物料分别由泵继续送至原料罐，脱重塔塔釜液由泵送出至界区。

3. 循环溶剂回收岗位的停车

（1）循环溶剂回收塔继续回收各水洗塔倒空的乙腈水及停车后洗塔的乙腈水，塔顶乙腈及塔釜液质量合格时正常采出。

（2）所有含乙腈的水处理完后停循环溶剂回收塔进料泵，塔顶继续蒸出塔内乙腈，逐渐减回流，减塔釜加热蒸汽量，塔顶继续采出。

4.2.2 紧急停车

紧急停车均属于事故性质的停车，停车具有突发性和偶然性的特点，停车的原因一般由如下因素所引起：公用工程中断（停蒸汽、停循环水、停仪表风、停电等）；大部分泵的动力中断；主要设备的严重泄漏（包括重大安全阀起跳并且不能切出的）、火灾和爆炸事故；重大机械故障；危及装置安全和人身安全的重大自然灾害（如大地震、海啸等）。

紧急停车处理程序如下。

1. 紧急停车原则

在当班值班长（班长）通知相关部门和人员的同时，对当班人员发出紧急停车指令，当班人员立即按各自的岗位职责进行紧急停车：内操人员立即切断装置内外工艺流程上的联系（物料不进、产品不出），切断热源加热阀，打开塔顶压力控制调节阀，以防塔系超压，外操人员立即进入装置现场处理后续工作，如关闭原料进料阀、蒸汽总阀、停止机泵运转等。

2. 紧急停车步骤

紧急停车步骤如下。

（1）发生紧急停车时，由当班值班长（班长）通知调度、值班人员和本部门（车间或单元）直接领导，再由调度或值班人员向相关领导报告。

（2）立即关闭蒸汽调节阀及蒸汽总阀，停止加热。

（3）立即停止原料（C_4）进料。

（4）停止萃取精馏、普通精馏、溶剂回收等系统塔顶、塔釜采出，关闭采出阀。

（5）各个水洗塔停止加水，关闭塔顶界面控制阀及保护阀。

（6）汽提塔停止侧线采出，关闭炔烃闪蒸塔塔釜采出阀。

（7）关闭去界区的丁二烯、丁烷丁烯等产品采出阀门，关闭污水出装置阀门。

（8）各塔顶压力控制调节阀打开以防塔系超压。加强巡检，注意各塔、罐的温度、压力、液位的变化，如超压可向火炬系统放空。

3. 紧急停车后的其他后续处理过程及步骤

紧急停车后的其他后续处理过程及步骤可参照正常停车程序处理。

4.2.3 停车后的处理

4.2.3.1 倒空与置换

萃取精馏系统在循环溶剂退料倒空前必须进行溶剂热运与冷运。

普通精馏系统的物料全部回收后，打开精馏系统各排放至火炬的阀，把剩余物料放空至火炬系统，然后用氮气反复充压进行置换工作。

确认各系统退料倒空完毕后，关闭所有系统去地下罐的阀门与放空阀，各塔系单独进行氮气置换，气体经过各塔顶放空阀排至火炬系统，直至各塔系置换合格。

4.2.3.2 萃取系统水洗

为了完全清除萃取精馏系统各设备内残留的循环溶剂，而且使之回收，便于大检修安全、顺利地进行，有必要在萃取精馏系统停车、倒空、氮气置换后，进行水洗工作。

水洗时，水可直接送入第一萃取精馏塔回流罐与第二萃取精馏塔回流罐内，再分别由各自的回流泵送入第一萃取精馏塔上段和第二萃取精馏塔上段。第一萃取精馏塔上段和第二萃取精馏塔上段塔釜中的水溶液由各自的中间釜液泵送入第一萃取精馏塔下段和第二萃取精馏塔下段。第一萃取精馏塔和第二萃取精馏塔塔釜水最终送到装置废水罐(槽)，后经溶剂回收单元处理。条件允许时，萃取系统水洗可以进行多次。

4.2.3.3 系统化学清洗

为彻底破坏和清除系统中可能积聚的丁二烯过氧化物，消灭装置的不安全因素，确保大检修的质量和装置安全开车，在各系统氮气置换后，必须用 $FeSO_4$ 水溶液进行循环浸泡清洗。

将 400kg $FeSO_4$ 经地下罐漏斗，用热水全部溶解后，倒入地下罐。启动泵将 $FeSO_4$ 水溶液打入脱重塔中。送空后，地下罐充热水置换一遍，并全部送至脱重塔。加注完毕后，用氮气吹净管线内存水后恢复盲板。

从脱重塔直通蒸汽，并向系统内冲水。启动强循泵。按 $FeSO_4$ 蒸煮工艺流程建立正常 $FeSO_4$ 循环(系统内水量能维持循环即可)。

脱轻塔及脱重塔重沸器通蒸汽保持塔釜温度为 100~110℃，蒸煮 24h 后，停重沸器加热蒸汽，停循环。将系统内的 $FeSO_4$ 溶液全部采到脱轻塔及脱重塔塔釜，待萃取系统原料罐水洗合格后，经循环线全部采入原料罐，供萃取系统使用。

将 1200kg $FeSO_4$ 经地下罐漏斗，用热水全部溶解后，倒入地下罐。经循环线打入原料罐。送空后，地下罐充热水置换一遍，打入原料罐。加注完毕后，用氮气吹净管线内存水后恢复盲板。

按照萃取单元 $FeSO_4$ 水洗流程建立 $FeSO_4$ 水洗循环。

从萃取单元各塔重沸器通蒸汽保持塔釜温度为 100~110℃，循环 24h。

停重沸器加热蒸汽，继续循环，联系橡胶化验室做污水分析。待温度降至 50℃ 以下时，停循环。污水分析合格后，开始准备排水。

$FeSO_4$ 水溶液化学清洗结束后，溶液不能随意排放，必须将 $FeSO_4$ 溶液用碱中和后，排放至事故池，进行处理。

4.2.3.4 蒸汽蒸煮

蒸汽蒸煮必须在萃取精馏系统完成水洗和普通精馏系统完成 $FeSO_4$ 化学清洗工作后进行，系统蒸煮的目的是使存在死角的系统，借蒸汽蒸煮使死角内的可燃物挥发，随蒸汽一起排出系统，降低系统中可燃物含量，确保检修安全顺利进行。

蒸汽蒸煮过程必须密闭进行，严禁现场排放，为确保蒸汽蒸煮效果，需停蒸汽检查死角后再继续蒸煮，保证蒸煮无死角。

4.2.3.5 自然冷却或空气置换

设备经过蒸煮后，其内部温度较高，在施工人员进入设备检修前，必须进行一段时间的自然冷却或空气置换，确保人员进入设备内进行检查、清洗等工作的安全。空气置换时，可让设备进行自身置换，也可通入空气或用鼓风机等手段加速置换，使设备内温度、氧含量更快达到规定要求。

4.2.4 装置交付检修前应做的工作

4.2.4.1 装置大检修及局部检修交出应具备的条件

1. 装置大检修交出应具备的条件

ACN 抽提丁二烯装置在大检修停车后需要进行系统退料倒空、氮气置换、溶剂水洗回收、化学清洗、蒸汽蒸煮、空气置换等多项操作。

装置大检修前应具备的条件为装置物料倒空与置换干净彻底、溶剂水洗回收和化学清洗合格。蒸汽蒸煮后，可燃物含量<0.2%，19.5%≤O_2 含量≤23.5%，自然冷却或空气置换到外界环境温度，方便检修人员进出施工。与外界相连的物料及公用工程管线界区阀应关闭，并按照大检修盲板图加上盲板，蒸汽凝水管线及设备全部排空，联系电工车间给装置内所有电动设备停动力电，但照明电应继续接通，照明设备照常使用。

2. 装置局部检修交出应具备的条件

ACN 抽提丁二烯装置可分为萃取精馏单元(包括第一萃取精馏塔、第二萃取精馏塔、原料蒸发罐、炔烃闪蒸塔及炔烃水洗塔)、普通精馏单元(包括粗丁二烯水洗塔、脱轻塔、脱重塔)、溶剂水洗回收单元。在工艺需要时每个单元可以单独切出进行局部检修。

(1) 萃取精馏单元需要局部检修时：

执行萃取精馏单元的停车程序，见 4.2.1.2 中“1. 萃取精馏岗位的停车”。

普通精馏单元可以进行全塔物料不倒空的带料停车或执行停车程序，见 4.2.1.2 中“2. 普通精馏岗位的停车”，但只需进行物料倒空后用 N_2 保压而不用置换干净。

溶剂回收单元可以进行系统全塔物料不倒空的带料停车或执行停车程序，见 4.2.1.2 中“3. 循环溶剂回收岗位的停车”或进行继续生产，或进行溶剂回收单元的循环。

如果萃取精馏单元检修时间较短或需要局部(系统中的某一个塔系、单元等)检修时，普通精馏单元可以进行全塔物料不倒空的带料停车方案。如果萃取精馏单元检修时间较长，普通精馏单元可以执行停车程序，见 4.2.1.2 中“2. 普通精馏岗位的停车”，但只需进行物料倒空后用 N_2 保压而不用置换干净。

如果萃取精馏单元检修时间较短或需要局部(系统中的某一个塔系、单元等)检修时，溶剂回收单元可以进行系统全塔物料不倒空的带料停车或进行继续生产或进行溶剂回收单元的循环。如果萃取精馏单元检修时间较长，溶剂回收单元可以执行停车程序，见 4.2.1.2 中“3. 循环溶剂回收岗位的停车”，但只需进行物料倒空后用 N_2 保压而不用置换干净。

(2) 普通精馏单元需要局部检修时：

执行普通精馏单元的停车程序，见 4.2.1.2 中“2. 普通精馏岗位的停车”。

萃取精馏单元可以进行全塔物料不倒空的带料停车或执行停车程序，见 4.2.1.2 中“1. 萃取精馏岗位的停车”，但只需进行物料倒空后用 N_2 保压而不用置换干净。

溶剂回收单元可以进行系统全塔物料不倒空的带料停车或执行停车程序，见 4.2.1.2 中“3. 循环溶剂回收岗位的停车”或进行继续生产，或进行溶剂回收单元的循环。

(3) 溶剂回收单元需要局部检修时：

执行溶剂回收单元的停车程序，见 4.2.1.2 中“3. 循环溶剂回收岗位的停车”。

萃取精馏单元可以进行全塔物料不倒空的带料停车或执行停车程序，见 4.2.1.2 中“1. 萃取精馏岗位的停车”，但只需进行物料倒空后用 N_2 保压而不用置换干净。

普通精馏单元可以进行系统全塔物料不倒空的带料停车或执行停车程序，见 4.2.1.2

中“2. 普通精馏岗位的停车”，或进行普通精馏单元的循环。

4.2.4.2 装置大检修及局部检修与装置界区外部的关系

装置大检修及局部检修部分需与外部管线及设备用盲板断开，达到检修单元与其他单元完全隔离的目的。

装置大检修时，除新鲜水及照明电应处于正常使用状态外，其余公用工程如蒸汽、氮气、循环水、仪表风均应从界区总阀处与外界断开，以免发生意外事故。物料管线包括 C_4 原料线、成品采出线、循环线、重组分线、外购线、液化气采出线、溶剂往返线、污水线、放空总管线也应将界区阀关闭，并加装盲板，以免其中物料反串回来，造成事故。

装置局部检修，应根据实际情况将检修系统与外界相连的管线断开，并加装盲板。

4.2.4.3 装置大检修及局部检修应加装的盲板及管理办法

在装置检修的状态下，为确保人身和设备安全，必须做好盲板管理工作。检修期间根据情况的不同可以采用将装置与装置界区外整体用盲板隔离的方法，也可以采用将塔与塔之间用盲板隔离开的方法，使之成为一个独立的系统，保证装置检修期间的安全。在加装盲板时不仅需要对物料管线加装盲板，而且对放空管线、氮气管线、蒸汽管线、分析取样点、助剂管线、溶剂管线等与需要检修的系统相连的管线也必须加盲板。进入清理的设备必须用盲板把它和其他设备完全隔离开并加装阀门锁，保证设备检修安全进行。

加装盲板之前要制订严密的计划，绘制详细的盲板图。盲板要有编号，加装盲板之后要挂盲板牌，加装阀门锁。盲板安装之后，任何人都不许擅自将盲板拆下来，如果确实需要拆卸盲板，必须先填写申请，经批准后方可进行，并指定专人负责盲板管理，盲板的添加和拆除都必须有文字记录。

盲板的加装原则有：

(1) 氮气系统中除仍需使用氮封的设备外，其他与设备相连的氮气管线均需加装盲板进行隔离。

(2) 装置与界区外部相连的工艺管线需加装盲板进行隔离。

(3) 检修中需要进入的设备与其他设备相连的管线必须加装盲板进行隔离。

(4) 检修中需要动火的设备管线，必须在与前后系统连接处加装盲板切断并用氮气置换合格，不得用关闭阀门代替盲板进行切断。

(5) 检修中不同单元之间也应加装盲板隔离。

(6) 盲板加装完成，对应阀门必须加装阀门锁，防止人员误动。

4.3 NMP 抽提丁二烯装置的停车

4.3.1 正常停车

4.3.1.1 停车前的准备工作

停车前的准备工作如下。

(1) 编制好停车计划、检修计划、停车方案以及安排好网络工作节点。

(2) 人员安排以及工作的范围已划分明确，定好专项负责人。

(3) 准备好停车后盲板图，并编号，定好负责人以及准备好临时用盲板等材料。

(4) 准备好临时用的胶管、快速接头以及其他需用的各种工器具。

(5) 准备好化学清洗用的化学品。

（6）地下罐与废溶剂回收罐物料已抽空，以便存放停车时设备倒空排放的物料。

（7）溶剂再生系统视情况可提前停车，减少丁二烯装置停车时的工作量。

（8）为减少系统停车时的损耗，停车前，应将生产负荷降到设计生产负荷的60%~80%，同时应将塔、罐的液面尽可能降到低限。

4.3.1.2 停车程序

1. 辅助系统的停车步骤

（1）停溶剂再生系统。

关闭溶剂再生罐的进料调节阀及其保护阀，溶剂再生罐继续保持加热和搅拌，按正常焦油浓缩状态操作。随溶剂再生罐内溶剂逐渐蒸出，罐内温度也会上升，出于安全上的原因，溶剂再生罐的温度不能超过110~115℃，最高不能超过120℃。

溶剂再生罐达到110~115℃后，停止加热，关闭罐顶溶剂蒸出管线的阀门，关闭再生溶剂水洗塔的水进料阀门，启动再生溶剂返回泵，将再生溶剂送回循环溶剂系统中。

关闭真空喷射器的中压蒸汽进料阀门，停止抽真空。并向溶剂再生罐充入氮气打破真空（压力不能超过爆破压力，防止损坏溶剂再生系统安全阀入口的爆破片）。

在溶剂再生罐中加入来自冷凝液冷却器的低温凝液，将焦油浓度稀释至50%，继续搅拌均匀，将罐中的焦油全部排出。

焦油排空后，充入凝液加热清洗溶剂再生罐，清洗水排出后，如溶剂再生系统无检修项目，可以在氮气置换合格后封存备用。如需检修，可以在按检修要求置换合格后交出检修。

（2）停 $NaNO_2$、硅油的注入。

在停 C_4 进料之前一段时间，停 $NaNO_2$、硅油注入泵，关闭泵出口阀门。如化学品系统无检修任务，该系统可保持氮封状态备用。为防止丁二烯聚合，各点的TBC应继续注入。

2. 萃取脱气系统的停车步骤

（1）停 C_4 进料。

关闭混合 C_4 原料进入丁二烯装置界区处的阀门，关闭 C_4 进料调节阀及其前后保护阀。打开调节阀前去火炬的排放线，排空进料管线中的混合 C_4 原料。

（2）停 C_4 原料蒸发。

当原料蒸发罐的液位降至0后，手动关闭主原料蒸发器的壳程热溶剂进料调节阀，打开旁路阀，停主原料蒸发器。手动关闭辅原料蒸发器的壳程热冷却剂进料调节阀，打开旁路阀，停辅原料蒸发器。

（3）降低溶剂循环量。

C_4 蒸发量下降进而停止后，将主洗塔和后洗塔的溶剂进料量降至正常循环量的50%，之后溶剂继续保持循环脱气。

（4）停回流泵。

C_4 蒸发量下降后，将主洗塔和后洗塔的回流量降至正常回流量的50%；C_4 蒸发停止后，关闭主洗塔和后洗塔的回流调节阀。将主洗塔回流罐中的抽余液全部送出丁二烯装置界区；后洗塔回流罐中的粗丁二烯继续送入脱轻塔，监视后洗塔气相采出线上的在线分析仪表，当气相粗丁二烯显示不合格时，关闭脱轻塔进料阀门，将后洗塔回流罐中粗丁二烯送入不合格产品罐或 C_4 原料罐。主洗塔和后洗塔回流罐中物料全部送空后停主洗塔和后洗塔的回流泵，此时可关闭后洗塔冷凝器的TBC加料阀门。将回流罐中的残余烃类物料排入火炬排放罐，同时注意将主洗塔和后洗塔回流罐水室中水排空。

（5）脱气塔继续脱气。

C_4 蒸发量下降进而停止后，循环溶剂中 C_4 烃类含量减少，脱气塔继续保持加热并要达到工艺要求的塔釜温度（即循环溶剂的沸点），以将溶剂脱气完全。

（6）停压缩机。

随脱气塔塔顶产生的气体量逐渐减少，压缩机的吸入压力也逐渐降低，应及时调整加大压缩机出口的返回线调节阀开度，减小压缩机出口阀开度，加大返回气量，以保持压缩机吸入压力稳定，最终可以将压缩机出口阀关闭，压缩气体全部返回冷却塔，以维持压缩机吸入压力。

之后，压缩机吸入压力继续下降接近联锁值时，通知现场手动停压缩机。停车后，确认压缩机是按惯性自由地趋于停止，并立即手动盘车，以确认和防止转子产生摩擦或接触。

压缩机停车后，必须保持压缩机的润滑油和冷却水系统继续正常运转至少 30min，以保护压缩机。将压缩机出入口阀门完全关闭，引入氮气吹扫，置换压缩机内烃类气体，排放至火炬系统。

压缩机停车后，当脱气系统压力升高时，手动调节放空阀开度从冷却塔塔顶放空阀放空。

（7）停 C_4 炔烃排放。

装置进料停止后，炔烃物流要继续排出，防止炔烃在系统中积累导致浓度过高，来自主洗塔的抽余液稀释也要正常进行。压缩机停车后，停止向炔烃洗涤塔加水，倒空废水分离罐，罐中废水全部送出丁二烯装置界区后停废水泵。但塔顶炔烃还要保持排放一段时间，脱气塔压力下降后，进行氮气置换，关闭炔烃排出线，停止抽余液稀释，从炔烃洗涤塔塔顶放空阀放空置换。

（8）停溶剂循环，将溶剂送出系统。

待溶剂中烃类完全脱除干净，且在精馏岗位停车后（因脱重塔再沸器使用热溶剂作为热源），关闭脱气塔再沸器的中压蒸汽阀门，停止加热。系统中溶剂经过溶剂冷却器降温后送回溶剂储罐中。

为尽可能将系统中的溶剂送入溶剂储罐，首先关闭主洗塔和后洗塔的溶剂进料阀门，将主洗塔和后洗塔以及精馏塔塔釜内溶剂逐级全部送入脱气塔后，逐步停主洗塔和后洗塔塔釜以及精馏塔泵，然后将脱气塔内溶剂全部送入溶剂储罐后再停脱气塔塔釜泵，根据塔釜液面情况可能需要多次启停以上塔釜泵以尽可能回收溶剂，减少损失。

（9）萃取脱气系统氮气置换。

将氮气通过临时管线接入萃取和脱气塔中，打开主洗塔和后洗塔塔顶放空阀以及冷却塔和炔烃洗涤塔塔顶放空阀，用氮气置换萃取和脱气系统中的烃类气体，并排放至火炬。置换过程中可通过放空阀调节保持系统压力高于外界，防止空气进入丁二烯装置（系统压力不能低于 50kPa）。

（10）倒空溶剂循环系统。

将主洗塔、精馏塔、后洗塔、脱气塔塔釜中物料及溶剂循环回路的管线和换热器中溶剂物料分段排入地下的废溶剂回收罐。回收罐充满后再经废溶剂回收泵送入溶剂储罐。为尽量减小停车溶剂损失，停车后萃取脱气系统最好静置一段时间，使塔内填料层中的溶剂得到充分沉降，再从各塔塔釜回收。

（11）倒空冷却循环系统。

压缩机停车后，停冷却塔塔釜泵，由于冷却剂中溶剂含量较多，需要回收以减少溶剂损失。静置后冷却剂存于冷却塔塔釜和冷却剂循环回路中，在溶剂回路全部倒空后，将冷却塔塔釜中物料及冷却剂循环回路的管线和换热器中物料分段排入地下的废溶剂回收罐，再经废溶剂回收泵送入溶剂储罐。

3. 精馏系统的停车步骤

（1）脱轻塔进料停止后，继续保持塔釜再沸器加热以保持塔压，塔顶甲基乙炔继续保持采出，避免其在塔中积累至过高浓度。

（2）加大脱轻塔回流量，将脱轻塔回流罐中烃类物料全部送回塔中。回流罐全部倒空后，关闭回流阀，停回流泵。此时可关闭脱轻塔冷凝器的 TBC 加料阀门。同时注意将水室中水相排空，将回流罐中的残余烃类物料排入火炬排放线。

（3）将脱轻塔中釜液全部送入脱重塔中，在脱轻塔内压力下降后可向脱轻塔充氮气保持塔压。充氮气后，关闭脱轻塔再沸器壳程的蒸汽冷凝液进出口阀，停止再沸器加热并倒空壳程凝液水。

（4）脱轻塔中液态烃类全部送入脱重塔后，关闭塔釜送出阀门。向脱轻塔内继续充氮气，并打开塔顶放空调节阀，将塔内烃类气体置换排放至火炬系统。置换过程中可通过放空阀调节保持系统压力高于外界，防止空气进入脱轻塔（系统压力不能低于 50kPa）。

（5）脱重塔进料停止后，继续保持塔釜再沸器加热，将塔釜物料全部蒸发冷凝进入回流罐中。回流罐中液相丁二烯产品继续送出界区，注意监视塔顶气相采出线上的在线分析仪表，气相丁二烯产品趋向不合格后，逐步关闭回流阀门并同步减少再沸器溶剂加热量，切换流程将脱重塔回流罐中不合格丁二烯产品送往不合格产品罐或 C_4 原料罐。

（6）脱重塔回流罐中液态烃类全部送空后，停回流泵。此时可关闭脱重塔冷凝器的 TBC 加料阀门。同时注意将水室中水相排空，回流罐中的残余烃类物料排入火炬排放线。

（7）脱重塔压力下降后，塔内充入氮气，并打开塔顶放空调节阀排放置换塔内烃类至火炬系统。置换过程中可通过调节放空阀保持系统压力高于外界，防止空气进入脱重塔（系统压力不能低于 50kPa）。

4.3.2 紧急停车

丁二烯装置紧急停车的原因主要有：公用工程（电、循环水、仪表风、氮气、蒸汽）中断、C_4 原料中断、重要设备故障、装置出现大量泄漏、火灾事故等。

当出现需要紧急停车的情况时，执行以下操作程序：

（1）按下装置总停车联锁按钮。

（2）打开炔烃洗涤塔塔顶放空阀和脱重塔塔顶放空阀，防止装置中乙烯基乙炔、乙基乙炔和甲基乙炔浓度积累过高危及装置安全。但要密切注意各塔塔压变化，不能出现负压等情况。

（3）关闭炔烃洗涤塔水进料阀，关闭炔烃洗涤塔釜液位调节阀，防止溶剂中水含量超高。

（4）关闭主、辅原料蒸发器的加热介质进料调节阀，停止原料蒸发，同时关闭各再沸器蒸汽进口手阀。

（5）在控制室内依次关闭各塔的进料、回流、塔顶塔釜送出等物料阀门。

（6）注意精馏塔塔釜液位不能过高，避免液体倒串进压缩机出口管线。必要时可命令现场操作工通过精馏塔塔釜循环泵的排放线将部分溶剂排入废溶剂回收罐中。

（7）注意各回流罐水室的界面，及时将水排出，使水界面降低。

(8) 观察丁二烯装置各塔压力，为防止负压，必要时要向塔内充氮气；超压时可由塔顶放空阀泄压。

(9) 现场关闭所有泵的出口阀。

(10) 检查压缩机现场仪表盘有无报警信号和油泵状态，并立即手动盘车；如发现油泵停车，必须立即恢复，保证压缩机润滑正常。

(11) 现场确认所有因联锁关闭或打开的仪表阀门状态，如有异常应关闭其上下游阀门。

(12) 现场关闭装置与外界相连的物料管线。

(13) 消除停车原因后，按复位按钮将各联锁系统复位。

如果装置出现大量泄漏和火灾事故，停车后应全关各阀门，将泄漏或着火的设备切出隔离，并尽可能将其中的液体物料输送到安全区域。同时装置内所有工艺液体都应尽快输送到界区外，完成后将界区阀门关闭。如情况严重，上述工作无法完成，也应关闭所有工艺管线和公用工程管线的阀门。

平时应准备好较为完善的紧急停车预案，并组织丁二烯装置职工演练，确保事故出现后能迅速准确地完成紧急停车工作。

4.3.3 停车后的处理

4.3.3.1 萃取脱气系统的设备和管线水冲洗

萃取脱气系统的设备和管线用较少量的水冲洗，可以将系统中残存的溶剂较彻底地清洗干净，清洗后的水也可回收，以减少溶剂损失。水冲洗流程如下。

从凝液循环泵经过凝液冷却器将低温的凝液加入冷却塔塔釜；再经过冷却塔塔釜泵送往精馏塔塔釜；经过脱气塔进料泵送往脱气塔顶，冲洗脱气塔；用脱气塔塔釜泵经过溶剂回路将凝液送往主洗塔和后洗塔顶，冲洗溶剂回路及主洗塔和后洗塔；用主洗塔和后洗塔塔釜泵将凝液送往冲洗精馏塔；从精馏塔塔釜排放线将清洗后的含溶剂的凝液回收至废溶剂回收罐暂存，尽量不送入溶剂储罐，以免使溶剂含水量过高，可经过溶剂再生系统处理后逐步补入系统。

4.3.3.2 系统倒空、氮气置换

倒空残存凝液：水冲洗完成，基本倒空溶剂系统后，打开其设备和管线上的低点倒淋阀，将设塔备和管线内残余的废水倒空干净，同时注意充入氮气以防设备内形成负压。

倒空残存烃类物料：分区打开所有通往火炬系统的排放线阀门(包括塔、罐、换热器、泵以及管线)，将其中的 C_4 烃类尽可能送入火炬系统排放，可按开车前吹扫线路的方法吹扫，尽量将死角积存的废液吹出。排放时不能同时开启过多阀门，并注意充入氮气，防止设备内形成负压。

4.3.3.3 蒸汽蒸煮

从萃取、脱气、精馏系统的各塔底部通入低压蒸汽，投用塔顶冷凝器，使带烃类的蒸汽经冷凝后进入回流罐，打开回流罐上的火炬放空阀，蒸煮过程中形成的冷凝液从塔釜、回流罐倒空线排放至地下罐，集中处理。

4.3.3.4 空气置换

经过蒸煮后的设备需检测 VOCs 小于 200μg/g 后方可对设备按检修方案加盲板进行隔离。按照从上往下的顺序依次打开设备人孔，用工艺空气对设备进行空气置换。空气置换结束，检测设备内可燃气及 VOCs 合格后，方可交出检修。

4.3.4 装置交付检修前应做的工作

4.3.4.1 装置大检修及局部检修交出应具备的条件

丁二烯装置在停车后需要对系统进行倒空、水冲洗、氮气置换、蒸汽蒸煮、空气置换等多项操作，对系统进行氧含量、可燃气分析，分析合格后方可进行检修作业。

丁二烯装置可分为萃取单元(包括主洗塔、精馏塔、后洗塔)、脱气单元(包括脱气塔、冷却塔、炔烃洗涤塔和压缩机)、精馏单元(包括脱轻塔、脱重塔)、溶剂再生单元及其他辅助单元。

在工艺需要时每个单元可以单独切出进行局部检修。

1. 萃取单元的局部检修

执行萃取脱气系统的停车步骤。溶剂再生单元执行停车程序。如果检修时间较短，精馏单元进行单塔全回流操作或关闭进料阀、停塔釜再沸器和回流泵，全塔物料不倒空等待开车。如果检修时间长，精馏单元氮气置换后保压。

脱气系统烃类物料倒空后充氮气保压。脱气塔内溶剂可不倒空。冷却剂循环可经过辅原料蒸发器的旁路正常运转。

压缩机停车后关闭出入口阀门，机体氮气置换后保压，润滑油和冷却水系统继续运转。

炔烃洗涤塔系统烃类物料倒空，氮气置换后保压。

萃取单元各塔执行系统倒空、水冲洗、氮气置换、蒸汽蒸煮、空气置换等操作，分析合格后进入检修作业。

2. 脱气单元的局部检修

执行萃取脱气系统的停车步骤，溶剂再生单元执行停车程序。

如果检修时间较短，萃取系统各塔烃类物料和溶剂不倒空，存于塔内等待开车。如果检修时间长，萃取单元各塔氮气置换后充氮气保压，循环溶剂可不送出系统，暂存于萃取单元各塔中。

如果检修时间较短，精馏单元进行单塔全回流操作或关闭进料阀、停塔釜再沸器和回流泵，全塔物料不倒空等待开车。如果检修时间长，精馏单元氮气置换后保压。

脱气系统溶剂全部送入萃取系统暂存，有检修任务的设备内烃类物料倒空后，执行系统倒空、水冲洗、氮气置换、蒸汽蒸煮、空气置换等操作，分析合格后进入检修作业。

如果冷却塔系统和压缩机系统无检修任务，压缩机停车后关闭出入口阀门，机体氮气置换后保压，润滑油和冷却水系统继续运转。冷却剂循环可经过辅原料蒸发器的旁路正常运转。

如果炔烃洗涤塔系统无检修任务，其中的烃类物料倒空，氮气置换后保压。如果炔烃洗涤塔系统有检修任务，执行系统倒空、氮气置换、蒸汽蒸煮、空气置换等操作，分析合格后进入检修作业。

3. 精馏单元的局部检修

执行精馏系统的停车步骤。

萃取脱气系统执行小循环运转，抽余液和粗丁二烯全部返回不合格产品罐或 C_4 原料罐。

小循环操作时，初期 C_4 炔烃和甲基乙炔的采出应照常进行，防止炔烃在系统中积累，随运转时间的持续，系统中炔烃逐渐减少，C_4 炔烃和甲基乙炔的采出量可根据在线仪表指示逐渐减少甚至停止。

溶剂再生单元继续正常运转。

精馏单元物料倒空后执行系统倒空、水冲洗、氮气置换、蒸汽蒸煮、空气置换等操作，分析合格后进入检修作业。

4. 溶剂再生单元及其他辅助单元的局部检修

如果时间较短，丁二烯主装置可以继续正常生产，将需要检修的设备单独切出，执行倒空、水冲洗、氮气置换、蒸汽蒸煮、空气置换等操作，分析合格后进入检修作业。

但应注意，各化学品系统的检修应以不影响丁二烯装置正常生产为准，否则要采取临时措施保持各化学品的注入。

4.3.4.2 装置大检修及局部检修与装置界区外部的关系

丁二烯装置与界区外部相连的工艺管线包括：原料送入管线；不合格产品返回管线；抽余液送出管线；丁二烯产品送出管线；废水送出管线；C_4 炔烃送出管线；甲基乙炔送出管线；脱重塔塔釜重组分送出管线。

装置大检修状态下，应切断丁二烯装置与界区外部的联系。上述管线均应关闭界区阀门，按要求吹扫管线并加好盲板。

装置局部检修状态下，根据实际情况要求决定切断丁二烯装置与界区外部的那些联系。需要切断的管线应进行吹扫并加装好盲板。

丁二烯装置与界区外相连的公用工程管线要保持正常状态，以备检修使用。

4.3.4.3 装置大检修及局部检修应加装的盲板及管理办法

在装置检修的状态下，为确保人身和设备安全，必须做好盲板管理工作。检修期间根据情况的不同可以采用将装置与装置界区外整体用盲板隔离的方法，也可以采用将塔与塔之间用盲板隔离开的方法，使之成为一个独立的系统，保证装置检修期间检修的安全。在加装盲板时不仅需要对物料管线加装盲板，而且对放空管线、氮气管线、蒸汽管线、分析取样点、TBC 管线、溶剂管线等与需要检修的系统相连的管线也必须加装盲板。进入清理的设备必须用盲板把它和其他设备完全隔离开，保证在进入清理时，系统外的物料不会进入需要检修的设备内。

加装盲板之前要制订严密的计划，绘制详细的盲板图。盲板要有编号，加装盲板之后要挂盲板牌。盲板安装之后，任何人都不许擅自将其拆下来，如果确实需要拆卸盲板，必须先填写申请，经批准后方可进行，并指定专人负责盲板管理，盲板的添加和拆除都必须有文字记录。

盲板的加装原则有：

（1）氮气系统中除仍需使用氮封的设备外，其他与设备相连的氮气管线均需加装盲板进行隔离。

（2）装置与界区外部相连的工艺管线需加装盲板隔离。

（3）检修中需要进入的设备与其他设备相连的管线必须加设盲板隔离。

（4）检修中需要动火的设备管线，必须用氮气置换合格，与前后系统连接处加装盲板切断，不得用关闭阀门代替盲板进行切断。

（5）检修中不同单元之间也应加装盲板进行隔离。

第 5 章　正常操作及控制

5.1　DMF 抽提丁二烯装置的正常操作及控制

5.1.1　装置操作的几点知识

5.1.1.1　循环溶剂中水值

DMF 可与循环溶剂中的微量水进行水解反应生成甲酸与二甲胺，其反应式如下：

$$(CH_3)_2NCOH+H_2O \longrightarrow (CH_3)_2NH+HCOOH$$

DMF 的水解速度与温度的高低和含水量的大小有关，在温度一定的情况下，水解速度随溶剂中的水含量增加而加快，因此，如果溶剂中水含量较高，会使溶剂的消耗增加，而且 DMF 水解生成腐蚀性很强的甲酸，影响设备寿命，还给安全生产带来隐患。因此，溶剂中的水含量不能高，从各方面综合考虑，循环溶剂中水值应控制在 500μg/g 以下，超过这个值，应及时加大溶剂精制塔进料量，将水值尽快降下来，必要时需要及时停车消漏。

5.1.1.2　洗胺塔

DMF 水解生成的二甲胺对顺丁橡胶的聚合反应有严重影响，为此在装置内增设了洗胺塔。在洗胺塔内，蒸汽冷凝水与第二萃取精馏塔塔顶采出的粗丁二烯经过逆流接触洗涤后，丁二烯中所含微量二甲胺转移到水中，和水一道靠塔的自身压力从塔底排出送至污水处理场，从而保证产品丁二烯中的二甲胺控制在 1μg/g 之内。

5.1.1.3　预汽提塔

由于 DMF 自身沸点较高，而且为防止丁二烯在高温下发生聚合反应，DMF 抽提丁二烯装置的汽提塔都在常压下进行操作。在装置的原始设计中第一汽提塔塔顶的粗丁二烯气体要全部依靠丁二烯气体压缩机输送到第二萃取精馏系统。为了提高装置的生产能力，在第一萃取精馏塔和第一汽提塔之间增设了预汽提塔，解析出一部分粗丁二烯气体靠塔自身的压差输送到第二萃取精馏系统，从而提高了装置的处理能力。

5.1.1.4　萃取精馏塔溶剂进料温度的波动，对塔顶、塔底质量可能的影响

溶剂进料温度上升，使塔板上的重组分汽化，导致塔顶重组分含量增加；溶剂进料温度下降，会使塔板上轻组分冷凝，导致塔底轻组分增加。以第一萃取精馏塔为例，溶剂进料温度高于 50℃，可能导致丁烷、丁烯中丁二烯含量增大，使丁二烯损失加大；溶剂进料温度低于 40℃，可能使釜液中反-2-丁烯和顺-2-丁烯含量增大，从而影响产品质量。

萃取精馏塔溶剂量一般都很大，因此，溶剂温度的波动严重影响精馏塔的热量平衡和物料平衡，恶化萃取精馏的操作，严重时可能导致泛塔。所以，正常运转中，要严格控制溶剂温度，使之稳定，不允许把溶剂温度作为调节塔顶塔底产品质量的手段。

5.1.2　正常操作

5.1.2.1　第一萃取精馏系统

第一萃取精馏系统主要设备有进料蒸发罐、第一萃取精馏塔、预汽提罐、第一汽提塔和丁二烯气体压缩机等。

要维持萃取精馏系统的平稳操作，首先要保持进料蒸发罐液位的稳定。该罐液位不稳意味着第一萃取精馏塔的进料量时多时少，直接影响第一萃取精馏塔的正常操作。进料蒸发罐的液位主要靠调节 C_4 进料蒸发器的加热溶剂的流量来控制，液位高则应该加大加热溶剂的流量，液位低则应该关小阀门以减少 C_4 进料蒸发器的加热溶剂量。

第一萃取精馏塔用于分离 C_4 原料中的丁烷、丁烯等溶解度小的轻组分，绝大部分反-2-丁烯和大部分顺-2-丁烯在此塔中脱除。该塔上面的几块塔板是普通精馏板，用于回收DMF，下面的塔板供萃取精馏用。

DMF进入第一萃取精馏塔的上部，溶剂温度为40~50℃左右，气体有三个进入口：分为上、中、下进料口，一般情况下 C_4 原料进中间进料口，当 C_4 原料中丁二烯含量低时，可改为从最上面的进料口进料；当 C_4 原料中丁二烯含量高时，则可改为从最下面的进料口进料。第一萃取精馏塔在操作时应保证有足够的溶剂碳四比，要求溶剂进料量为 C_4 量的7~8倍。溶剂比太小则难以保证塔顶和塔底质量，溶剂比太大则会加大溶剂的消耗量，也不利于丁二烯抽提装置的节能降耗。

第一萃取精馏塔的回流量由调节阀控制，回流量不应有大的波动，回流量过小则不能保证塔顶和塔底质量；回流量大则会稀释溶剂，也不利于提高质量，回流量过大还会造成塔的泛塔，直接影响丁二烯抽提装置的正常生产。

第一萃取精馏塔塔釜温度控制在130℃左右(设计值)，塔顶压力控制在≤0.39MPa(设计值)。当第一萃取精馏塔塔顶压力超高时，会造成丁二烯气体压缩机的出口压力超高，此时应适当降低第一萃取精馏塔塔顶压力，使丁二烯气体压缩机恢复正常运转。

当第一萃取精馏塔冷凝器和第一萃取精馏塔回流罐中含有不冷凝气体(如 N_2、C_3 等)时，会使第一萃取精馏塔冷凝器的传热系数降低，换热效果变差，第一萃取精馏塔的压力升高，这时应打开第一萃取精馏塔回流罐的放空阀，将这些气体排入火炬或尾气回收装置。

第一萃取精馏塔的液位通过塔底采出量来调节。当第一萃取精馏塔液位升高时，应适当加大塔底采出的流量；当第一萃取精馏塔的液位下降时，应适当减少塔底采出的流量。由于第一萃取精馏塔的直径较大，所以不宜将塔底液位控制得太高，以防溶剂储罐抽空造成停车。

在质量控制方面，为了减少丁二烯的损失，第一萃取精馏塔塔顶抽余液馏分中的丁二烯含量应控制在正常范围以内，塔底丁二烯中的反-2-丁烯和顺-2-丁烯也应分别控制在正常范围以内。在操作时应及时参照第一萃取精馏塔塔顶丁二烯含量的变化趋势(由在线气相工业色谱测定)调节塔顶和塔底质量。

第一萃取精馏塔质量不合格有两种情况：塔顶丁二烯含量超标和塔底顺-2-丁烯、反-2-丁烯超标。造成质量不合格的原因有：第一萃取精馏塔塔底丁二烯返回量不足，第一萃取精馏塔的溶剂量和回流量不足，由于化学品硅油加入量不足而产生泡沫致使塔盘效率降低等。当第一萃取精馏塔塔顶丁二烯含量超标时，可适当减少丁二烯返回量；当塔底顺-2-丁烯、反-2-丁烯超标时，可适当加大塔底丁二烯返回量；当塔顶和塔底质量都不合格时，说明第一萃取精馏塔萃取溶剂量和回流量不足，应适当加大溶剂进料量和回流量；如果是由于硅油加入量不足造成质量不合格，则应及时调节硅油加料泵的冲程，加大硅油的进料量以提高塔盘效率，进而保证塔顶和塔底质量。

第一萃取精馏塔塔底的溶剂和 C_4 等进入预汽提罐，溶于溶剂中的烃类在预汽提罐中汽提出来一部分，直接进入第二萃取精馏塔。如果预汽提塔塔釜液位不稳将直接影响它向第一汽提塔的进料量，进而影响丁二烯气体压缩机的入口压力，增大压缩机的操作难度，因此在调节时应重点注意。

由溶剂和易溶烃类组成的第一萃取精馏塔塔釜液，当负荷比较低时，直接进入第一汽提塔。如果使用预汽提罐，第一汽提塔的进料来自预汽提罐。溶于 DMF 中的烃类到第一汽提塔内被全部汽提出来，自塔顶馏出，溶剂则由塔底排出。第一汽提塔的操作压力为 0.03MPa，为了把溶于溶剂中的烃类全部汽提出来，塔釜温度必须保持在溶剂的沸点，DMF 在 0.03MPa 下的沸点为 163℃。当塔釜温度低于 DMF 沸点时，积存在溶剂中的乙烯基乙炔及其他易溶组分随循环溶剂进入第二萃取精馏塔，因而导致产品丁二烯中炔烃超标。

第一汽提塔塔顶气体进入第一汽提塔第一冷凝器之后冷却至 85℃左右，再进入第一汽提塔第二冷凝器进一步冷却至 40℃左右。冷凝下来的 DMF、丁二烯二聚物和水等重组分进入第一汽提塔回流罐，一部分作为回流用泵送回第一汽提塔塔内，还有一部分送入溶剂脱气加热器后用泵送到溶剂精制塔；未冷凝的气体则经丁二烯气体压缩机加压后送入第二萃取精馏塔。

第一汽提塔的回流量随塔釜再沸器蒸汽流量的增加而加大，调节进入再沸器的蒸汽量即可保证所需的回流量。第一汽提塔的回流量由回流罐液位调节阀调节，其设计值为第一萃取精馏塔溶剂进料量的 4%~5%。当回流量低时，溶解度大的组分，如乙烯基乙炔等就容易积存在第一汽提塔的塔釜中使塔釜温度降低，因此回流量至少要保持第一萃取精馏塔进料量的 4%以上。回流罐的液位应控制在 50%以下，以免液体进入丁二烯气体压缩机。为了避免压缩机发生故障，回流罐装有液位联锁停车装置，当液位超高时联锁程序即自行动作。

丁二烯气体压缩机是以电动机驱动的两级螺杆式压缩机，主要用于将第一汽提塔塔顶馏出的粗丁二烯升压送至第二萃取精馏塔。丁二烯气体压缩机的入口压力是由压力调节阀调节压缩机出口至入口的循环气体量来控制的。当压缩机入口压力低时可适当开大调节阀的阀位，加大压缩机的循环气量；当压缩机的入口压力高时，可适当关小调节阀的阀位，减少压缩机的循环气量。当压缩机入口压力过高时，可以手动或自动打开放空调节阀，将部分压缩机吸入口气体排放至火炬系统。

为保证丁二烯气体压缩机的安全运行，压缩机装有以下联锁程序(以国内某套丁二烯抽提装置的典型设计工艺条件为例)：

(1) 润滑油压力小于 0.28MPa；

(2) 二段出口压力大于 0.69MPa；

(3) 一段出口温度大于 90℃；

(4) 二段出口温度大于 90℃；

(5) 第一汽提塔回流罐液位高限；

(6) 压缩机一段出口气液分离罐液位高限；

(7) 机壳冷却水中断；

(8) 停车联锁按钮。

凡满足上述条件之一压缩机就停止运行，所以应根据这些联锁系统仔细操作压缩机。

压缩机一段出口气体温度约为 80℃，一段出口气体被压缩机段间冷却器冷却到 40℃左右，液体进入压缩机二段吸入罐。为了防止液体进入压缩机造成事故，压缩机二段吸入罐上装有液位联锁，在液位超高时即自行动作。

压缩机的出口压力由压缩机出口到第一萃取精馏塔塔底的返回气体量调节。压缩机压送至第二萃取精馏塔的气体进料量由压缩机出口流量计控制。

溶剂脱气加热器的作用是将去溶剂精制塔的溶剂中溶解的丁二烯脱除，以减少丁二烯的损失。溶剂脱气加热器的进料来自第一汽提塔回流罐，在循环溶剂中的含水量超过500μg/g时应增大溶剂脱气加热器的进料量，同时用蒸汽对溶剂脱气加热器加热，使其温度由温度控制器保持在规定的温度。

5.1.2.2 第二萃取精馏系统

第二萃取精馏系统的主要设备有第二萃取精馏塔、丁二烯回收塔和第二汽提塔等。

第二萃取精馏塔用于分离粗丁二烯中的乙烯基乙炔、乙基乙炔和 C_5 等溶解度大的组分，在此塔中乙烯基乙炔从粗丁二烯中完全脱除。由压缩机和预汽提塔来的粗丁二烯分别进入第二萃取精馏塔。DMF 从第二萃取精馏塔的上部进入塔内，溶剂量应随原料中的乙烯基乙炔含量的变化做相应的调节：乙烯基乙炔含量高时则应加大溶剂进料量。

第二萃取精馏塔的回流量根据控制该塔的 C_4 采出量确定。回流量不应有大的波动，回流量过小则不能保证塔顶和塔底的质量，回流量过大则会稀释溶剂，也不利于提高质量。

第二萃取精馏塔塔釜温度应随塔底压力的变化而变化，方能保证塔釜液中溶解的烃量不变。如果塔釜温度过高，则会使塔釜及再沸器结焦，也不易保证塔顶馏分中乙烯基乙炔含量合格。第二萃取精馏塔塔釜的温度由调节进入第二萃取精馏塔第二再沸器的蒸汽量来控制。塔釜液位由液位调节阀控制，在塔底过滤器堵塞时应切换并清理过滤器。第二萃取精馏塔塔釜液中含有易溶的炔烃等组分，还含有大量的丁二烯。

丁二烯回收塔的作用在于回收丁二烯，并将含有炔烃的丁二烯尾气损失量减小。丁二烯回收塔是自回流型。第二萃取精馏塔塔釜液从第一块塔板进入丁二烯回收塔，塔顶的馏出气进入第一汽提塔第二冷凝器的入口。

丁二烯回收塔的再沸器以蒸汽为热源。塔釜温度通过调节进入丁二烯回收塔再沸器的蒸汽量来控制，调节塔釜温度即可以使第二汽提塔塔顶馏出气中乙烯基乙炔的含量低于规定值。但塔釜温度过低时则丁二烯的损失量大，塔釜温度过高时则不能保证第二萃取精馏塔塔顶馏出气中的乙烯基乙炔含量小于5μg/g。

丁二烯回收塔塔釜液进入第二汽提塔，第二汽提塔的作用是将溶于溶剂中的炔烃、丁二烯及 C_5 从塔顶完全汽提出来，循环溶剂重新使用。在塔釜操作压力下必须将塔釜温度维持在 DMF 的沸点，才能将溶剂中溶解的烃类完全汽提出来。如果塔釜温度低于 DMF 的沸点，就会使循环溶剂中带有炔烃。

塔底再沸器以蒸汽为热源。第二汽提塔的回流量通过用蒸汽调节阀调节进入再沸器的蒸汽量来控制。再沸器的加热蒸汽量大，则回流量也大。由于丁二烯二聚物、水及其他杂质积存于第二汽提塔回流液中，因此应不断地将少量回流液送到溶剂精制塔进行精制。在操作时应根据回流罐中 DMF 的含量来确定抽出量，以使回流罐中的液体含有相对固定含量的 DMF。如果回流液中的水含量增多，则回流罐中的液体即可分为上下两层，上层为二聚物及 DMF，下层为 DMF 与水的混合物。在此情况下，必须将下层溶液间歇地排放至地下罐。

第二汽提塔塔顶馏出气中的乙烯基乙炔含量应以丁二烯回收塔塔釜温度和由从第一萃取精馏塔来的抽余液稀释气量使其控制在规定范围以内，以防乙烯基乙炔爆炸。馏出气中的乙烯基乙炔含量由工业色谱仪检测。当塔顶尾气中的乙烯基乙炔含量较高时可适当降低丁二烯回收塔塔釜温度或加大抽余液的稀释气量，以确保塔顶乙烯基乙炔含量在安全操作的范围内。

塔釜溶剂由釜液泵加压后与第一汽提塔塔底出来的热溶剂汇合进行溶剂热利用。

5.1.2.3 精馏系统

精馏系统包括洗胺塔、直接精馏部分和溶剂净化部分。

第二萃取精馏塔塔顶采出的粗丁二烯进入洗胺塔的下方，蒸汽冷凝水进入第一块塔板。水洗后丁二烯中所含微量二甲胺转移到水中，和水一道靠塔的自身压力从塔底排出送至污水处理场，丁二烯从塔顶出来，靠压差送至脱轻塔。

脱轻塔脱除水和比丁二烯轻的组分甲基乙炔。水从回流罐底排出，甲基乙炔从回流罐顶排出，排出的甲基乙炔与第二汽提塔排出的乙烯基乙炔尾气汇合，作为液化气回收。水值合格的釜液由泵送至脱重塔。脱重塔进一步脱除重组分杂质如 C_5、1,2-丁二烯、乙基乙炔、顺-2-丁烯等，塔顶采出合格产品丁二烯。

为了防止产生丁二烯过氧化物和端基聚合物，在脱轻塔塔顶和脱重塔回流线、冷凝器中加入一定量的 TBC。为保证脱重塔冷凝系统有 TBC，而产品丁二烯中又不含 TBC，馏出物从塔顶出来后就分为回流和采出两条线：馏出物一部分进回流冷凝器，经回流罐用回流泵打回流；其余部分进入产品冷凝器，经产品罐、产品采出泵、产品冷却器送出装置外。塔釜液靠压差送至废 C_4、C_5 蒸发器，蒸出的气体回收利用，未汽化的液体送至燃料油罐，回收 TBC。

由第一汽提塔和第二汽提塔回流罐来的溶剂进入溶剂精制塔，以脱除循环溶剂中的水和丁二烯二聚物。另外该塔还用于精制污水等，塔顶馏出气经冷凝后，液相分为水和二聚物两部分，水用作回流，多余的水沿清污分流管线送污水处理厂，二聚物则送入燃料油罐，气体排放至尾气管线。塔釜精制合格的溶剂，经塔釜液冷却器送至溶剂精制受槽，作为泵的密封溶剂。

第一汽提塔和第二汽提塔塔底抽出的一小部分溶剂进溶剂再生釜以脱除焦油等高沸物。溶剂蒸汽经溶剂再生釜冷凝器冷凝后也送至溶剂精制受槽，作为泵的密封溶剂，脱出的焦油从釜底排出。

DMF 抽提丁二烯装置在操作中各类异常现象判断及处理方法见表 5-1。

表 5-1　DMF 抽提丁二烯装置在操作中各类异常现象判断及处理方法

序号	设　备	异常现象	原　因	消除方法
1	第一萃取精馏塔	1. 塔顶抽余液中丁二烯含量超过规定值	1. 压缩机返回量过大 2. 溶剂量不足 3. 回流量不足 4. 硅油量不足 5. 溶剂解析不干净	1. 减少压缩机返回量 2. 增加溶剂量 3. 增加回流量 4. 根据第一萃取精馏塔塔压差适当增加硅油量 5. 加强第一汽提塔、第二汽提塔操作
		2. 第一萃取精馏塔塔底顺-2-丁烯、反-2-丁烯超标（塔顶 1,3-丁二烯合格）	1. 压缩机返回量不足 2. 溶剂量过大 3. 回流量过大 4. 硅油量不足	1. 增加压缩机返回量 2. 减少溶剂量 3. 减少回流量 4. 增加硅油量
		3. 塔顶压力超标	1. 塔顶有氮气或其他不凝性气体 2. 循环水温度高 3. 循环水压力低	1. 依据塔顶气体温度和回流罐液体温度的差值，从回流罐放空线放空 2. 通知动力车间降低循环水上水温度 3. 通知动力车间提高循环水压力

续表

序号	设　　备	异常现象	原　　因	消除方法
1	第一萃取精馏塔	4. 第一萃取精馏塔塔压差高	1. 硅油量不足 2. 生产负荷大	1. 增加硅油量 2. 降低生产负荷
		5. 塔釜温度降低	1. 疏水器故障 2. 再沸器结焦，壳程压力大于0.7MPa	1. 修理疏水器 2. 切换备用再沸器
2	第一汽提塔	1. 塔顶顺-2-丁烯、反-2-丁烯含量超标	同第一萃取精馏塔塔底1、2、3、4	同第一萃取精馏塔塔底1、2、3、4
		2. 塔底温度降低	1. 循环溶剂中水含量过高 2. 循环溶剂中含有烃类 3. 疏水器故障 4. 蒸汽压力低 5. 溶剂中焦油含量过高，堵塞设备	1. 增加溶剂精制塔溶剂进料量 2. 同上 3. 修理疏水器 4. 提高蒸汽压力 5. 降低负荷，将再沸器切出，更换再沸器
3	第二萃取精馏塔	塔顶乙烯基乙炔含量超过5μg/g	1. 丁二烯回收塔温度过高 2. 溶剂量不足 3. 回流量不足 4. 硅油量不足 5. 溶剂回收段塔板被焦油等物质堵塞 6. 溶剂回收段塔板被丁二烯端基聚合物堵塞 7. 第一汽提塔、第二汽提塔解析不完全 8. 塔底温度过高	1. 降低丁二烯回收塔塔底温度 2. 增加溶剂量 3. 增加回流量 4. 增加硅油量 5. 热溶剂冲洗溶剂回收段 6. 停车清洗溶剂回收段 7. 增大第一汽提塔、第二汽提塔再沸器蒸汽量 8. 降低塔底温度
4	第二汽提塔	塔顶乙烯基乙炔浓度超过规定值	1. 丁二烯回收塔温度过高 2. BBR稀释气量不足	1. 降低丁二烯回收塔塔底温度 2. 适当调节BBR稀释气量
5	第一精馏塔	1. 塔顶甲基乙炔含量超过规定值	塔顶尾气排放量过低	加大第一精馏塔回流罐放空调节阀流量
		2. 塔底水含量超过规定值	1. 回流罐排水不及时 2. 回流量不足 3. 回流罐中物料停留时间过短 4. 进料中夹带游离水	1. 加强回流罐排水 2. 适当提高回流量 3. 适当提高回流罐液位，延长停留时间 4. 加强洗胺塔操作，防止丁二烯夹带游离水
6	第二精馏塔	1. 产品水值不合格	第二精馏塔塔顶冷凝器泄漏	检修第二精馏塔塔顶冷凝器
			同第一精馏塔塔底水含量超过规定值原因	同第一精馏塔塔底水含量超过规定值原因
		2. 产品胺值不合格	1. 洗胺塔进水量不足 2. 洗胺塔界面过低	1. 增加进水量 2. 适当提高洗胺塔界面
		3. 产品炔烃不合格	1. 第二萃取塔塔顶炔烃高 2. 塔釜釜液排放量过小	1. 加强第二萃取塔的操作 2. 增大第二精馏塔塔釜排放量
		4. 产品纯度不合格	1. 反-2-丁烯含量高 2. 顺-2-丁烯含量高	1. 增加第一萃取精馏塔压缩机返回量 2. 加大回流量和釜液排放量
		5. 塔底釜液中丁二烯含量超过5%	1. 釜液排放量过大 2. 回流量不足	1. 减少釜液排放量 2. 适当加大回流量

续表

序号	设　备	异常现象	原　因	消除方法
7	溶剂精制塔	1. 塔顶 DMF 含量超过 0.5%	1. 回流量不足 2. 塔板堵塞	1. 增加回流量 2. 必要时停车处理
		2. 塔底水含量超过 500μg/g	1. 回流量不足 2. 塔板堵塞 3. 进料中水含量过高 4. 再沸器泄漏	1. 增大回流量 2. 必要时停车处理 3. 提高进料位置 4. 检修以至更换再沸器
8	再生釜	焦油中 DMF 含量过高	终点判断不准确	由操作经验丰富的人员操作

5.1.3 生产提负荷程序

操作步骤如下：

（1）根据所需提负荷的量，计算出需要提高的第一萃取精馏塔的溶剂进料量和回流量。

（2）提高第一萃取精馏塔的溶剂进料量和回流量。

（3）提高装置的 C_4 进料量。

（4）根据负荷提高的量，提高 C_4 蒸发罐的溶剂加热量，同时提高第一萃取精馏塔塔底加热蒸汽量，提高第一汽提塔的加热蒸汽量。

（5）根据第二萃取精馏塔进料量的增加计算出第二萃取精馏塔的溶剂进料量和回流量。

（6）提高第二萃取精馏塔的溶剂进料量和回流量。

（7）提高第二萃取精馏塔塔底加热蒸汽量。同时提高丁二烯回收塔塔底蒸汽量，保证该塔塔底温度在规定的范围内。根据溶剂量的变化提高第二汽提塔塔釜加热蒸汽量，保证第二汽提塔塔釜温度稳定。

（8）根据第一萃取精馏塔塔顶在线色谱的分析数据调节压缩机二段出口返回第一萃取精馏塔的丁二烯量，控制第一萃取精馏塔塔顶丁二烯的含量。

（9）溶剂量发生变化后，注意各塔液位情况并及时调整稳定，溶剂不足时要及时向系统内补充新鲜溶剂。

（10）进入脱轻塔的粗丁二烯量增加后，及时提高脱轻塔的塔釜加热量、塔顶回流量和塔釜送出量，保持脱轻塔的各项操作参数稳定。

（11）进入脱重塔的粗丁二烯量增加后，及时提高脱重塔的塔釜加热量、塔顶回流量和塔釜送出量，保持脱重塔的各项操作参数稳定。

（12）负荷增加后，注意调整相应各化学品的注入量。

（13）装置提负荷幅度较大时，应分几次进行操作，每次以提 0.5t/h 最为适宜，并随时调整装置运行参数。

5.1.4 生产降负荷程序

操作步骤如下：

（1）根据所需降负荷的量，计算出需要降低的第一萃取精馏塔的溶剂进料量和回流量。

（2）降低第一萃取精馏塔的溶剂进料量和回流量。

（3）降低装置的 C_4 进料量。

（4）根据负荷降低的量，降低 C_4 蒸发罐的溶剂加热量，同时降低第一萃取精馏塔塔底加热蒸汽量，降低第一汽提塔的加热蒸汽量。

（5）根据第二萃取精馏塔进料量的降低计算出第二萃取精馏塔的溶剂进料量和回流量。

（6）降低第二萃取精馏塔的溶剂进料量和回流量。

（7）降低第二萃取精馏塔塔底加热蒸汽量。同时降低丁二烯回收塔塔底蒸汽量，保证该塔塔底温度在规定的范围内。根据溶剂量的变化降低第二汽提塔塔釜加热蒸汽量。

（8）根据第一萃取精馏塔塔顶在线色谱的分析数据调节压缩机二段出口返回第一萃取精馏塔的丁二烯量，控制第一萃取精馏塔塔顶丁二烯的含量。

（9）溶剂量发生变化后，注意各塔液位情况并及时调整稳定。

（10）进入脱轻塔的粗丁二烯量降低后，及时降低脱轻塔的塔釜加热量、塔顶回流量和塔釜送出量，保持脱轻塔的各项操作参数稳定。

（11）进入脱重塔的粗丁二烯量降低后，及时降低脱重塔的塔釜加热量、塔顶回流量和塔釜送出量，保持脱重塔的各项操作参数稳定。

（12）负荷降低后，注意调整相应各化学品的注入量。

（13）装置降负荷幅度较大时，应分几次进行操作，每次以降低 0.5t/h 最为适宜，并随时调整装置运行参数。

5.1.5 C_4 原料变化的操作

C_4 原料中 C_5 含量高时，由于 C_5 不易汽化，而且 C_5 易与循环溶剂中的糠醛生成焦油堵塞设备，造成生产上的波动，给正常操作带来困难，使装置难于控制。严重时，不仅能造成产品质量不合格，使装置改循环操作，而且长期使用 C_5 含量高的原料，会使再沸器传热效果显著下降，进而造成再沸器或管线堵塞，直接影响生产。C_5 含量高时，为稳定生产，在操作和管理上应采取的措施如下。

（1）及时与调度联系，使上游车间采取措施降低 C_4 中 C_5 的含量，同时在管理上引起重视，技术人员要协助各班组处理。

（2）加大原料蒸发罐的排放量，将重组分在原料蒸发罐中多排出一部分 C_5，尽量减轻后续工序的压力和影响。同时要保证循环溶剂中各项控制指标的稳定，主要是烃类含量，糠醛和焦油含量控制在规定范围内。

（3）保证原料蒸发罐罐底循环溶剂加热量，及时排掉压缩机入口吸滤器凝液。维持各塔系、冷却器、再沸器等处在正常操作条件下。

（4）控制好第一汽提塔和第二汽提塔的塔釜温度。保证塔釜温度不低于沸点温度。保证烃类解析干净。

（5）适当增加溶剂比，增大溶剂加入量。同时使回流量加大，以保证第二萃取精馏塔的质量合格。

（6）适当加大溶剂精制塔进料量，进一步降低循环溶剂中轻组分烃。适当加大溶剂再生釜再生进料量，脱除溶剂中焦油及重组分烃，保证循环溶剂中焦油含量在控制范围内。循环溶剂中糠醛降低到规定下限后，及时补加糠醛。

5.1.6 设备的切换

5.1.6.1 预汽提罐的切入和切出

预汽提罐的切入一般在开车初期生产负荷提高时进行。在切入预汽提罐之前应确认预汽提罐系统的仪表和设备已经处于备用状态，并在操作室内将预汽提罐的所有调节阀调到关闭状态，将预汽提罐去第一汽提塔所有手动阀和调节阀的前后保护阀打开。在室外将预汽提罐去第一汽提塔的流程完全准备好以后，可以开始将预汽提罐切入。首先将第一萃取精馏塔罐底向预汽提罐进料的手动阀逐步打开，同时将第一萃取精馏塔向第一汽提塔进料的手动阀逐步关小，直至进预汽提罐的手动阀完全打开而进第一汽提塔的手动阀完全关闭，预汽提罐液位上涨时，打开预汽提罐去第一汽提塔的调节阀向第一汽提塔进料，预汽提罐的切入过程完成。在此操作过程中应尽量保持第一萃取精馏塔罐底采出量的稳定，注意丁二烯气体压缩机的入口压力变化并及时调节，注意保持压缩机出口返回第一萃取精馏塔罐底的粗丁二烯流量的稳定，还应注意溶剂热利用系统的加热效果。

当预汽提罐罐底开始见液面并且确知塔压达到正常操作压力时，打开预汽提罐罐顶去第二萃取精馏塔的进料阀，控制预汽提罐罐底液位为正常的液位，开始向第二萃取精馏塔进料。

预汽提罐的切出，一般在停车前生产负荷降低时进行。接到切出预汽提罐的命令后，缓慢打开第一萃取精馏塔去第一汽提塔的手动阀，同时关闭第一萃取精馏塔去预汽提罐的进料手动阀，直到第一萃取精馏塔去第一汽提塔的进料手动阀完全打开，而第一萃取精馏塔去预汽提罐的手动阀完全关闭。待预汽提罐的压力低于正常操作压力时，关闭预汽提罐去第一汽提塔的进料调节阀。关闭预汽提罐去第二萃取精馏塔的气相进料调节阀，室外关闭手动阀，预汽提罐的切出完成。

5.1.6.2 洗胺塔的切入和切出操作

在开工初期切入洗胺塔之前，当蒸汽冷凝水罐有蒸汽冷凝水后，启动蒸汽冷凝水泵向洗胺塔通入蒸汽冷凝水，用手动阀调节洗胺塔进水冷却器的冷却水量，使水温控制在40℃以下，当塔顶液位计有指示时，由液位调节阀从塔底开始排水，将塔液位调节稳定即可。当第二萃取精馏塔塔顶质量合格后，第二萃取精馏塔塔顶粗丁二烯向脱轻塔进料，在脱轻塔的压力与第二萃取精馏塔塔压相等时并且确知洗胺塔已有液位后，打开第二萃取精馏塔回流罐去洗胺塔的阀门和洗胺塔去脱轻塔的阀门，切断自第二萃取精馏塔回流罐通往脱轻塔的粗丁二烯，并根据成品丁二烯的胺值调节洗胺塔的洗胺水量。

当停车初期需要切出洗胺塔时，先将洗胺塔进出粗丁二烯的阀门关闭，以防物料反串。打开第二萃取精馏塔回流罐通往脱轻塔的阀门。应该注意的是洗胺水在切出洗胺塔时仍正常循环，待切出稳定后再关闭洗胺水进出口阀门。

5.1.6.3 C_4 进料蒸发器的切换操作

在切入 C_4 进料蒸发器的备用台之前应先对其进行氮气置换，置换合格后方能进行 C_4 进料蒸发器的切入操作。

首先将 C_4 进料蒸发器的进出物料阀门打开，使 C_4 物料充满 C_4 进料蒸发器的管程，再将 C_4 进料蒸发器加热溶剂的进出口阀门打开，使热溶剂进入 C_4 进料蒸发器的壳程。在室内调节 C_4 进料蒸发器的液位，使 C_4 进料蒸发器的液位保持平衡，即完成 C_4 进料蒸发器的切入操作。

在接到切出 C_4 进料蒸发器的命令之后，首先关闭要切出的 C_4 进料蒸发器下面的物料阀门，以使切出的 C_4 进料蒸发器中的 C_4 物料尽量蒸发干净，然后关闭 C_4 进料蒸发器上面的物料阀门。关闭 C_4 进料蒸发器加热溶剂的进出口阀门，将 C_4 进料蒸发器管程中的 C_4 物料放空至火炬系统或尾气回收装置，并用氮气置换干净，壳程中的溶剂由废溶剂线排放至工艺排液受槽，并用氮气吹扫干净，至此即完成了 C_4 进料蒸发器的切出操作。

5.1.6.4 装置系统或局部循环

在开车初期或生产不正常时，经常出现产品不合格的现象，为了使产品质量尽快合格，生产就需要改循环调整产品质量。本装置的循环分为以下三种情况。

(1) 开车初期，压缩机开起来以后，自第二萃取精馏塔塔顶馏出的粗丁二烯中乙烯基乙炔含量比较高，不能送往下一道工序正常生产，这时就需要从第二萃取精馏塔塔顶把馏出的粗丁二烯直接送往 C_4 原料罐，与第一萃取精馏塔塔顶馏出的抽余液混合后再送入装置循环。等第二萃取精馏塔塔顶质量合格后，改为正常生产工艺路线。当生产波动时，第二萃取精馏塔塔顶乙烯基乙炔含量过高时，脱轻塔、脱重塔改为自身循环，第二萃取精馏塔也采用这种循环方式。

(2) 当生产出现波动，脱轻塔塔底水值、甲基乙炔含量高或者脱重塔生产不正常时，将脱轻塔塔底丁二烯直接送往 C_4 原料罐循环，待脱重塔恢复正常后，再改为正常生产。

(3) 在开车初期或生产出现波动，产品质量不合格时，从脱重塔塔顶馏出的产品，不能进成品罐，而要进 C_4 原料罐循环。待产品合格后，停止循环，产品进成品罐。

5.2 ACN 抽提丁二烯装置的正常操作及控制

5.2.1 装置操作的几点知识

5.2.1.1 乙腈含水量

(1) 由于乙腈 76℃时与水形成共沸物(共沸物组成中含水量为 15%)，所以，从循环溶剂回收塔塔顶很难得到浓度大于 85%组成的溶剂乙腈，这样就使得循环乙腈中总是含有一定量的水。

(2) 实践证明，乙腈中含有一定量的水对萃取精馏塔操作是有利的。第一，它可增加乙腈溶剂的极性，使原料中各组分对丁二烯的相对挥发度远离于 1。第二，它可适当降低萃取精馏塔的塔釜温度，减轻丁二烯的热聚合与塔釜蒸汽消耗量。例如，0.4MPa 压力下乙腈与丁二烯混合液的泡点为 126℃(无水乙腈，丁二烯 44%)；当乙腈含水 10%时，0.4MPa 压力下乙腈与丁二烯混合液泡点降到 115℃。

(3) 循环溶剂乙腈中含水量不能太高，否则会使乙腈浓度降低，造成烃类在乙腈中的溶解度降低，在萃取精馏塔塔板上出现烃、腈两相分层的现象。另外，乙腈中含水量太高，还会加剧乙腈的水解，尤其在温度比较高的情况下(140℃以上)，乙腈水解产物醋酸会加剧设备的腐蚀并会对乙腈水解起催化作用(醋酸可在循环溶剂回收塔中除去)。乙腈适宜的含水量为 10%左右。乙腈中如含水太多(大于 10%)，可加强从第一萃取精馏塔、第二萃取精馏塔回流罐排水，并加强循环溶剂回收塔的操作，从而提高回收乙腈的浓度，这样可减少乙腈中的含水量，使乙腈的浓度提高。

5.2.1.2 影响萃取精馏塔内溶剂乙腈浓度的主要因素

溶剂乙腈浓度在此是指溶剂与 C_4 烃在塔内的相对量，溶剂浓度提高，就是指溶剂的量增加或 C_4 烃的量减少，反之亦然。溶剂浓度是影响萃取精馏分离能力的重要因素，建立这个概念，了解其影响因素及溶剂在塔内的分布情况，对萃取精馏操作具有重要的指导意义。

在以乙腈为溶剂的萃取精馏操作中，影响塔内溶剂浓度的因素主要有下列几方面。

1. 腈烃比

腈烃比即进塔的溶剂乙腈量与进塔的混合 C_4 量(均为质量流量)之比，如下式所示：

$$腈烃比=进塔的溶剂乙腈量/进塔的混合 C_4 量$$

显然，如腈烃比为 7，进塔的混合 C_4 为 8000kg/h，则进塔的乙腈量为 56000kg/h。腈烃比越大，乙腈溶剂在塔内的浓度越高，分离能力就越强。不过腈烃比太高，萃取精馏乙腈循环量就大，设备投资、热量消耗、动力消耗就大。

2. 回流比

当腈烃比不变，即进塔的乙腈量与 C_4 量不变时，增加回流比会使塔内溶剂浓度降低。因回流加入塔内的是塔顶馏出的 C_4(对第一萃取精馏塔是塔顶的丁烷、丁烯；对第二萃取精馏塔是塔顶的粗丁二烯)，回流比越大，塔内 C_4 量就越多，而乙腈的量不变，势必造成塔内乙腈浓度降低。

3. 回流液温度的影响

萃取精馏与普通精馏一样，除塔顶按一定的回流比加进的回流，还有内回流，这主要是从塔顶加入的温度较低的回流将使塔内上升蒸汽冷凝并逐板下流所致。回流液温度越低，内回流越大。这样就使塔内 C_4 烃的量相对增加，从而使乙腈浓度下降。

4. 溶剂温度的影响

萃取精馏一般都在较高腈烃比下进行，塔内溶剂流量很大，故此溶剂的温度对塔内温度的影响也很大。溶剂温度变化1℃，塔内热量就变化很大，对操作就会带来很大影响。影响最大的是塔的内回流。溶剂温度降低会使塔内 C_4 烃蒸气大量冷凝，结果是使塔内溶剂浓度降低。溶剂温度对塔内回流的影响进而影响溶剂浓度，较之回流温度的影响要大得多。一般溶剂温度变化6℃会使回流比的数值增加(或减少)1。故此，在萃取精馏操作中，溶剂温度要严格控制，不能任意改变。

5. 进料状态的影响

C_4 烃进料如果是饱和气体进料，则提馏段液体流量等于精馏段的液体流量，溶剂浓度不发生变化。若进料改为饱和液体进料，则提馏段的液体流量等于精馏段的液体流量与进料液体量之和，这样，提馏段内 C_4 烃量增加(液相)，使溶剂稀释，从而使提馏段的溶剂浓度变低。

5.2.1.3 溶剂温度对萃取精馏操作的影响

在萃取精馏操作中，溶剂的流量远远大于 C_4 的进料量(腈烃比为7时，如烃进料量为8t/h，则乙腈的进料量为56t/h)，所以，溶剂的显热在全塔热平衡中占了很大比例。溶剂进塔温度稍有波动，就会引起全塔温度、压力波动。所以，为了稳定操作，应严格控制溶剂的进料温度。

当溶剂乙腈的进料温度偏高时，一是使溶剂的挥发性增强，造成塔顶馏分因溶剂量增加而造成溶剂损失，增加溶剂回收的困难；二是造成塔顶馏分中关键组分丁二烯含量增加，使塔顶产品质量不合格；三是容易引起塔压升高。当溶剂乙腈的进料温度偏低时，最大的影响是使塔的内回流量过大(冷的溶剂进塔后相当于给塔自上而下增加了流动的“内冷凝器”，使上升的 C_4 蒸气冷凝)，使 C_4 烃冷凝并大量积存在塔内，严重时会造成液体超负荷而引起塔的液泛。如果塔釜的加热蒸汽量不足，还可能造成塔釜温度下降，使塔釜产品质量不合格(1-丁烯或反-2-丁烯超过控制指标)。

5.2.1.4 第二萃取精馏塔的腈烃比为什么较小

第一萃取精馏塔溶剂比为6.5~7.5，第二萃取精馏塔的溶剂比为2~4，这主要是由被分离物料的性质决定的。在第一萃取精馏塔作为轻关键组分的顺-2-丁烯对丁二烯的相对挥发度(溶剂存在时)为1.37；在第二萃取精馏塔丁二烯对乙烯基乙炔的相对挥发度(溶剂存在时)为2.64。可见，在第二萃取精馏塔中丁二烯与乙烯基乙炔的分离，比在第一萃取精馏塔中丁二烯与顺-2-丁烯的分离要容易得多，故此，第二萃取精馏塔的腈烃比较第一萃取精馏塔的腈烃比小。

5.2.1.5 脱轻塔脱水操作中的几个问题

1. 水在丁二烯中的溶解度

液态水和液态丁二烯彼此很难溶解，混合时分为两层。水在丁二烯中的溶解度与温度有关，温度低，溶解度就低。水在丁二烯中的溶解度见表5-2。

表5-2 不同温度下水在丁二烯中的溶解度

温度/℃	5	20	30	40	50
溶解度/(kg水/100kg丁二烯)	0.045	0.065	0.082	0.098	0.115
摩尔分数/%	0.135	0.195	0.245	0.294	0.344

2. 非均相共沸物的组成

丁二烯与水共存时能形成共沸物。不管液体中两种液相的比例如何，都有同样的沸点，且沸点比纯水或丁二烯的沸点都低。由于丁二烯和水是不互溶的，液体是两个相(或说是非均相)，故丁二烯与水形成的共沸物称为非均相共沸物。压力不同，沸点不同，非均相共沸物的共沸组成也不同。不同温度时丁二烯-水系统的非均相共沸组成见表5-3。

表5-3 不同温度时丁二烯-水系统的非均相共沸组成(压力一定)

温度/℃	5	20	30	40	50
共沸组成(含水量)%	0.69	1.07	1.42	1.89	2.39

表5-2与表5-3所列数据比较可知：从包含着水的液体丁二烯和与之平衡的气相组成(共沸物组成)可以看出，气体中水含量比液体中高得多，如50℃时，液体丁二烯中水的饱和含量是0.344%，而在与之平衡的气相中，水蒸气的含量却有2.39%，可见在这种情况下水的挥发性大大超过了丁二烯的挥发性(水对丁二烯的挥发度40℃时高达6.53)。所以，在脱轻塔中，丁二烯中的水是从塔顶作为轻组分脱除的。

3. 在非均相共沸中水对丁二烯的相对挥发度

水对丁二烯的相对挥发度为6.53(40℃时)，可见，沸点为100℃的水变为“轻”组分，而沸点仅为-4.41℃的丁二烯却变成了“重”组分，这是为什么呢？这主要是丁二烯与水的混合液中分子间的作用力造成的。当丁二烯中含水很低时，水的环境和纯水时的环境很不一样，纯水时，水分子相互缔合，作用力大于丁二烯分子间的作用力。而在丁二烯中却是被大量丁二烯分子所包围，水分子被互相绕开无法缔合，而且丁二烯与水分子之间的作用力大大小于水分子之间的作用力，在这种情况下，水的挥发性比纯水时大大增加，例如40℃时增加为纯水的340倍。

5.2.1.6 脱轻塔不设精馏段的原因

在普通精馏塔中，提馏段的作用是利用塔底上升的“重”组分蒸气汽化出逐板下流的液体中的“轻”组分，使塔底得到较纯的“重”组分；而精馏段的作用是利用塔顶回流的“轻”组分液体，冷凝主板上升的“重”组分，使塔顶得到较纯的轻组分。

在脱轻塔的提馏段，塔底上升的丁二烯气体将逐板下流的丁二烯液体中的水分汽化并逐板上升，这样，进入塔内的丁二烯沿塔下流，含水量越来越低，塔板数足够的情况下，在塔底得到脱水合格的丁二烯。逐板上升的气体中水含量越来越高(最高为共沸组成)，最终从塔顶馏出经冷凝器冷凝后分为两相，即丁二烯相和水相。丁二烯相的组成和进料基本一样

(含水量为冷凝温度下的饱和水)。水相从脱水包中排出，丁二烯相回流。回流入塔的丁二烯和其他普通精馏塔不同。它只起回收丁二烯的作用，不起提纯“轻”组分水的作用。为什么不把水回流到塔顶以提高上升气体中水的含量呢？这首先是因为上升气体中水的含量是有限的，最高为该温度下的共沸组成，即使回流大量的水，使塔板上出现水相，也不能使气相中水的含量超过共沸组成(如40℃时，气相中水最高含量为1.89%)。塔中出现水相只能使塔底产品不合格。其次，即使塔顶气体中水的含量大大低于共沸组成，也没必要通过塔顶回流水相来使气相中水含量进一步提高。因为多出的水分正是回流的水分，这完全是多余的，毫无意义。所以，在脱轻塔不将“轻”组分水相作为回流而是排掉。脱轻塔不必设精馏段，回流液(烃相)和进料进入同一塔板中，这样对提高其脱水效果是有利的。

5.2.1.7 脱轻塔的釜温和顶温

在脱轻塔液相丁二烯中的含水量无论是塔底还是塔顶都是很低的。因此液体的沸点差别很小，塔底与塔顶的温度差也很小，引起温度差别的原因不是组成，而是塔板阻力使塔釜压力略高于塔顶。在这种情况下，塔釜温度是不能反映塔釜组成的，也无灵敏板可寻，所以，不宜采用温度自动控制。最为简单有效的方法是采用稳定再沸器加热量，使塔内上升蒸汽量稳定，这样当进料量稳定、回流量稳定、塔釜液面稳定时塔底丁二烯水值就能保证合格，所以，采用了这样一种控制方法：塔顶回流罐液面通过塔底加热量控制(全回流)，这样就能保证塔内上升气体量稳定。

5.2.1.8 乙腈-水共沸精馏中的几个问题

1. 乙腈与水的挥发性

水常压下沸点是100℃，乙腈常压下沸点是81.8℃。纯态的水和纯态的乙腈就挥发性而言，乙腈的挥发性大于水的挥发性。但乙腈与水形成的溶液，它们各自的挥发性将随溶液的浓度变化而发生变化。这是因为溶剂中乙腈分子的存在破坏了纯水时水分子之间的缔合度，因乙腈与水分子之间的力小得多，所以使得乙腈与水形成的溶液中水的挥发度将升高。溶液中，乙腈浓度高时，乙腈的挥发性小于水的挥发性，使得水变为“轻”组分。表5-4、表5-5反映了循环溶剂乙腈浓度对水挥发性的影响。

表5-4 乙腈浓度对水挥发性的影响

乙腈的摩尔分数/%	52.7	71.8	72.6	83.0	85.6	98.6
水的摩尔分数/%	47.3	28.2	27.4	17.0	14.4	1.4
水挥发性较纯态时增加的倍数	1.184	2.438	2.521	3.357	4.004	8.277

表5-5 水的浓度对乙腈挥发度的影响

乙腈的摩尔分数/%	2.9	9.3	14.2	25.4	40.2	72.6
水的摩尔分数/%	97.0	90.7	85.8	74.6	59.8	27.4
乙腈挥发度增加的倍数(较纯态)	13.05	5.509	4.126	2.665	1.851	1.203

从上面所列数据可以看出，当乙腈浓度很低时，乙腈对水的影响不大，所以，水的挥发性变化不大，而水对乙腈的影响却很大，使乙腈的挥发性较纯态时增加，例如：溶液乙腈浓度为2.9%时，乙腈的挥发性较纯态时增加了13.05倍。随乙腈浓度的增加，乙腈对水的影响越来越强。当乙腈浓度达到72.6%时，水的挥发性较纯水时增加了2.521倍(见表5-4)，而乙腈的挥发性仅增加了1.203倍，可见，乙腈的挥发性下降了，水的挥发性增加了。76℃

时，纯乙腈的蒸气压力为 84.26kPa，纯水的蒸汽压力为 41.33kPa，那么，含 72.6%的乙腈-水溶液，乙腈的蒸气压则为：84.26×1.203 = 101.33kPa，水的蒸汽压力则为：41.33×2.521=101.33kPa。计算结果表明：在 76℃、乙腈含量为 72.6%时乙腈与水的挥发性相同，即乙腈与水的相对挥发度为 1.0，此时若将该溶液煮沸，气相中乙腈浓度与液相中乙腈浓度相同。所以，我们称这一浓度的乙腈-水混合物为共沸液。此时溶液沸点最低(低于其中任一组分的沸点)，故此，又称最低恒沸物。当乙腈的浓度超过 72.6%(摩)时，乙腈的挥发性将更少增加，而水的挥发性将大大增加，并且挥发性超过乙腈而成为“轻”组分。

2. 在循环溶剂回收塔顶得到再生乙腈的最大浓度为 72.6%(摩)

循环溶剂回收塔进料为乙腈-水的稀溶液[乙腈浓度低于 85.8%(质量分数)]，故此，乙腈的挥发性大于水的挥发性，是“轻”组分从塔顶馏出；而水作为“重”组分从塔底排出。常压下乙腈-水的稀释液进入精馏塔，“轻”组分乙腈汽化逐板上升，“重”组分水冷凝逐板下流，越接近塔顶，乙腈浓度越高，但由于乙腈浓度低于 85.8%，故此，从塔板汽化上升到上一板的气体中乙腈浓度总高于该塔板上升的液体浓度。当经过一定数量的塔板后，乙腈浓度达到一定值(等于或接近 85.8%)时乙腈的挥发性和水的挥发性就相同了，即相对挥发度为 1，此时气相中乙腈的浓度与液相中乙腈的浓度相同，这个浓度就是 85.8%(质量分数)，乙腈与水形成了共沸物；无论再经过多少层塔板，也不会得到浓度高于 85.8%(质量分数)的乙腈。可见，当循环溶剂回收塔塔顶乙腈浓度低于 85.8%(质量分数)时，我们可改变操作条件(增加回流，降低塔釜温度等)尽量提高乙腈的浓度，但最高也只能是 85.8%(质量分数)。

上面说的循环溶剂回收塔塔顶只能得到 85.8%(质量分数)的乙腈是指在常压的操作条件下。常压下，当乙腈为 85.8%(质量分数)时，与水形成共沸物，沸点 76℃。改变压力会改变 ACN-水的共沸组成与共沸点。压力越低，ACN-水共沸物的共沸组成中 ACN 越高。故此，在乙腈回收时，采取减压的方法可在塔顶得到高浓度的乙腈，但是由于采取减压操作，虽然可以使共沸组成提高，可共沸点却会降低，这样会使塔顶馏出物的冷凝变得困难，而且，作为萃取精馏的溶剂，乙腈浓度在 85%(质量分数)时有较好的选择性，故此，乙腈的回收仍然采用常压精馏。

5.2.2 正常操作

5.2.2.1 正常操作程序

1. 萃取精馏岗位

萃取精馏岗位是 ACN 抽提丁二烯装置的关键工序，第一萃取工序操作的好坏会影响到产品丁二烯的纯度，第二萃取精馏操作的好坏，会影响到产品丁二烯中炔烃的含量，而且它们的操作都直接影响到装置丁二烯的产量和收率。

在原料进料量稳定的前提下，要维持萃取精馏岗位的平稳操作，首先要保持原料蒸发罐液位的稳定。该罐液位不稳定就意味着第一萃取精馏塔的进料量时多时少，直接影响第一萃取精馏塔的正常操作。原料蒸发罐液位靠调节溶剂再沸器加热量来控制，液位高时应加大加热溶剂量，液位低时应减小加热溶剂量。

第一萃取精馏塔用于分离丁烷、丁烯等轻组分，绝大部分丁烷、反-2-丁烯和大部分顺-2-丁烯在此塔脱除。C_4 原料在原料罐汽化后根据实际需要进入第一萃取精馏塔的上段或下段塔板。当原料中的丁二烯含量低时进料口位置可以上移；当原料中丁二烯含量高时则可将进料口位置下移。ACN 按一定的腈烃比加到第一萃取精馏塔，腈烃比控制在 6~8，溶剂量太小难以保证塔底塔顶的质量，太大会增大溶剂及能量的消耗。

稳定控制第一萃取精馏塔的回流量(回流比为2~4)。回流量过小会降低溶剂回收段的溶剂回收效果，影响塔顶及塔底的产品质量；回流量过大则会稀释塔板上的溶剂，同样会影响塔顶、塔底质量，甚至造成塔的液泛，直接影响装置正常生产。

第一萃取精馏塔有三个中间再沸器，热源为溶剂解析塔塔釜热溶剂，正常生产时要投用，以回收热溶剂的能量，减少塔釜加热蒸汽的消耗。第一萃取精馏塔塔顶压力控制在0.4~0.5MPa。有时第一萃取精馏塔内积存的不凝气(N_2、C_3)会使换热器冷却效果变差，使得塔顶压力升高，这时要从回流罐(或冷凝器)放空，缓慢将不凝气排入火炬，或开大稀释气量。在稳定塔顶压力的前提下，保证塔釜温度在控制范围内。塔釜温度是该塔一定压力下塔釜物料的沸点，压力波动会引起塔各点温度的波动，作为岗位的重要参数，一定要认真控制该塔的压力及温度。塔釜温度通过再沸器的加热蒸汽量控制在115~120℃；要经常检查各疏水器的工作情况，出现故障时及时切换或修理。

循环溶剂浓度会影响第一萃取精馏塔塔釜温度的控制。当溶剂浓度高时，塔釜温度控制会相应提高，反之，塔釜温度会相应降低，故此，应尽量维持循环溶剂的浓度一定。第一萃取精馏塔、第二萃取精馏塔的回流罐加强排水会提高循环溶剂的浓度。

第一萃取精馏塔塔釜液位由调节阀控制。液位高时，适当加大塔釜采出量；液位低时，适当减小塔釜采出量。塔釜液位根据溶剂罐液位(一般应控制在30%~70%)控制。溶剂罐液位高时，塔釜液位则应控制高些；溶剂罐液位低时，塔釜液位相应控制低些，不要将溶剂罐抽空。

为了减少丁二烯损失，也为了给下游装置提供合格的原料，第一萃取精馏塔塔顶抽余液中丁二烯要控制在40μg/g以下；为保证成品丁二烯纯度，塔底顺-2-丁烯控制在2.5%(质量分数)以下，反-2-丁烯控制在0.5%(质量分数)以下，如塔顶、塔底质量都不合格，说明溶剂量不足、回流量不合适，应适当增加溶剂量和调整回流量。

溶剂解析塔与第二萃取精馏塔相当于一个塔，第二萃取精馏塔精馏段塔釜液由釜液泵抽出，控制液位后打入溶剂解析塔的顶部，第二萃取精馏塔的回流比一般控制在2~4。回流量太小会降低溶剂回收段的溶剂回收效果，也不能保证塔顶、塔底产品质量；回流量过大，则会稀释溶剂，也不利于萃取精馏的操作。

第二萃取精馏塔塔顶压力一般控制在0.30~0.35MPa，该压力不能控制得太高，否则会提高塔釜液的沸点，使釜温升高且会加剧含水溶剂的水解。

在溶剂解析塔中，丁二烯及少量炔烃在塔上部被蒸出进入第二萃取精馏塔，在溶剂解析塔塔中、下部塔板间乙烯基乙炔浓度较高。故此，从该区域抽出液相或气相物料进入炔烃闪蒸塔闪蒸出炔烃，由于第二萃取精馏塔C_4、溶剂进料量不同，侧线抽出量及侧线位置也不同，要根据不同的进料量调节侧线抽出量及侧线抽出位置，以免从侧线抽出大量丁二烯，影响装置丁二烯收率，也影响炔烃闪蒸塔闪蒸操作。

第二萃取精馏塔塔顶压力稳定的情况下，溶剂解析塔釜温控制在138℃±4℃，该温度通过控制再沸器的加热蒸汽量来控制。该温度不能太低，否则除了使侧线丁二烯抽出量增大，影响装置丁二烯收率，还会造成釜液中炔烃解析不净，使溶剂循环到第二萃取精馏塔塔顶时造成塔顶丁二烯中乙烯基乙炔超过控制的质量指标。

溶剂解析塔塔釜液，即汽提出烃类的溶剂由釜液泵抽出，经循环溶剂余热系统回收热量并经过溶剂冷却器调节温度后回溶剂罐循环使用，塔釜液位通过采出量控制，故此液位要稳定控制，否则，会影响到溶剂换热器的正常操作，进而影响几个相关塔的正常操作。

从溶剂解析塔侧线采出的含炔烃的液相或气相物料进入炔烃闪蒸塔，闪蒸出的烃类物质从塔顶馏出，经过塔顶第一级冷凝器冷凝后进入炔烃闪蒸塔回流罐。冷凝液由回流泵全部打入塔内作全回流，经过塔顶第二级深冷冷凝器冷凝，冷凝液进入炔烃储罐，用泵送入炔烃水洗塔。闪蒸出炔烃的塔釜液由釜液泵抽出，控制液位后返回汽提塔。

通过调节阀控制加入炔烃闪蒸塔的稀释气量，保证塔顶不凝气中乙烯基乙炔的含量低于40%(质量分数)，以免造成因乙烯基乙炔含量太高而发生自分解爆炸。

2. 普通精馏、回收岗位

从萃取系统送来的粗丁二烯在粗丁二烯水洗塔水洗，洗掉粗丁二烯中的循环溶剂乙腈，经洗涤后的丁二烯中乙腈含量要求小于 0.1μg/g。为此，粗丁二烯水洗塔应保持适当的水烃比。

丁二烯经过水洗后进入脱轻塔脱除水分和轻组分，水自回流罐脱水包定时排放(正常操作每小时一次，开车初期半小时一次)，轻组分从回流罐以气相排出。为减少丁二烯损失，含有甲基乙炔的丁二烯气体盐冷后凝液返回流罐，不凝气排入尾气系统。为保证脱水后丁二烯中的水值合格(≤20μg/g)，脱轻塔应保证一定的蒸发量。通常，我们以回流指数(回流量与进料量的比值)的高低衡量蒸发量的大小。脱轻塔的回流指数一般控制在 1.5，大于 1.5 则蒸发量过大，小于 1.5 则蒸发量过小，视脱水、脱轻效果进行调节。脱轻尾气应勤排，排放时流量要小，以免排出量过大造成丁二烯损失，影响装置丁二烯收率。脱轻塔 TBC 加在塔顶馏出线上，以减少丁二烯自聚。

脱水合格的丁二烯送至脱重塔脱除重组分，要求塔顶丁二烯的纯度大于或等于 99.5%(质量分数)。为保证塔顶纯度合格，脱重塔应维持适宜的回流量，回流比一般控制在 4 左右；塔釜也应保持一定的排出量，考虑到塔顶有少量的顺-2-丁烯、反-2-丁烯，该量一般稍小于第二萃取精馏塔至精制系统的顺-2-丁烯、反-2-丁烯与 C_5 的量。根据生产情况的不同，脱重塔 TBC 分别加在冷凝器入口、塔顶馏出线或回流管线上，以保证在正常生产时成品丁二烯中不含 TBC 和装置生产不正常时系统内的 TBC 含量。塔釜液排至 TBC 回收加热器，蒸出的气相经冷凝器冷凝进入残液回收罐回收，残留的液相排至 TBC 回收罐。

生产正常后，从萃取精馏岗循环乙腈中抽出一部分溶剂乙腈进行再生，以除去循环溶剂中的炔烃和杂质。再生量一般为装置循环量的 1%。再生乙腈进入炔烃水洗塔下部，与塔顶流下的洗涤水进行液-液萃取。炔烃水洗塔的水腈比控制在 1~2。塔釜乙腈、水进入装置废水缓冲罐后，再由进料泵送至循环溶剂乙腈再生塔回收乙腈。循环溶剂乙腈再生塔釜液中乙腈含量应不大于 100μg/g，不合格时送装置废水缓冲罐，再次进行回收处理，不可直接送往污水处理厂。循环溶剂乙腈再生塔塔顶乙腈纯度应不低于 70%，纯度过低时短时间内停止采第一萃取塔上塔塔釜，并加大回流量或减小塔釜加热量，直到塔顶纯度合格后才能继续采第一萃取塔上塔塔釜，不要因操作失误将大量低纯度的乙腈送至萃取精馏岗，使循环乙腈浓度降低，这样不仅会影响萃取精馏的正常操作，还会加剧乙腈水解，造成溶剂损失。

5.2.2.2 正常质量调节

1. 原料质量指标的变化对产品质量的影响及工艺调节方法

(1) 丁二烯含量的变化对工序及产品质量的影响及调节。

丁二烯含量的变化主要影响第一萃取精馏塔的操作，由于折纯腈烃比[溶剂进料量/(C_4 进料量×丁二烯含量)]的变化直接影响第一萃取精馏塔塔内丁二烯浓度的分布，浓度分布的改变又使得塔顶组成发生改变。当原料中丁二烯含量提高时，第一萃取精馏塔塔顶组成中丁二烯的含量也会提高，这时，需增加第一萃取精馏塔的溶剂进料量或降低第一萃取精馏塔的塔釜温度，以使原料质量的波动对第一萃取精馏塔质量的影响减到最小；反之亦然。

（2）反-2-丁烯含量的变化对工序及产品质量的影响及调节。

原料中反-2-丁烯含量的变化对第一萃取精馏塔及脱重塔的操作都有影响。反丁烯含量提高，第一萃取精馏塔塔釜组成中反-2-丁烯的含量就会增加，丁二烯的浓度下降，丁二烯浓度的下降又影响脱重塔的浓度分布，使脱重塔塔顶、塔底组成发生变化。这时，需适当提高第一萃取精馏塔塔釜温度，增加脱重塔的回流量，以使原料组成的变化对工序和质量的影响降低到最小。

（3）VA 含量的变化对工序及产品质量的影响及调节。

原料中 VA 含量的变化对第二萃取精馏系统的操作影响较大。VA 含量高，第二萃取精馏塔塔顶组成中 VA 不合格的可能性就大，对侧线温度的控制要求也相应提高。这时，可适当提高第二萃取精馏塔的溶剂量和溶剂解析塔的侧线采出量，同时，对炔烃闪蒸塔的工艺条件进行适当调整(加大塔釜蒸气量，降低塔压等)。从第二萃取精馏塔塔顶出来的含炔烃高的粗丁二烯对脱重塔的操作影响也较大，此时，应加大脱重塔的回流量，以保证产品丁二烯中的炔烃含量在控制指标范围内。

（4）若原料中 C_3 变化，应及时调整第一萃取精馏塔不凝气的排量，以稳定塔压力。

（5）当原料量出现波动时，应手动稳定原料进料调节阀以避免出现振荡。与罐区联系稳定 C_4 送料泵的出口压力，待 C_4 量稳定后原料进料调节阀投自动。如果是因原料罐液位波动引起的进料波动，应先将原料罐液位调节阀改手动，观察引起波动的原因，待液位稳定后再将原料罐液位调节阀改投自动。

2. 工艺条件变化对产品质量的影响及调节方法

（1）循环溶剂浓度和温度的波动及调节。

乙腈作为萃取剂，当其浓度在 90%左右时对丁二烯及炔烃的萃取效果较好，因此，工艺上要求乙腈浓度控制在 90%±2%。由于溶剂浓度低于 90%装置生产不稳定，故溶剂浓度一般控制在 90%左右。在 ACN 抽提丁二烯装置中，没有直接控制溶剂浓度的手段，只能通过间接手段来控制。当溶剂浓度偏高时，可以采取下列措施来控制溶剂浓度：①停止对萃取精馏系统回流罐排水；②降低循环溶剂再生塔塔顶乙腈浓度；③适当开大溶剂再生量。当溶剂浓度偏低时，可以采取下列措施来控制溶剂浓度：①加强对萃取系统回流罐排水；②提高循环溶剂再生塔塔顶乙腈浓度；③适当减小溶剂再生量；④检查相关设备是否有泄漏，如有泄漏及时处理。

如果溶剂温度出现波动，先稳定循环溶剂热利用各环节的工况；再观察溶剂温度调节阀是否出现振荡，如振荡应改手动调节，待查明原因并稳定后再投自动。

（2）溶剂解析塔侧线温度控制不当引起的波动及调节。

溶剂解析塔侧线温度控制不当主要是指以下情况：①侧线温度波动区间过大(≤100℃或≥135℃)；②要求控制的侧线温度区间因工艺条件的改变没有及时调整而变得与新的工艺条件不相适应。

对于温度波动区间过大，应采取以下措施：①加强操作和工艺的管理和监督；②对溶剂解析塔塔釜加热蒸汽量避免做超过 200kg/次的调整；③稳定第一萃取精馏塔塔釜采出量；④稳定第二萃取精馏塔塔釜采出量。

对于因区间调整不合适引起的不当：①适当加大侧线采出量；②根据炔烃闪蒸塔塔顶闪

蒸尾气量和尾气中 VA 含量寻找最合适的温度区间；③根据第二萃取精馏塔塔系温度分布改变溶剂解析塔进料板位置和侧线抽出口位置。

(3) 蒸汽压力的波动及调节。

ACN 抽提丁二烯装置使用的蒸汽压力等级一般为低压，经压力调节至 0.7~0.8MPa 后引入装置使用。当蒸汽源发生波动或上下游用汽装置大幅调整用汽量时，都会使进入 ACN 装置的蒸汽压力发生波动。此时应采取以下措施：①与调度联系，查明波动原因并联系调整；②如压力调节阀发生振荡，应改手动控制，当汽源稳定后再投自动；③监视各个蒸汽再沸器的加热蒸汽量，尽量减少压力波动对装置造成的影响。

(4) 循环水温度和压力的波动及调节。

当循环水温度偏高或者压力偏低时，应采取以下措施：①与调度联系，查明波动原因；②密切监视各冷凝(冷却)器的工作情况及各塔塔顶压力，一旦出现超压立即手动放空。

3. 重点环节的控制与调节

(1) 侧线温度的控制与调节。

在 ACN 抽提丁二烯装置中，侧线温度是最重要而又最难控制的工艺条件。对侧线温度的控制包括三部分：侧线温度区间的选定；侧线位置的选定；侧线温度的调节。

① 侧线温度区间的选定。

侧线温度区间的选定应以炔烃闪蒸塔闪蒸尾气量和尾气中 VA 的含量为依据。根据物料平衡，如果第二萃取精馏塔塔顶 VA 含量在工艺控制指标范围内，则炔烃闪蒸塔塔顶 VA 流量应与原料中的 VA 流量相等，用公式表述为：

炔烃闪蒸塔塔顶尾气量×炔烃闪蒸塔塔顶 VA 含量 = C_4 进料量×原料中 VA 含量

由上面的公式，再根据实际的尾气排放量和具体的分析数据，我们就可以确定侧线的温度区间。

② 侧线位置的选定。

侧线位置的选定应以第二萃取精馏塔塔系温度分布、溶剂解析塔塔釜乙腈中炔烃的解析情况为依据。

当第二萃取精馏塔塔系温度分布上移时，我们可将侧线口适当上移；当温度分布下移时，可将侧线口适当下移。

溶剂解析塔塔釜乙腈解析情况对第二萃取精馏塔的 VA 也有很大的影响。根据吸收原理，第二萃取精馏塔塔顶馏出物中 VA 的含量不会低于溶剂乙腈中的 VA 含量。因此，如果溶剂解析塔塔釜乙腈因解析不好而使 VA 含量超过了工艺控制要求，则第二萃取精馏塔塔顶 VA 含量是不可能满足工艺控制要求的。

可根据溶剂解析塔塔釜乙腈解析情况和第二萃取精馏塔塔顶 VA 含量，通过移动侧线位置来达到是增加精馏段板数还是增加提馏段板数的目的。

③ 第二萃取精馏塔侧线温度的调节。

侧线温度的调节在很大程度上依赖于一种经验的操作。由于缺少自动调节的手段，且间接调节的滞后时间又相当长，加大了该温度调节的难度。因此在调节过程中要细心观察溶剂解析塔和第二萃取精馏塔各温度点的变化趋势及速率，溶剂解析塔塔釜加热蒸汽量的改变要根据各温度点的变化趋势及速率进行调整，对蒸汽量的改变要缓慢而有耐心。

(2) 脱重塔塔釜液面的控制与调节。

脱重塔塔釜液面的控制不要求精确，只要求一定的范围(一般为 40%~60%)。但该塔塔釜液面一旦出现空或满，就会对产品质量造成很大的影响。塔釜蒸空，C_5、C_6、炔烃、乙腈等重组分就会蒸入塔顶，使产品纯度下降，严重时造成产品质量不合格；塔釜液位满很容易使液面超过再沸器气相蒸发线而造成波动，严重时不仅影响产品质量，而且还须从脱轻塔循环以便对脱重塔进行处理，从而造成不必要的浪费。因此，控制好脱重塔塔釜液位，对保证产品质量意义重大。

主要的控制与调节手段有以下几种。

① 稳定脱重塔的进料，在工况变更时应有专人监控脱重塔塔釜液位。塔的进料稳定，塔的操作才能稳定。为稳定脱重塔的进料，应保证脱轻塔操作条件的稳定，即对第一脱轻塔的塔釜加热量、回流量等不应做大幅的调整。

在工况变更时，即前面工序调整进料量时，因脱重塔的进料量和进料组成都有可能大幅改变，塔釜温控在自动状态下很难调整过来，此时，应改手动，以帮助调整。

② 当脱重塔塔釜液面出现大幅波动时，应立即将塔釜温控改手动，在手动状态下观察塔釜液面的变化情况。当液位上涨时，可每次增加 3%～5%的阀位，再观察液位的变化情况，待液位稳定地朝一个方向变化后，再决定是开大还是关小阀位。当液位只在一定范围内缓慢变化时，可改投自动。

当脱重塔塔釜液位出现波动时，应避免大幅度地调节塔釜温度，同时，也应避免大幅度地改变进入溶剂再沸器的物料量。任何大幅度的调节都只能使塔釜液位波动更加剧烈，从而很容易出现塔釜空或满的情况。

③ 均衡脱重塔塔釜采出量。塔釜采出量应通过物料平衡方程计算得出，不能想当然地控制，也不能长时间不排，更不能在塔顶质量下降时大量采出。控制适当的塔釜采出量是塔釜温度稳定的重要保证。只有塔釜温度稳定，塔釜液位才容易控制稳定。计算塔釜采出的物料平衡方程如下：

进料量(F)= C_4 进料量×原料中丁二烯含量×第二萃取精馏塔塔顶丁二烯含量

进料量(F)= 塔顶采出量(D)+塔釜采出量(W)

F×塔顶丁二烯含量=D×塔顶丁二烯含量+W×塔釜丁二烯含量

(3) 稳定原料中丁二烯含量的意义及措施。

第一萃取精馏塔的操作很关键，当该塔操作出现波动或异常时，或者产品质量不合格时，造成丁二烯损失；或者对其他系统产生影响，影响全装置的正常生产。而要保证该塔稳定操作，在工艺条件稳定的情况下，关键是要保证进料的原料组成相对稳定，否则，就会给该塔的操作带来困难。

ACN 法抽提丁二烯装置接收的粗丁二烯原料组成是相对稳定的，丁二烯含量一般在50%左右。原料组成发生较大变化的主要原因是装置开车过程中不正确的循环方法，如第一萃取精馏塔塔顶正常采出抽余液，第二萃取精馏塔、脱重塔因塔顶质量不合格而向原料储罐循环。此时会造成原料中丁二烯含量升高。相反，第一萃取精馏塔因塔顶质量不合格向原料储罐循环，而第二萃取精馏塔、脱重塔因塔顶质量合格却继续向产品罐采出，此时就会使原料储罐中原料的丁二烯含量大幅度降低。在收入的 C_4 原料组成稳定的情况下，采取正确的循环方法是保证第一萃取精馏塔进料组成稳定的关键。

稳定原料中丁二烯含量的措施如下。

① 开车初期，第一萃取精馏塔、第二萃取精馏塔因为塔顶质量不合格，应该同时向原料储罐循环(第一萃取系统、第二萃取系统大循环)。

② 当质量合格后第二萃取精馏塔向精制系统采出丁二烯时，第一萃取精馏塔塔顶也要同时采出丁烷、丁烯。

③ 脱重塔因塔顶质量不合格向原料储罐循环，此时第一萃取精馏塔塔顶也要由采出改为向原料储罐循环。

采取上述循环方法就可保证原料组成稳定，从而稳定各岗操作。

5.2.3 生产提负荷程序

5.2.3.1 生产提负荷注意事项

（1）操作前必须对第一萃取精馏塔的进料量、回流量、溶剂流量以及对第二萃取精馏塔的气体进料量进行计算。

（2）操作过程中，操作压力及温度应保持相对稳定。

（3）溶剂量及原料流量的改变不仅严重影响第一萃取精馏系统的操作，也影响其他部分及循环溶剂热回收系统的操作。因此，上述操作必须谨慎进行。

（4）提量操作期间，必须十分注意第一萃取精馏塔抽余液中丁二烯含量和第一萃取精馏塔塔釜顺-2-丁烯、反-2-丁烯的含量变化。

（5）如果所提负荷量较大，则应分几次进行操作。

5.2.3.2 萃取精馏部分操作

（1）接到提负荷通知后，首先根据提量要求的腈烃比和水烃比、回流比计算出提量后的萃取精馏塔溶剂量和各个水洗塔洗涤水量以及回流量。

（2）在自动控制状态下，先缓慢提高溶剂量和洗涤水量、回流量的给定值，直到满足提量要求。

（3）按要求将进料量提到控制指标。

（4）在提量过程中若出现第一萃取精馏塔灵敏板、塔顶温度降低趋势，可略提高塔釜温度控制值，以保证萃取精馏效果，侧线抽出量也应增大到适当值，同时注意调节各塔釜液位、回流比。

(5)加大炔烃闪蒸塔的加热量时要注意其对溶剂解析塔的冲击，及时提高溶剂解析塔加热量。

5.2.3.3 精馏回收部分操作

（1）萃取精馏提高负荷后，精馏回收岗接收的抽余液、粗丁二烯量亦相应增加，因此第一萃取精馏塔抽余液水洗塔、粗丁二烯水洗塔要根据萃取液、丁二烯水洗效果适当提高洗涤水量，脱轻塔、脱重塔也要根据各自所要求的回流比适当提高回流量，以保证产品质量的稳定。

（2）循环溶剂再生塔的进料量、塔釜加热量也随之加大，循环溶剂再生塔也要根据要求的回流比适当提高回流量，以保证塔顶、塔釜产品质量的稳定。

5.2.4 生产降负荷程序

5.2.4.1 生产降负荷注意事项

（1）操作前必须对第一萃取精馏塔的进料量、回流量、溶剂流量以及对第二萃取精馏塔的气体进料量进行计算。

（2）操作过程中，操作压力及温度应保持恒定。

（3）溶剂量及原料流量的改变不仅严重影响第一萃取精馏系统的操作，也影响其他部分及循环溶剂热回收系统的操作。因此，上述操作必须谨慎进行。

（4）降量操作期间，必须十分注意第一萃取精馏塔抽余液丁烷、丁烯馏分中丁二烯含量和第一萃取精馏塔塔釜顺-2-丁烯、反-2-丁烯的含量变化。

（5）如果所降负荷量较大，则应分几次操作。

5.2.4.2 萃取精馏部分操作

（1）接到降负荷通知后，首先根据降量要求的腈烃比和水烃比、回流比计算出降量后的溶剂量和洗涤水量以及回流量。

（2）在自动控制状态下，先降低进料量、回流量，再降低溶剂量和洗涤水量的给定值，直到满足降量要求为止。

（3）在降量过程中若出现第一萃取精馏塔灵敏板、塔顶温度升高趋势，可略降低塔釜温度自控值，以保证萃取精馏效果，侧线抽出量也应降低到适当值，以避免损失过多的丁二烯。注意调节各塔釜液位、温度。

（4）减小炔烃闪蒸塔的加热量，同时要注意对溶剂解析塔的调节，及时减小溶剂解析塔加热量。

5.2.4.3 精馏回收部分操作

（1）萃取精馏部分降低负荷后，精馏回收部分接受的第二萃取精馏塔萃取液粗丁二烯量亦相应减少，因此，第一萃取精馏塔抽余液水洗塔、丁二烯水洗塔要根据抽余液、丁二烯水洗效果适当减小洗涤水量，以降低循环溶剂再生塔的负荷。脱轻塔、脱重塔也要根据产品质量情况适当减小回流量，以节能降耗。

（2）循环溶剂再生塔的进料量、塔釜加热量也随之减小，一方面循环溶剂再生塔要根据自己所要求的回流比适当降低回流量，以保证塔顶、塔釜产品质量的稳定。另一方面要适当增加萃取精馏单元腈烃比，增大溶剂加入量，同时加大回流量，以保证脱重塔的质量合格。

5.2.5 C_4 原料变化的操作

C_5 含量要严格控制。C_5 相对于 C_4 烃具有较高的沸点，实际生产中不易从乙腈中蒸出，造成乙腈中因混有 C_5 使乙腈溶剂受到污染，造成溶剂的选择性下降，给正常操作带来困难，使装置难于控制。严重时，不仅能造成产品质量不合格，使装置改循环操作，而且长期使用 C_5 含量高的原料，会使再沸器传热效果显著下降，进而造成再沸器或管线堵塞，直接影响生产。

C_5 含量高时，为稳定生产，在实际操作和生产管理上应采取的措施如下。

（1）一方面要控制好汽提塔的塔釜温度，保证塔釜温度不低于溶剂沸点温度以确保循环溶剂中烃类解析干净。另一方面要适当增加腈烃比，增大溶剂加入量。同时使回流量加大，以保证第二萃取精馏塔的质量合格。

（2）严格加强循环溶剂再生塔的工艺条件管理，进一步降低循环溶剂中的轻组分。

（3）要保证原料蒸发罐罐底循环溶剂加热量，及时排掉原料蒸发罐罐底 C_5 等重组分，尽量减轻后续工序的压力和影响。维持各塔系、冷却器、再沸器等处在正常操作条件下。

5.2.6 设备的切换操作

5.2.6.1 原料 C_4 进料蒸发器的切入和切出操作

在切入原料 C_4 进料蒸发器的备用再沸器之前应先对其进行氮气置换，置换合格后方能进行 C_4 进料蒸发器的切入操作。

首先将原料 C_4 进料蒸发器的进出物料阀门打开，使 C_4 物料充满 C_4 进料蒸发器的管程，其次将 C_4 进料蒸发器加热溶剂的进出口阀门打开，使热溶剂进入 C_4 进料蒸发器的壳程。在室内调节 C_4 进料蒸发器的液位，使 C_4 进料蒸发器的液位保持平衡，即完成 C_4 进料蒸发器的切入操作。

在接到切出 C_4 进料蒸发器的命令之后，首先关闭要切出的 C_4 进料蒸发器下面的物料阀门，以使切出的 C_4 进料蒸发器中的 C_4 物料尽量蒸发干净，然后关闭 C_4 进料蒸发器上面的物料阀门。关闭 C_4 进料蒸发器加热溶剂的进出口阀门，将 C_4 进料蒸发器管程中的 C_4 物料放空至火炬系统，并用氮气置换干净，壳程中的溶剂由废溶剂线排放至工艺排液受槽，并用氮气吹扫干净，至此即完成了 C_4 进料蒸发器的切出操作。

5.2.6.2 再沸器的切出与切入操作

当再沸器出现堵或漏时，需停车清洗、堵漏。此时可用一台再沸器维持生产，再沸器的切换可按下列步骤进行。

1. 再沸器的切出操作

(1) 当接到切出再沸器的工作指令后，做好接收含乙腈废水的准备。

(2) 丁二烯萃取精馏塔适当减少进料量，减量时要缓慢，防止进料量骤减，影响塔的稳定操作。

(3) 对要切出的再沸器停止加热。切断蒸汽进口阀门和蒸汽凝水出口阀门。

(4) 对要切出的再沸器停止进料。切断再沸器的进口阀门和出口阀门。

(5) 打开再沸器向地下罐的倒料阀门。从再沸器气相线处接上氮气胶管，用氮气压料。

(6) 待料压净后(倒料管线取样口放不出液相为准)，拆除氮气胶管，接上新鲜水冲洗再沸器，洗液排往地下罐，当罐满时，可暂停水洗(此时回收岗应适当提高塔的进料量)。严禁现场就地排放含乙腈的污水。

(7) 洗液取样分析，待洗液中常量分析无循环溶剂乙腈时，洗液可用胶管接至污水井，向污水车间排放。

(8) 当洗液中乙腈含量$<20\mu g/g$时，停止水洗，待命检修。

2. 再沸器的切入操作

再沸器的切入步骤如下。

(1) 对再沸器系统的流程做全面检查后，再沸器(管程)用氮气试压查漏，加压使用皂液查漏，应无气泡出现。

(2) 试压试漏合格后，用氮气吹扫，使再沸器系统中含氧量$\leq 0.05\%$，然后用 0.05～0.10MPa 氮气保压。

(3) 如果再沸器清洗堵漏工作在装置外边进行，在再沸器就位完成(1)、(2)两步工作后，尚需对(壳程)蒸汽系统检漏。此时可缓慢开启蒸汽阀门升压试漏。无泄漏后，再缓慢开启蒸汽凝水出口阀门。

(4) 当上述各点确无问题后，缓慢打开再沸器气相阀门和液相阀门，引入蒸汽，投入正常运转。

(5) 在再沸器投入运转后，注意塔的压力变化，防止不凝气(氮气)进入回流罐影响塔的压力控制。

(6) 待清洗、堵漏的再沸器投入运转，塔系操作趋于稳定后，视需要可切换另一台再沸器。

5.2.6.3 装置系统循环或局部循环

1. 萃取系统循环

当第一萃取精馏塔塔顶丁二烯超高、第二萃取精馏塔塔顶 VA 超高、第二萃取精馏塔塔顶反-2-丁烯含量超高时，循环程序如下。

(1) 抽余液水洗塔塔顶采出改送原料罐区，将原送料阀门关闭。

(2) 粗丁二烯水洗塔塔顶采出改送原料罐区，将原送料阀门关闭。

(3) 停止成品丁二烯采往产品罐，脱轻塔、脱重塔单塔循环。

2. 普通精馏系统循环

当脱重塔塔顶产品丁二烯质量不合格时，循环程序如下(两种)。

(1) 第一种循环程序：

① 关闭脱重塔回流罐液面调节阀及保护阀、副线阀。

② 第一萃取精馏塔抽余液水洗塔塔顶采出改去原料罐，第一萃取精馏塔抽余液水洗塔塔顶采出送入下道工序的阀关闭(先开后关)。

③ 粗丁二烯水洗塔塔顶采出改去原料罐区，粗丁二烯水洗塔给脱轻塔进料阀关闭，脱轻塔塔釜去脱重塔进料阀关闭，脱轻塔单塔循环，脱重塔单塔循环，加大回流量，加大重组分排放量。

(2) 第二种循环程序：

① 关闭脱重塔回流罐液面调节阀及保护阀、副线阀。关闭脱重塔成品冷凝器去产品罐调节阀及保护阀、副线阀。

② 第一萃取精馏塔抽余液水洗塔塔顶采出改去原料罐区，抽余液水洗塔塔顶采出送入下道工序的阀关闭(先开后关)。

③ 脱重塔从回流改去原料罐区循环(如果已造成产品罐质量不合格，连产品罐一起进行大循环)。

3. 普通精馏系统循环(产品罐质量不合格，水值过高)

当产品罐质量不合格，产品中水值过高时，产品罐不合格，成品经产品采出泵出口送入脱重塔重新处理。

5.3 NMP 抽提丁二烯装置的正常操作及控制

5.3.1 装置操作的几点知识

5.3.1.1 脱轻塔脱水原理

脱轻塔进料中的水是饱和溶解水，水分子被大量丁二烯包围，水分子互相隔开，氢键被破坏无法缔合；在丁二烯中水分子的挥发能力比在纯水中增加 300~400 倍。水与丁二烯形成非均相共沸物蒸到塔顶，在塔顶浓度增大，析出游离水，利用密度差沉降到水室被脱除。

5.3.1.2 丁二烯端聚物的生成

装置产品丁二烯化学性质极为活泼，当系统中有 O_2 存在时，丁二烯首先被氧化成过氧化物，然后自聚成为过氧化自聚物，过氧化自聚物产生的游离基又可引发丁二烯聚合，最后生成米粒状端基聚合物。因此，过氧化物和活性氧是引发爆米花状聚合物生成的必要条件。反应历程如下：①诱导期，1,3-丁二烯在氧的作用下，生成丁二烯过氧化物并断链成为活性自由基。②当系统中有铁锈和水存在时，丁二烯过氧化物发生分解反应。③链增长、链终止反应：断链和分解生成的自由基进一步增长，最终生成丁二烯端基聚合物。

5.3.2　正常操作

5.3.2.1　正常操作时的注意事项

正常操作时的注意事项如下。

（1）操作条件的改变要缓慢进行。

（2）不要在同一时间改变很多工艺参数。

（3）改变一个参数后，要等待系统反应后方可改变下一参数。

（4）输入数据要细心，力求准确，对错误操作要及时更正。

5.3.2.2　正常操作程序

1. C_4 原料蒸发罐的操作

C_4 原料蒸发罐的作用是将丁二烯装置界区外来的液相 C_4 原料经原料蒸发器加热汽化，将气态 C_4 原料送入主洗塔。

（1）C_4 原料进料量由原料蒸发罐液位控制，蒸发罐正常液位为50%左右。C_4 原料中各组分含量的变化，由安装在原料蒸发罐顶部气相馏出管线上的工业气相色谱仪在线检测。如果原料中的丁二烯含量与设计值比较变化不大，则不必改变主洗塔回流比和溶剂进料比。

（2）主、辅原料蒸发器。

主原料蒸发器以热溶剂为热源，热溶剂流量由原料蒸发量调节阀自动分程控制进入主原料蒸发器的热溶剂的正路与旁路管线，以确保 C_4原料蒸发量达到工艺要求。

辅原料蒸发器以热冷却剂为热源，由手动调节阀分程控制进入辅原料蒸发器热冷却剂的正路与旁路管线流量，以维持热冷却剂流量的稳定，必要时可以手动调节进入辅原料蒸发器热冷却剂的正路开度以补充原料蒸发需要的热量。

（3）C_4 原料蒸发罐的正常操作。

如果罐底温度升高，则说明原料蒸发罐底部的高沸点组分增多，需要通过罐底排放线将高沸点组分排出界区。

2. 主洗塔的操作

主洗塔的作用是脱除 C_4 原料中相对比1,3-丁二烯难溶的组分，即丙烷、丙烯、丁烷、1-丁烯、顺-2-丁烯、反-2-丁烯、异丁烯等。同时将1,3-丁二烯、甲基乙炔、乙烯基乙炔、1,2-丁二烯、C_5 等易溶组分溶于溶剂中从塔釜排出。

（1）溶剂进料。

经过主原料蒸发器回收热量后的循环溶剂经溶剂冷却器降温后，从主洗塔填料层顶部加入，溶剂进料量由溶剂比确定。

（2）塔压控制。

通过调节塔顶冷凝器的冷却面积控制塔顶压力。

（3）塔顶与回流罐的温差。

如果主洗塔塔顶与回流罐温差大于4℃，说明系统中有 N_2 或 C_2、C_3 等低沸点组分的不凝气体累积在塔顶冷凝器和回流罐中，需要通过塔顶冷凝器的放空线将不凝气体排出至火炬管线。

（4）回流罐排水。

为保证抽余液中含水量少，水室界面保持低一些，但同时要防止烃类随水排出，进入水分离罐汽化后影响脱气部分的操作。

(5) 塔回流。

主洗塔回流量由流量调节阀控制，回流量的大小由回流比来确定。

(6) 在线气相色谱分析仪表(2 台)。

一台在线气相色谱分析仪表安装在主洗塔塔顶馏出管线上，用于检测塔顶抽余液中 1，3-丁二烯含量。

另一台在线气相色谱分析仪表安装在主洗塔中部，用于检测主洗塔内丁二烯浓度的变化。

如果原料中的 1,3-丁二烯和顺-2-丁烯浓度发生较大变化，需要相应调整主洗塔回流量和溶剂进料量。如果原料中 C_3 等轻组分含量增加，导致主洗塔塔顶压力上升到无法调节，那么必须通过塔顶放空阀放空，但会造成部分抽余液损失。

如果原料中 C_5 等重组分含量有较大增加，需要增大主洗塔回流，增加脱重塔塔釜排放量。

(7) 压差。

当塔中出现液泛等异常情况时，需增加硅油加入量。如果塔内填料层堵塞导致压差变大，无法控制时，应考虑局部停车检修。

(8) 塔釜液位。

主洗塔塔釜液位与塔釜排出量形成串级均匀调节，既能保证塔釜液位稳定，又可使排出量相对稳定。

(9) 塔釜温度。

主洗塔塔釜正常操作温度受塔内 1,3-丁二烯浓度的影响较大，可调节后洗塔塔顶粗丁二烯的采出量来改变主洗塔操作温度。

3. 精馏塔的操作

精馏塔的任务是上部分作为第一萃取精馏塔的一部分继续脱除丁烷、丁烯等难溶物，烃类气体从精馏塔塔顶返回主洗塔塔釜；下部分是预脱气部分，将循环溶剂中的部分烃类解析出来；在下部塔釜闪蒸出 1,3-丁二烯和炔烃的易溶组分，从精馏塔中部采出送入后洗塔塔釜，作为后洗塔烃类进料。

(1) 塔釜温度。

精馏塔塔釜泵吸入室的溶剂由精馏塔塔釜泵送出，经 3~4 台溶剂加热器串联加热后，返回精馏塔塔釜闪蒸室，溶剂中部分烃类气体从精馏塔塔釜闪蒸室中闪蒸出来，必须保持塔釜温度稳定，进而保证萃取精馏系统其他各点温度稳定及闪蒸效果良好。

(2) 塔釜液位。

精馏塔塔釜吸入室、闪蒸室液位均由液位调节阀控制稳定在 30%~50%即可。

4. 后洗塔

后洗塔的作用是将 C_4 烃类中比 1,3-丁二烯更易溶组分如乙烯基乙炔、乙基乙炔等脱除，粗丁二烯从塔顶采出。由于粗丁二烯纯度很高，为防止丁二烯聚合，在后洗塔开车时就应向后洗塔塔顶冷凝器中加入适量 TBC，粗丁二烯中 TBC 含量应为 50~150μg/g。部分 TBC 通过回流进入后洗塔，最终进入循环溶剂中。

(1) 溶剂量。

溶剂加入量由流量调节阀控制及溶剂比确定。

(2) 塔顶压力。

后洗塔塔顶无压力调节阀，塔压主要受主洗塔的压力以及主洗塔和精馏塔上部的压差影响。

(3) 塔回流。

后洗塔回流量由流量调节阀控制，可通过调整回流量影响粗丁二烯的产品质量。

(4) 回流罐中水的排除。

粗丁二烯中的水分，沉降后积累在回流罐底部水室，由水室界面调节阀控制送往水分离罐。排水时严防烃类随水排出，进入水分离罐汽化后影响脱气系统的操作。

(5) 塔釜液位。

塔釜液位与塔釜排出量形成串级均匀调节，既能保证塔釜液位稳定，又可使排出量相对稳定。

5. 脱气塔的正常操作

脱气塔的作用是将含烃溶剂通过加热闪蒸，完全脱除其中所含的烃类，并调整好溶剂中水含量。脱气后的溶剂再通过逐级回收热量后，送去萃取塔重新使用。

(1) 溶剂进料。

精馏塔塔釜闪蒸室中的溶剂，经脱气塔进料泵送出，在溶剂加热器中被低压蒸汽加热后，进入脱气塔顶部。脱气塔的溶剂进料量与精馏塔塔釜闪蒸室液位控制构成串级均匀调节，既保证精馏塔塔釜闪蒸室液位稳定，又保证脱气塔进料量相对稳定。

(2) 塔釜再沸器。

塔釜再沸器以中压蒸汽为热源，加热量根据溶剂进料量与中压蒸汽流量按比例自动调节。中压蒸汽进入再沸器前由温度调节阀控制加入的冷凝液量，以维持设定中压蒸汽的温度。

脱气塔塔釜温度必须达到 NMP 的沸点[在塔釜压力 50kPa，塔釜水值 8.3%(质量分数)时，溶剂沸点为 148℃]，以便将溶剂中烃类完全汽提出来。

(3) 塔压力。

塔釜压力、塔顶压力较低，操作压力低有利于烃类从溶剂中脱除。

(4) 调节溶剂水含量。

含水溶剂有利于降低 NMP 的沸点，提高溶剂对烃类的选择性，同时减少能耗。塔釜设有水值仪表，通过塔釜压力和塔釜温度计算得出溶剂的水含量。如果水含量过高，则需要增大脱气塔的侧线炔烃采出量，或减小炔烃洗涤塔水进料量。如果水含量偏低，NMP 沸点升高，则可增加炔烃洗涤塔的水进料量。

(5) 塔釜溶剂送出。

脱气塔塔釜完全脱气后的溶剂，水值已调整合格，经脱气塔塔釜泵送出，首先进入溶剂换热器壳程，加热精馏塔中将要预脱气的溶剂，其次进入脱重塔再沸器壳程作为热源，再次进入主原料蒸发器壳程加热汽化 C_4 原料，最后由溶剂冷却器降温送入主洗塔和后洗塔循环使用。

注意脱气塔塔釜液位不能通过塔釜采出量控制，必须保证溶剂循环的换热稳定以及主洗塔和后洗塔溶剂进料量的稳定。脱气塔塔釜液位必要时可由脱气塔进料量调节。

6. 炔烃洗涤塔的操作

炔烃洗涤塔顶部加水，洗去炔烃采出气流中夹带的溶剂，同时调整脱气塔溶剂中的水含量。炔烃洗涤塔压力和温度受脱气塔的温度、压力和炔烃采出量的影响，自身无控制手段。

炔烃洗涤塔顶部炔烃采出时加入气态抽余液稀释，抽余液稀释量根据炔烃采出量通过比例调节自动控制，炔烃采出管线上设有工业气相色谱仪进行在线分析检测。

如果增加炔烃采出量，必须按比例增加抽余液稀释量。操作时注意抽余液稀释量不能过高，过高会造成 C_4 炔烃被堵在炔烃洗涤塔无法正常采出，C_4 炔烃积累在脱炔烃塔中，形成不安全因素。如果加入炔烃洗涤塔的水量过小，会使溶剂不能完全被洗下，造成溶剂损失量增加。

气态 C_4 炔烃可直接排放至火炬系统，如工艺需要可使用液态丙烯制冷，将 C_4 炔烃冷凝后收集在 C_4 炔烃罐中，由 C_4 炔烃输送泵送出界区用作燃料气。

C_4 炔烃储罐由液位调节阀控制 C_4 炔烃的送出量，以保持罐液位稳定。液态 C_4 炔烃中水分会沉降积累于 C_4 炔烃储罐水室中，在水室界面调节阀控制下排放至水分离罐。

7. 冷却塔正常操作

冷却塔的作用是将脱气塔顶部采出的烃类气体降温，并洗涤掉气相中的微量 NMP，同时保证压缩机的入口压力稳定。冷却剂(NMP、水的混合物)的温度上升后，由冷却塔塔釜泵送出作为辅原料蒸发器的加热介质，然后进入冷却剂冷却器，由调节阀控制温度，再送回冷却塔塔顶循环使用。

压缩机的出口温度通过调节冷却剂的流量进行控制。冷却塔塔顶压力即为压缩机的吸入压力，必须保持稳定，冷却塔压力高时可通过塔顶放空阀调节，压力低时可加大压缩机出口返回冷却塔的循环气量。

塔釜液位升高后，由液位调节阀控制送入精馏塔塔釜，进入循环溶剂中。由于冷却剂含水量较高，因此，送出量必须保持相对稳定，避免造成循环溶剂水值波动。

起阻聚作用的 $NaNO_2$ 溶液加入冷却塔塔釜泵入口，进入冷却循环回路，并随冷却剂送入精馏塔塔釜，进入循环溶剂中。

8. 脱轻塔的正常操作

脱轻塔主要脱除粗丁二烯中的低沸点杂质(主要是甲基乙炔和水分)。由于脱轻塔中丁二烯浓度很高，操作温度也较高，为防止丁二烯聚合，在开车开始时就应向塔顶冷凝器中加入适量 TBC 溶液。粗丁二烯中 TBC 含量保持在 $50\sim150\mu g/g$。

塔顶操作压力由调节阀通过改变塔顶冷凝器的冷凝面积来控制。塔顶设有压力联锁装置，当塔顶压力超过联锁值时，触发联锁动作打开塔顶放空阀泄压，压力下降至正常值后，触液联锁动作自动关闭放空阀，放空阀也可手动调节控制塔压。

塔顶还设有温度联锁，起安全保护作用，如果塔顶温度逐步下降，说明塔顶气相中甲基乙炔含量增加。当塔顶温度下降至联锁值时，联锁动作打开塔顶放空阀，将烃类排放至火炬系统，保证甲基乙炔浓度在安全范围之内；温度回升后，该放空阀将通过联锁自动关闭。

塔顶冷凝器冷凝下来的粗丁二烯被送入回流罐中，由回流泵送出作为脱轻塔的回流。塔顶冷凝器中的不凝气(以甲基乙炔为主)直接送出丁二烯装置界区，塔顶设有在线气相色谱分析仪，随时检测塔顶气相组成中甲基乙炔的含量。

塔釜再沸器使用蒸汽冷凝液作为热源，换热后蒸汽冷凝液返回冷凝液罐中。加热冷凝液量由塔釜热量控制阀根据脱轻塔的进料量和再沸器的凝液温差计算所需热量后自动调节。

粗丁二烯中的水分主要在脱轻塔脱除，水和烃类收集于回流罐中，产品中水值不合格也主要调整脱轻塔的操作。脱轻塔回流罐中液位保持高一些，保证水分有足够的沉降时间。水室中积累的水分在水室界面调节阀控制下排出，水室界面可保持低一些，但要保证烃类组分不能经此进入水分离罐引起脱气系统压力波动。

可利用脱轻塔与脱重塔之间的压差将粗丁二烯直接送入脱重塔，不用安装塔釜泵。送出量由塔釜液位调节阀控制，以保证脱轻塔塔釜液位稳定。为避免脱轻塔内形成的丁二烯聚合物带入脱重塔，在脱轻塔塔釜送出管线上装有两台过滤器。

9. 脱重塔的正常操作

脱重塔的作用是从粗丁二烯中脱除高沸点组分，如 1,2-丁二烯、C_5 以及少量顺-2-丁烯和 1-丁炔等组分，塔顶采出合格的 1,3-丁二烯产品。

脱重塔中丁二烯浓度很高，为防止丁二烯聚合，在开车开始时就应向脱重塔塔顶冷凝器中加入适量 TBC 溶液，丁二烯中 TBC 含量保持在 50~150μg/g。

塔顶压力由调节阀通过改变塔顶冷凝器的冷凝面积来控制。塔顶设有压力联锁，起安全保护作用，当塔顶压力超过联锁值时，联锁动作打开塔顶放空阀；当压力下降至操作压力后，联锁动作关闭放空阀，该放空阀也可手动调节控制塔压。

塔顶馏出管线上设有在线气相色谱分析仪，随时检测丁二烯产品中甲基乙炔、1-丁炔、反-2-丁烯、1,2-丁二烯杂质组分的含量。

塔顶馏出的丁二烯产品经冷凝液化后进入回流罐，通过回流泵送出，一部分经过回流调节阀控制作为脱重塔的回流，另一部分作为丁二烯产品送至丁二烯储罐。

正常情况下，回流罐中不应有较多的水出现，因此，回流罐水室没有界面调节阀，如果由现场液位计发现有水积累可由现场排放。

脱重塔再沸器使用脱气塔塔釜送出的循环溶剂作为加热介质，进入再沸器的热溶剂量根据脱重塔塔釜液位由调节阀自动控制。

按照安全需要，脱重塔塔釜的 1,2-丁二烯含量不能过高，塔釜的高沸点烃类由调节阀控制送出界区。塔釜中高沸物含量增加，则塔釜温度会略有升高，如塔釜温度过高，应及时加大塔釜送出量，以排出高沸物。

10. 溶剂再生系统的正常操作

溶剂再生罐的进料是连续进行的，进料量由溶剂再生罐液位调节阀控制，当再生罐液位上升时逐渐减少进料量，当溶剂再生罐液位足够高时停止进料。

溶剂再生罐的夹套内通入低压蒸汽进行加热，通过搅拌器使罐内溶剂温度均匀。溶剂再生罐内正常操作温度大约在 90~100℃。溶剂再生罐顶部的气相管线上设有高液位联锁，一旦有液体进入气相管线，立即启动联锁关闭蒸出管线上的切断阀。溶剂再生系统由中压蒸汽喷射器抽真空维持负压操作，蒸汽冷凝形成的废水收集在冷凝罐中，由废水泵最终排出装置，冷凝罐设有低液位联锁，保持一定的液封高度。

纯净的溶剂气体不断从溶剂再生罐顶部蒸出，冷凝后进入再生溶剂罐。由再生溶剂泵将溶剂送回溶剂冷却器壳程出口，返回循环溶剂中，再生溶剂罐设有低液位联锁，保持一定的液封液位，防止空气进入溶剂再生系统影响真空度。

再生溶剂冷凝器的不凝气进入再生溶剂洗涤塔，少量冷凝液从塔顶加入洗掉不凝气中的溶剂，同时调节再生溶剂中含水量，溶剂和水一起经再生溶剂冷凝器返回再生溶剂罐，不凝气由再生溶剂洗涤塔塔顶排放。

11. 火炬排放及废液排放操作

所有气相物流及液态烃类物流，包括安全阀泄压气体排放的和放空阀排放的气体被送入火炬排放罐，气相物流再从火炬排放罐顶部送至火炬系统，液体从火炬排放罐底部送入地下的废溶剂回收罐。

所有可能含溶剂的液相排放，被送入地下的废溶剂回收罐中，该罐内部设有蒸汽加热器，可将罐中存在的烃类汽化，再从罐顶返回火炬排放罐中送入火炬系统。废溶剂回收罐中的溶剂可送至溶剂再生系统再生后回收和利用，如罐内溶剂足够纯净，也可直接送入主洗塔中使用。

5.3.3 生产提负荷程序

操作步骤如下。

(1) 根据负荷要求，按比例提高主洗塔的溶剂进料量。

(2) 根据负荷要求，提高进料蒸发量。

(3) 按比例提高主洗塔的回流量。

(4) 按比例提高后洗塔的溶剂进料量。

(5) 按比例提高后洗塔的回流量。

(6) 根据主洗塔、后洗塔塔内温度分布的变化及在线色谱仪的分析数据提高后洗塔塔顶粗丁二烯采出量。

(7) 根据溶剂循环量的变化提高脱气塔塔釜加热蒸汽量，保证脱气塔塔釜温度稳定。

(8) 脱气塔负荷增加后，注意调整压缩机参数的变化。注意相应增加炔烃的采出量和炔烃洗涤塔的水进料量。

(9) 溶剂循环量发生变化后，注意各塔液位情况并及时调整稳定，溶剂不足时可由溶剂输送泵从溶剂储罐中补充。

(10) 进入脱轻塔的粗丁二烯增加后，及时提高脱轻塔的塔釜加热量、塔顶回流量和塔釜送出量，保持脱轻塔的各项操作参数稳定。

(11) 进入脱重塔的粗丁二烯增加后，及时提高脱重塔的塔釜加热量、塔顶回流量和塔釜送出量，保持脱重塔的各项操作参数稳定。

(12) 脱重塔的塔釜再沸器加热量加大后，注意溶剂热量变化对主进料蒸发器加热量的影响，并做相应调整。

(13) 负荷增加后，注意相应调整各化学品的注入量。

(14) 装置提负荷幅度较大时，应将进料蒸发量、溶剂进料量、各塔回流量、粗丁二烯采出量的改变分步缓慢进行，并随时调整装置运行参数。

5.3.4 生产降负荷程序

操作步骤如下。

(1) 根据负荷要求降低原料蒸发量。

(2) 根据负荷要求，按比例降低主洗塔的溶剂进料量和回流量。

(3) 按比例降低后洗塔的溶剂进料量和回流量。

(4) 根据主洗塔、后洗塔塔内温度分布的变化及在线色谱仪的分析数据降低后洗塔的塔顶丁二烯采出量。

(5) 根据溶剂循环量的变化减少脱气塔塔釜加热蒸汽量，保证脱气塔塔釜温度稳定。

(6) 脱气塔负荷下降后，注意及时调整压缩机参数的变化。注意相应调整炔烃的采出量和炔烃洗涤塔的水进料量。

(7) 溶剂循环量发生变化后，注意各塔液位情况并及时调整稳定，溶剂量过多时可送回溶剂储罐中。

(8) 脱轻塔的粗丁二烯进料减少后，及时调整脱轻塔的塔釜加热量、塔顶回流量和塔釜送出量，保持脱轻塔的各项操作参数稳定。

(9) 进入脱重塔的粗丁二烯减少后，及时加大脱重塔的塔釜加热量、塔顶回流量和塔釜送出量，保持脱重塔的各项操作参数稳定。

(10) 脱重塔的塔釜再沸器加热量减小后，注意溶剂热量变化对主进料蒸发器加热量的影响，并做相应调整。

(11) 负荷降低后，注意相应调整各化学品的注入量。

(12) 如装置降负荷幅度较大时，应将进料蒸发量、溶剂进料量、各塔回流量、粗丁二烯采出量的改变分步缓慢进行，并随时调整装置运行参数。

5.3.5 C_4 原料变化的操作

5.3.5.1 原料中丁二烯含量发生变化

(1) 暂时保持去主洗塔的溶剂循环量。

(2) 用后洗塔塔顶流量调节阀提高或降低粗丁二烯的采出量，应该与 C_4 进料中的丁二烯的含量成正比。

(3) 调整后洗塔的溶剂循环量。

(4) 观察主洗塔、后洗塔中部的在线分析仪。

(5) 调整主洗塔的溶剂循环量及回流量。

5.3.5.2 原料中 C_5 含量升高

(1) C_4 原料中 C_5 含量高时，要控制好脱气塔的塔釜温度，塔釜温度不应低于溶剂沸点，以确保循环溶剂中烃类解析干净。

(2) C_4 原料中 C_5 含量高时，适当加大溶剂比，增大溶剂加入量。同时使回流量加大，以保证第二萃取精馏塔的质量合格。

(3) 当 C_5 含量高时，应注意原料蒸发罐罐底温度变化，及时排掉罐底 C_5 等重组分，尽量减轻后续工序的压力和影响。维持各塔系、冷却器、再沸器等处在正常操作条件下。

5.3.6 设备的切换操作

5.3.6.1 C_4 进料蒸发器的切换操作

切入 C_4 进料蒸发器的备台前应先检查流程，如进料蒸发器有“8”字盲板应将其打通，再对其进行氮气置换，置换合格后方能进行 C_4 进料蒸发器的切换操作。

1. 切入操作

(1) 打开 C_4 进料蒸发器的管程进出口阀门，使 C_4 物料充满管程。

(2) 打开进料蒸发器壳程的加热介质进出口阀门，使加热介质(主原料蒸发器的加热介质是热溶剂，辅原料蒸发器的加热介质是来自冷却塔塔釜的热冷却剂)进入 C_4 进料蒸发器的壳程。

(3) 调节进入主、辅 C_4 进料蒸发器的加热量，使 C_4 蒸发量保持稳定，即完成 C_4 进料蒸发器的切入操作。

2. 切出操作

(1) 关闭 C_4 进料蒸发器的管程入口阀，将其中的 C_4 物料尽量蒸发干净后，关闭 C_4 进料蒸发器壳程的加热介质的进出口阀门。

(2) 关闭管程出口物料阀。打开 C_4 进料蒸发器管程的安全阀旁通线阀门，将其中残存

的 C_4 物料放空至火炬系统，并用氮气置换干净。

(3) 进料蒸发器壳程如需倒空，其中的溶剂或冷却剂应排至废溶剂回收罐，并用氮气吹扫干净，至此即全部完成了 C_4 进料蒸发器的切出操作。

(4) 切出倒空后，可根据工艺需要在管程、壳程进出口阀门处安装盲板。

5.3.6.2 脱轻塔和脱重塔再沸器的切换操作

1. 切入操作

(1) 检查流程，如再沸器有"8"字盲板应将其掉向打通，对再沸器进行氮气置换至合格。

(2) 打开再沸器的管程进出口阀门，使塔釜粗丁二烯物料充满管程。

(3) 将壳程的加热介质进出口阀门打开，使加热介质(脱轻塔再沸器的加热介质是蒸汽冷凝液，脱重塔再沸器的加热介质是热溶剂)进入。

(4) 在室内调节再沸器的加热量，使塔釜加热量保持稳定，即完成再沸器的切入操作。

2. 切出操作

(1) 关闭要切出再沸器的管程入口阀门，将要切出的精馏塔再沸器中的粗丁二烯物料尽量蒸发干净。

(2) 关闭再沸器壳程的加热介质的进出口阀门。

(3) 关闭塔再沸器的管程出口物料阀门。

(4) 打开再沸器管程的安全阀旁通阀门，将其中残存的物料放空至火炬系统，并将再沸器管程用氮气置换干净。

(5) 如需倒空，壳程中的溶剂应由废溶剂排放线排至废溶剂回收罐，并用氮气吹扫干净，凝液可由现场排放。

(6) 根据工艺需要在切出的再沸器管程、壳程进出口阀门处安装盲板。

5.3.6.3 溶剂换热器的切换操作

在 NMP 法抽提丁二烯装置中设有四台串联的溶剂换热器，一般情况下为三开一备。如因结垢而影响换热能力时可逐台切出清洗。在切入溶剂换热器的备用台之前应先检查流程，如换热器有"8"字盲板应将其掉向打通，再对其进行氮气置换，置换合格后方能进行溶剂换热器的切换操作。

1. 切入操作

(1) 将要切入的溶剂换热器的管程进出口阀缓慢打开，管程充满溶剂后，关闭要切入的溶剂换热器的管程旁路阀门。

(2) 将要切入的溶剂换热器壳程的进出口阀门缓慢打开，壳程充满溶剂后关闭要切入的换热器的壳程旁路阀。必要时由管程、壳程的高点排气，使溶剂完全充满换热器的管程、壳程。

2. 切出操作

切出前，要保证精馏塔塔釜和脱气塔塔釜的液位达到足够高度，切换过程中，保证操作过程稳定，要及时调节各萃取精馏塔液位，必要时由溶剂储罐向系统中补充足够的溶剂。

(1) 完全打开要切出的换热器的管程旁路阀门，然后关闭管程进出口阀门。

(2) 完全打开壳程旁路阀门，然后关闭壳程进出口阀门。

(3) 切出后的溶剂换热器的管程、壳程如需倒空，其中的溶剂应由废溶剂排放线排至废溶剂回收罐，并用氮气将溶剂换热器的管程、壳程吹扫干净。

5.3.6.4 脱轻塔塔釜过滤器的切换操作

在脱轻塔塔釜送出线上装有两台过滤器，正常生产时一开一备。当过滤器进出口压差上升至10kPa时，应及时进行过滤器的切换操作。

首先将备台用氮气置换合格后，打开备台过滤器出入口阀门；再完全关闭要切出的过滤器的出入口阀门，打开其排火炬管线，将要切出的过滤器中的烃类用氮气置换排放至火炬系统。泄压后交出清理。

5.3.6.5 压缩机油泵的切换操作

1. 切换油泵时的要求

切换油泵时应密切注意压缩机油路系统的压力变化，保持切换过程中的油压稳定。在停泵前须将油压升高，保证停泵时油压不致下降过多，防止因油压过低而引起压缩机联锁停车。

2. 油泵的切换操作

（1）将备用泵开关打到手动位置。

（2）启动备用泵。

（3）调节泵出口旁通线阀门升高油压。

（4）停另一台泵，调节泵出口旁通线阀门稳定油压。

（5）将备用泵开关打到自动位置，投入备用状态。

5.3.6.6 压缩机油过滤器的切换步骤

1. 切换油过滤器时的要求

切换油过滤器时必须把待切入的油过滤器内的气体排干净，同时密切注意油压的变化，保持切换过程中油压稳定。防止因油压过低引起压缩机联锁停车。

2. 油过滤器的切换操作

（1）打开两台油过滤器之间的带孔板的连通线，将备台油过滤器充满油，并从备台油过滤器的顶部放空线排放确认。

（2）迅速切换两台油过滤器之间的四通阀，将润滑油流程切至备台。切换后密切注意油压是否稳定。

（3）确认正常后，关闭两台油过滤器之间的带孔板的连通线。

（4）将备台油过滤器倒空，更换滤芯后备用。

5.3.6.7 装置系统或局部循环

丁二烯装置系统或局部的循环主要有：抽余液和丁二烯产品一起返回原料蒸发罐或C_4原料罐的大循环操作；抽余液和粗丁二烯产品一起返回原料蒸发罐或C_4原料罐的小循环操作；萃取、脱气系统的溶剂循环；萃取、脱气系统的冷却剂循环；蒸汽冷凝液循环；开车前的化学清洗和钝化循环；压缩机的循环操作等。

1. 小循环操作

装置开车或正常生产过程中，抽余液或粗丁二烯未达到一定规格时，可沿小循环操作管线返回原料蒸发罐。

小循环操作时，萃取、脱气系统执行正常操作程序，脱轻塔和脱重塔执行全回流操作程序。

小循环操作时，粗丁二烯和抽余液应同时返回进料蒸发罐，并按相同比例进行，以防止原料中组分波动，返回量由现场的转子流量计指示。

小循环操作时，初期炔烃和甲基乙炔的采出应照常进行，以防止炔烃在系统中积累，如果运转的时间较长，丁二烯装置中炔烃逐渐减少，炔烃和甲基乙炔的采出量可根据在线仪表指示逐渐减少甚至停止。

小循环操作过程中，混合 C_4 进料要暂时停止，必要时(如进料蒸发罐液位过低)也可少量引入补充。(注意：如果直接返回 C_4 原料罐则不必停止混合 C_4 进料)

2. 大循环操作

装置开车或正常生产过程中，抽余液和粗丁二烯指标合格，而丁二烯产品未达到规格时，可沿大循环操作管线将抽余液和丁二烯产品一起返回原料蒸发罐，混合 C_4 进料暂时停止，必要时(如进料蒸发罐液位过低)可少量引入补充。(注意：如果直接返回 C_4 原料罐则不必停止混合 C_4 进料)

大循环操作时，丁二烯产品与抽余液应同时返回进料蒸发罐，并按相同比例进行，以防止原料中组分波动，返回量由现场的转子流量计指示。

大循环操作时，初期 C_4 炔烃和甲基乙炔的采出应照常进行，以防止炔烃在系统中累积，随运转时间的延长，丁二烯装置中炔烃逐渐减少，炔烃和甲基乙炔的采出量可根据在线仪表指示逐渐减少直至停止。

3. 溶剂回路及溶剂热回收系统

已脱气完全的溶剂从脱气塔底部用塔釜泵送出，先经过 3 台或 4 台串联的溶剂换热器的壳程，将管程内来自精馏塔塔釜的需要预脱气的含烃溶剂加热，加热后已脱气的溶剂流出溶剂换热器壳程后温度下降。此后这股溶剂分为两部分，较少的一部分送往溶剂再生器中再生，再生抽出量约为循环溶剂总量的 0. 2%(质量分数)；大部分溶剂继续循环回收其中的热量，先进入脱重塔再沸器壳程作为加热介质，换热后溶剂送往主原料蒸发器壳程中作为热源加热汽化原料蒸发罐中的烃类，换热后温度进一步下降。

在进入脱重塔再沸器和主进料蒸发器时溶剂管线上均设有流量调节系统，可根据工艺系统所需要的热量控制进入换热器的溶剂量，多余的溶剂经过换热器旁路继续参与循环，从而避免因溶剂流量的波动而引起脱重塔和进料蒸发量的波动。

经过上述三次回收热量的溶剂在溶剂冷却器中冷却至设计温度后，送入主洗塔和后洗塔循环使用，在主洗塔和后洗塔内吸收烃类后，再进入精馏塔中，预脱气后进入脱气塔完全脱气。

4. 冷却剂循环回路及热回收系统

脱气塔顶部采出的气体经过冷却降温后才能进入压缩机，开车前，用低温凝液建立冷却剂循环回路，开车后，随着脱气塔顶部气体采出进入冷却塔，换热后冷却剂温度逐渐上升，最终将稳定在一定范围内，用冷却塔塔釜泵送出，至辅原料蒸发器壳程中作为热源加热汽化原料蒸发罐中的烃类。

在进入辅进料蒸发器的冷却剂管线上设有 C_4 原料蒸发量调节系统，可在主原料蒸发器提供大部分热量的基础上，根据生产负荷的要求调节进入辅进料蒸发器的热冷却剂量，使 C_4 原料蒸发量保持稳定，多余的冷却剂经过辅进料蒸发器的旁路继续参与循环，避免因冷却剂流量的波动而引起进料蒸发量的波动。

蒸汽冷凝液在给脱气塔顶部气体降温的同时，也将其中夹带的少量溶剂组分吸收下来，冷却剂中溶剂的含量也会逐渐增加，在冷却塔液位上涨后，可通过调节阀控制将多余的冷却剂(溶剂和蒸汽冷凝液的混合物)送回精馏塔的塔釜。送出量要保持平稳，因为冷却剂中水含量很高，进入溶剂循环中的冷却剂量如果波动较大，就会引起系统内溶剂水值波动，影响萃取精馏部分的操作。

5. 蒸汽及蒸汽冷凝液的热回收系统

NMP 法抽提丁二烯装置在正常生产时，只有脱气塔再沸器使用饱和中压蒸汽作为热源。形成的蒸汽冷凝液通过疏水器后进入低压蒸汽闪蒸罐。

在该罐中蒸汽冷凝液闪蒸产生的低压蒸汽作为废液回收罐、溶剂再生罐、溶剂加热器的加热热源。低压蒸汽压力应保持在一定范围内，不足部分由公用工程系统的低压蒸汽补充。

闪蒸回收后的蒸汽冷凝液送入蒸汽冷凝液罐，装置中所有低压蒸汽用户(溶剂废液回收罐、溶剂再生罐、溶剂加热器以及伴热系统和公用工程系统)产生的蒸汽冷凝液也全部返回此罐。在蒸汽冷凝液罐中，用蒸汽闪蒸罐引入的低压蒸汽加热，通过温度调节阀控制蒸汽加热量保持罐内的蒸汽冷凝液温度稳定。罐内的高温蒸汽冷凝液用冷凝液循环泵送出，供应给脱轻塔再沸器作为加热介质，换热后的蒸汽冷凝液仍返回蒸汽冷凝液罐中循环使用。蒸汽冷凝液罐通过液位调节阀控制冷凝液循环泵将多余的蒸汽冷凝液送出装置。

在冷凝液循环泵出口，少部分高温凝液被送入冷凝液冷却器中，降温后送入炔烃洗涤塔、再生溶剂水洗塔、溶剂再生罐中作为工艺所需的凝液。为防止氧气随凝液进入装置，在蒸汽冷凝液罐内需要补充氮气，由调节阀控制压力。

检修后开车前，由于脱气塔再沸器尚未投用，最好由装置外向蒸汽冷凝液罐中引入蒸汽冷凝液预先建立蒸汽冷凝液循环，以缩短开车时间。蒸汽冷凝液循环的温度依靠公用工程系统的低压蒸汽维持。建立稳定的蒸汽冷凝液循环和低压蒸汽供应后才能投料开车，否则，脱轻塔再沸器和溶剂加热器将没有加热介质，无法正常开车。

5.4 主要设备操作

5.4.1 精馏塔的操作

5.4.1.1 精馏塔投用前的准备工作

精馏塔投用前的准备工作如下。

(1) 检查水、电、气是否已经引入装置，是否符合工艺要求。

(2) 检查附属的动设备是否已经处于良好备用状态。

(3) 检查附属的设备、仪表、安全设施是否齐全好用。

(4) 检查所有的阀门是否处于开车前的准备状态。

(5) 确认塔顶冷凝器引入循环水，塔底的再沸器备用。

(6) 确认塔内的氧含量置换至合格。

(7) 做好前后流程的组织工作，特别是原料的供应和产品的储存和输送。

5.4.1.2 精馏塔的正常操作

精馏塔开始进料时，要缓慢升温。如果升温太快，则难挥发组分会被大量地带到精馏段，而不易被易挥发组分所置换，塔顶质量不易达到合格，造成开车时间长。

1. 影响精馏操作的因素

精馏操作的影响因素是多方面的，除了被分离物料的性质和组成，一般说来大部分体现在工艺(温度、压力、流量、液面)操作和设备(塔高、塔径、塔板结构)方面，而且一个因素的变化，往往牵涉到其他一些因素同时发生变化，要讨论这些问题是很复杂的。

除设备问题以外，精馏操作过程的影响因素主要有以下几方面。

（1）塔的温度和压力(包括塔顶、塔底和某些有特定意义的塔板)。

（2）进料状态。

（3）进料量。

（4）进料组成。

（5）进料温度。

（6）塔内上升蒸气速度和釜底的加热量。

（7）回流量。

（8）塔顶冷剂量。

（9）塔顶采出量。

（10）塔底采出量。

普通精馏塔的操作就是按照塔顶和塔釜产品的组成要求来对这几个影响因素进行调节。在萃取精馏的操作过程中，萃取剂的加入温度、纯度及加入量的变化也是影响精馏操作的因素。精馏塔在操作中克服各种影响因素的变化，防止对塔顶产品、塔釜产品的数量和组成产生影响。

2. 精馏塔操作压力的变化对精馏操作的影响

塔的设计和操作都是基于一定的塔压下进行的，因此，一般精馏塔总是首先要保持压力的恒定。塔压波动对塔的操作将产生如下的影响。

（1）影响产品质量和物料平衡。改变操作压力，将使每块塔板上气液平衡的组成发生改变。压力升高，则气相中重组分减少，相应地提高了气相中轻组分的浓度；液相中轻组分含量较前增加，同时也改变了气液相的质量比，使液相量增加，气相量减少。总的结果是：塔顶馏分中轻组分浓度增加，但数量却相对减少；釜液中的轻组分浓度增加，釜液量增加。同理，压力降低，塔顶馏分的数量增加，轻组分浓度降低，釜液量减少，轻组分浓度减少。正常操作中，应保持恒定的压力，但若因操作不当，引起塔顶产品中重组分浓度增加时，则可采用适当提高操作压力的办法，使产品质量合格，但此时釜液中的轻组分损失增加。

（2）改变组分间的相对挥发度。压力增加，组分间的相对挥发度降低，分离效率下降，反之亦然。

（3）改变塔的生产能力。压力增加，组分的密度增大，塔的处理能力增大。

（4）当塔压变化时，混合物的泡点、露点发生变化会引起全塔的温度发生改变，温度和产品质量的对应关系也会发生改变。

从以上分析可以看出，改变操作压力，将改变整个塔的操作状况，因此在正常操作中应维持恒定的压力(工艺指标)，只有在塔的正常操作受到破坏时，才可根据以上的分析在工艺指标允许的范围内，对塔的压力进行适当的调节。

在精馏操作过程中，塔的进料量、进料组成和进料温度的改变，塔釜加热量的改变，回流量、回流温度和循环水压力的改变以及塔板堵塞等都可能引起塔压的波动，此时应首先分析引起塔压波动的原因，及时处理，使操作恢复正常。

3. 进料量的大小对精馏操作的影响

进料量的大小对精馏操作的影响可分为以下两种情况来讨论。

（1）当进料量变动的范围不超出塔顶冷凝器和塔釜再沸器的负荷范围时，只要调节及时，对塔顶温度和塔釜温度不会有显著的影响，而只影响塔内蒸气上升速度的变化。

进料量增加，蒸气上升的速度增加，一般对传质是有利的，在蒸气上升速度接近液泛速度时，传质效果最好。若进料量再增加，蒸气上升速度超过液泛速度，则严重的雾沫夹带会破坏塔的正常操作。

进料量减少，蒸气上升速度减慢，对传质是不利的。蒸气速度减慢容易造成漏液，降低精馏效果。因此，低负荷操作时可适当增大回流比，提高塔内蒸气上升的速度，以提高传质效果。

（2）进料量变动的范围超出了塔顶冷凝器和塔釜再沸器的负荷范围，此时不仅塔内蒸气上升的速度改变，而且塔顶温度、塔釜温度也会相应地改变，致使塔板上的气液平衡组成改变，塔顶和塔釜馏分的组成发生改变。

例如，液相进料时，若进料量增加过大，则引起提馏段的回流液很快增加，在加热量不够的前提下，将引起提馏段温度降低，釜液中轻组分浓度增大，釜液的流量增大，这同时也会引起上升蒸气中轻组分量增加，致使全塔温度下降，塔顶部馏出物中的轻组分纯度提高。

进料量过大的波动，将会破坏塔内正常的物料平衡和工艺条件，造成塔顶、塔釜产品质量不合格或者物料的损失增加。因此，应尽量使精馏塔进料量保持平稳，即使在需要调节时，也应该缓慢进行。

4. 进料组成的变化对精馏操作的影响

进料组成的变化，直接影响着精馏操作。当进料中的重组分浓度增加时，精馏段的负荷增加，这对于固定了精馏段塔板数的塔来说，将造成重组分被带到塔顶，使塔顶产品质量不合格。

若进料组分中轻组分的浓度增加，则提馏段的负荷增加。对于固定了提馏段塔板数的塔来说，将造成提馏段的轻组分蒸出不完全，釜液中轻组分的损失增加。

同时进料组成的变化还将引起全塔物料平衡和工艺条件的变化。组分变轻，则塔顶馏分增加，釜液排出量减少，同时全塔温度下降，塔压升高；组成变重，情况相反。

进料组成变化时，可采取如下措施。

（1）改变回流比。组成变重时，加大回流比；组成变轻时，减小回流比。

（2）根据组成的变动情况，相应地调节塔顶冷凝器冷却量和塔釜再沸器加热量，维持塔顶和塔釜的产品质量不变。

5. 进料温度的变化对精馏操作的影响

进料温度的变化对精馏操作的影响是很大的。进料温度降低，将增加塔釜再沸器的热负荷，减少塔顶冷凝器的冷负荷；进料温度升高，则增加塔顶冷凝器的冷负荷，减少塔釜再沸器的热负荷。当进料温度的变化幅度过大时，通常会影响整个塔身的温度，从而改变气液平衡组成。

进料温度的改变意味着进料状态的改变，而后者的改变将影响精馏段、提馏段负荷的改变，进而使产品质量、物料平衡发生改变。因此，进料温度是影响精馏塔操作的重要因素之一。

6. 精馏塔内蒸气上升的速度和塔釜再沸器的波动对精馏操作的影响

精馏塔内蒸气上升速度的快慢，直接影响着传质效果。一般地说，塔内最大的蒸气上升速度应比液泛速度慢一些。工艺上常选择最大允许速度为液泛速度的 80%。速度过慢会使塔板效率显著下降。

影响塔内蒸气上升速度的主要因素是塔釜再沸器的加热量。在釜温保持稳定的情况下，加热量增加，塔内蒸气上升速度变快；加热量减小，塔内蒸气上升速度减慢。应该注意加热量的调节范围过大有可能造成液泛或漏液。

7. 回流比大小对精馏操作的影响

操作中改变回流比的大小，以满足产品的质量要求是经常遇到的问题。当精馏塔塔顶馏分中重组分含量增加时，常采用加大回流比的方法将重组分压下去，以使产品质量合格。当精馏段的轻组分下到提馏段造成塔下部温度降低时，可以用适当减小回流比的办法以使塔釜温度提起来。

增大回流比，对从塔顶得到产品的精馏塔来说可以提高产品质量，但是却会降低塔的生产能力，增加能耗。回流比过大，将会造成塔内物料的循环量过大，甚至导致液泛，破坏塔的正常操作。

8. 塔顶采出量的大小对精馏操作的影响

精馏塔塔顶采出量的大小和该塔进料量的大小有着相互对应的关系，进料量增大，采出量应增大。采出量只有随进料量变化时，才能保持塔内固定的回流比、维持塔的正常操作，否则将会破坏塔内的气液平衡。

当进料量不变时，若塔顶采出量增大，则回流比势必减小，引起各塔板上的回流液量减少，气液接触不好，传质效率下降，同时操作压力也将下降，各塔板上的气液相组成发生变化。结果是重组分被带到塔顶，塔顶产品的质量不合格。

如进料量加大，但塔顶采出量不变，其后果是回流比增大，塔内物料增多，蒸气上升速度加快，精馏塔塔顶与塔底的压差增大，严重时会引起液泛。

9. 塔底采出量的大小对精馏操作的影响

塔釜保持稳定的液面，是维持塔釜温度恒定的首要条件。塔釜液面的变化，又主要决定于塔底采出量的大小。

当塔底采出量过大时，会造成塔釜液面降低或抽空。这将使通过蒸发釜的釜液循环量减少，从而导致传热不好，轻组分蒸不出去，塔顶、塔釜的产品均不合格。如果是使用列管式蒸发釜，由于循环液量太小，使塔釜液面经过上半部列管时形成过热气体，表现为挥发管的气体温度较高，而塔釜温度却较低。如果塔底采出量过小，将会造成塔釜液面过高(严重时会超过挥发管甚至淹塔)，增大了釜液循环的阻力，同样造成传热不好，塔釜温度下降。

特别应指出，对于易聚合的物料，塔釜液面过高或过低，都会造成停留时间加长，增加聚合的可能性。另外，维持一定的塔釜液面还起着液封的作用，以确保安全生产。

10. 浮阀塔在操作上的特点

浮阀塔的最大特点是操作弹性大。这是因为浮阀的开启程度随着气体负荷的变化而变化。塔内各板上保持了良好的泡沫状态，使塔板能在较大的气体负荷范围内保持较高的效率。有实验认为浮阀塔容许操作的最大气速和最小气速之比可达7~9。

11. 精馏塔的操作重点

精馏塔的操作主要应控制三个平衡：物料平衡、气液平衡和热量平衡。

物料平衡体现了塔的生产能力，它主要是靠进料量和塔顶、塔釜采出量来调节的。当塔的操作不符合总的物料平衡时，可以从塔压差的变化上看出，进得多而出得少，则塔压差上升。对于一个固定的精馏塔来讲，塔压差应在一定的范围内。塔压差过大，说明塔内上升蒸气的速度过快，雾沫夹带严重甚至发生液泛，破坏塔的正常操作；塔压差过小，表明塔内上升蒸气的速度过慢，塔板上气液湍动的程度过低、传质效果差，对浮阀塔塔板容易产生泄漏，降低塔板效率。

如果精馏塔的操作不符合对某组分的物料平衡时，将有两种表现：①塔顶采出量过大，在这种情况下，轻组分的采出量超过了物料平衡的量，使塔内的物料组成变化，全塔温度逐步升高，塔顶馏分中重组分的浓度增加，以致质量不合格；②塔底采出量过大，这种情况和第一种情况相反，重组分的采出量超过了物料平衡的量，全塔的物料组成将随着操作的进行而逐渐变轻，塔身温度下降，特别是釜温明显下降、釜液中轻组分的浓度增加。由此可见，物料平衡掌握不好，将使整个塔的操作处于混乱状况，达不到预期的目的。所以，物料平衡是塔操作中的一个关键环节。另外，如果正常的物料平衡受到破坏，那么气液平衡也达不到预想的效果，随之而来的是热量平衡也需要重新调整。

气液平衡主要体现了产品的质量及损失情况。它是靠调节塔的操作条件(温度、压力)及塔板上气液接触的情况来达到的。因为只有在温度、压力固定时才有确定的气液平衡组成。精馏塔的操作温度和压力是根据塔的分离任务(即关键组分的分离度)决定的。当温度、压力发生变化时，气液平衡所决定的组成就发生变化，产品的质量或损失情况也发生变化，但是，气液平衡的组成又是靠在每块塔板上气液互相接触进行传质和传热而实现的。这就是说，气液平衡是和物料平衡密切相关的。物料平衡掌握得好、塔内上升蒸气的速度合适、气液接触好，则传质效率高、每块板上的气液组成就越接近于平衡组成，也就是常说的板效率高，反之亦然。当然，温度、压力也会随着物料平衡的改变而变化。总之气液平衡的组成与物料平衡有着不可分割的关系。反过来，温度、压力的改变又可造成塔板上气相和液相的相对量发生改变，从而破坏原来的物料平衡。例如，釜温低于规定值，会使塔板上的液相量增加、蒸气量减少、釜液量增加、塔顶产量减少；当塔顶温度高于规定值时，就会使塔板上的气相量增加、液相量减少、塔顶产量增加、釜液量减少。这些都会破坏正常的物料平衡。

热量平衡是物料平衡和气液平衡得以实现的基础。没有塔釜供热就没有上升蒸气，没有塔顶冷凝就没有回流，整个精馏过程就无法实现。而热量平衡又是依附于物料平衡和气液平衡的。例如，进料量或组成发生了改变，则塔釜耗热量及塔顶水冷量均应该做相应的改变。塔的操作压力、温度发生了改变(即气液平衡组成改变)，则每块板上气相冷凝的放热量和液体气化的吸收热量也会发生改变，总之都体现在塔釜供热和塔顶取热的变化上。反过来，如果热量平衡发生了变化也会影响物料平衡及气液平衡的改变。例如，再沸器的供热不够，就会造成釜温达不到规定值，致使：①物料平衡破坏，釜液排出量增加，塔顶馏出量减少，对塔顶得到产品的工艺过程来说，塔的生产能力下降；②气液平衡破坏，塔内的上升蒸气量减少，气液接触变差，传质效率下降，同时气相中重组分含量减少，液相中轻组分含量增加，釜液中轻组分损失增大。

由上面的分析可以得出如下结论：掌握好物料平衡、气液平衡、热量平衡是精馏操作的关键所在。这三个平衡是相互影响、互相制约的，操作中通常是以物料平衡的变化为主，相应地调节热量平衡去达到气液平衡的目的。

5.4.2 丁二烯循环气压缩机的操作

丁二烯循环气压缩机是 DMF、NMP 抽提丁二烯装置的关键设备，担负着将脱气塔或汽提塔塔顶解析出来的丁二烯气体增压后送进后面的塔的任务。

丁二烯循环气压缩机采用螺杆式压缩机。螺杆式压缩机兼顾离心压缩机和往复压缩机的优点，输气脉动小、平稳而且连续。具体操作步骤如下。

(1) 在启动螺杆式压缩机之前，要用氮气置换系统，确保氧含量不得大于 $20mL/m^3$。

(2) 压缩机启动前，必须排净入口吸入过滤器中的积液，并保持出口、入口管线中和机体中无液体存留。

(3) 启动压缩机之前，必须进行手动盘车，不得启动电机强行盘车，盘车后确认没有问题才能通知电工送电，送电后不准再盘车。

(4) 在启动螺杆式压缩机之前，仪表联锁系统必须全部投用。压缩机的安全联锁在使用前应认真检查并做联锁试验，联锁参数不得随意更改。

(5) 压缩机启动前，必须全部投用压缩机的冷却水系统，确认冷却水流动畅通。

(6) 压缩机启动前，润滑油系统确认运转正常。

(7) 压缩机启动时注意勿使入口出现负压，应通过压缩机出口返回线调节阀和压缩机放空阀进行控制。

(8) 如果压缩机一次启动不起来，应查明原因并排除故障后才能再次启动，不得连续启动。压缩机启动后，操作人员要在现场进行监护，待压缩机运转正常后方可离开。

(9) 在压缩机运行过程中，要定时巡检压缩机冷却系统、润滑油系统、密封气系统和电机的运转情况。检查各系统温度、压力、电机电流、振动和泄漏，发现问题及时处理。当压缩机发出异常声响、严重泄漏或其他异常变化时，操作工有权采取紧急停车措施并进行处理。

(10) 定时检查压缩机吸入过滤器的液位，并按要求及时排液，使之保持在规定范围内，防止液体进入压缩机。

(11) 在压缩机运转中不得对其转动部分进行清扫，转动部分要有安全罩，不得用水冲洗电机。压缩机隔音罩应保持完好，保持隔音罩风扇正常运转，防止有可燃气在压缩机隔音罩内聚集。

(12) 压缩机停机后应关闭出口阀门，防止液体倒串入压缩机。

(13) 停车后要用氮气将机体内的丁二烯等烃类置换干净，防止发生丁二烯自聚和其他危险。对停车的压缩机要进行定期盘车、检查机体润滑油等系统，防止水、蒸汽和其他物料串入。

(14) 在冬季长期停车时要注意防冻。机体冷却水阀要断开，将机壳内的冷却水彻底吹扫干净；油冷却器(两台)上下水阀、上下水连通阀均应稍开防冻。

5.4.3 DMF 抽提丁二烯装置再生釜的操作

再生釜焦油终点判断如下。

(1) 观查室内控制仪表：

① 真空度为低限(一般为-0.06MPa)。

② 加热蒸汽量在低限。

③ 液面调节阀自动关闭。

④ 液面控制一般以刚满过 U 形管加热器为宜。

⑤ 切忌夹生操作(液面先蒸得很低又进料使液面较高)。

⑥ 注意观察再生釜釜温变化情况，温度差大于 8~10℃。

以上条件均满足后，即可手动关闭进料阀，停止再生。

(2) 操作人员到现场查看，判断排放时间。

判断焦油终点是个关键，观察釜液黏稠度可视为直接方式之一。釜中焦油的温度不能太低，要保证在高温下操作。另外，釜底排放管线要尽量短，在阀门处加 1~2 根固定吹蒸汽的管线或伴热良好的伴热线，保证排放线中焦油不凝固。在排放焦油时，要做好防护工作，防止烫伤。

临时停车、高负荷生产、大检修前最好把溶剂中的焦油控制在比较低的水平，可以减轻停工后设备的堵塞程度，减少清理工作量。

5.4.4 DMF抽提丁二烯装置溶剂精制塔的操作

在正常生产中，要求循环溶剂含水<500μg/g，当含水>0.1%时，溶剂热分解严重，会产生甲酸和二甲胺，对设备产生腐蚀，不利于设备的长期运行。在循环溶剂中水值上升时应检查溶剂精制塔的操作与分析结果、第一汽提塔和第二汽提塔的温度，以及各再沸器有无渗漏(通过分段分析DMF中的水值来判断是哪台设备发生泄漏)。大检修时，应避免含水量大的洗塔水混入溶剂罐。当总含水>7%时，硅油析出呈球状，堵塞各过滤网和塔板，造成开车困难。

在正常生产中，应注意检查控制溶剂中的含烃量，当溶剂精制塔温度不足、溶剂精制塔操作不当或长时间精制地下罐物料时易引起循环溶剂中烃含量上升，故应慎重操作控制。如果循环溶剂中烃含量≥0.5%，易引起第一萃取精馏塔和第二萃取精馏塔的分离效果下降，并易造成第二萃取精馏塔塔顶乙烯基乙炔超标，影响产品质量。如果这样，应保证溶剂精制塔正常精制溶剂量、第一汽提塔和第二汽提塔塔釜温度在溶剂的沸点，保证溶剂质量的提高，循环溶剂中烃含量应控制在0.3%以下为宜。

在日常操作中，应根据溶剂精制塔回流罐水室中的DMF含量(≤0.5%)及时进行排水作业，该塔进料量应结合操作装置生产负荷量的0.5%~1%进料，二聚室应根据液面变换情况及时进行排水及排二聚操作，以保证溶剂精制的效果。

5.4.5 NMP抽提丁二烯装置排焦油的操作

随着溶剂再生系统开车时间的延长，溶剂再生罐中积累的焦油数量增多，液位逐渐上升，溶剂再生温度也会上升，通过溶剂再生罐的液位调节阀控制逐渐减少进料，当溶剂再生罐液位足够高时，将完全停止进料，进入焦油浓缩阶段。焦油浓缩阶段可以达到110~115℃，最高不能超过120℃。

残液被浓缩完成后，应切断加热蒸汽，继续保持搅拌器运转，使溶剂再生罐内温度自然下降，当罐内温度低于100℃后，向溶剂再生罐内加入低温(40℃)凝液，将残液稀释至含水50%左右。之后向溶剂再生罐内加入N_2破坏真空、加压后打开罐底排放阀，将焦油从溶剂再生罐罐底排出。注意引入氮气充压破真空时，溶剂再生罐内压力不能过高(不能超过400kPa)，否则会破坏溶剂再生罐安全阀入口的爆破膜。

溶剂再生罐内焦油排空后，溶剂再生罐要充入一定液位的凝液，并加热至90℃左右进行清洗，清洗时要在N_2封条件下进行，并保持搅拌器正常运转。清洗后凝液排出，溶剂再生罐恢复真空状态后继续进溶剂开车。

5.5 日常生产运行管理

5.5.1 巡检的内容

在石油化工生产过程中对装置定时、定点进行巡检，及时发现装置出现的问题，是装置安全、稳定、长周期、高负荷运行的重要保证，也是装置正常生产工作的重要组成部分。

在装置的正常生产过程中，室内操作人员负责装置工艺参数的调整、各塔质量的调节，对装置的整体运行情况进行监护；室外操作人员负责装置的日常运行，并按规定的时间和路线对装置进行巡检，在巡检的过程中实时记录装置的实际运行情况，如设备运行是否正常，压力、温度、流量和液位等是否处于正常的控制范围内。装置的运行周期或投入运行的时间越长，装置的技术性和安全性越重要，装置内可能存在缺陷和隐患，应加强巡检工作，巡检的周期应适当缩短。在装置生产不正常、存在不安全因素的情况下应增加对装置的巡检次数。

巡检的目的是及时发现装置在运行过程中出现的问题，并及时做出正确的判断和处理，以确保装置的运行安全。对于新发现的、暂不影响装置正常生产的缺陷，要提供其开始的确切时间，或确认其持续正常的最后时间，并加强对存在缺陷设备和关键点的检查，并制定相应的紧急预案。

（1）在巡检过程中，一旦发现问题须立即做出正确的判断和处理。为了做好巡检工作应预先做好以下几方面工作。

① 根据装置生产的特点和危险分布的不同特点，预先制定合理、全面的巡检路线。据此路线巡检一周能将装置内所有的设备和生产关键点检查一遍，检查点不能有遗漏，且巡检路线在制定时应选合理的路线。

② 根据装置生产的重要性和危险点分布的不同特点，制定装置的巡回检查内容，要对检查的内容制定出合理的变动范围和正常状态。室外巡检人员应对巡检内容的变化范围和正常状态十分清楚，并熟悉异常情况出现的原因、后果和一般处理，及时处理装置异常情况。

③ 在巡检过程中，室外巡检人员要认真检查，在检查过程中携带必要的工具，如听诊器、活扳手等，对巡检过程发现的一般故障进行现场及时处理。

④ 在巡检过程中发现的问题和突发的事故要快速、正确处理，如果情况比较严重，应及时向车间和上级领导报告并及时得到指示。

⑤ 在巡检过程中对检查的内容要及时、真实地记录，不得做假记录。

（2）检查具体内容。

① 装置现场设备的运行情况是否正常，特别是装置现场的动设备如机泵、压缩机、真空泵等，这些设备关系到装置整体运行的情况，对装置的安全、稳定运行十分重要，必须高度重视，是室外检查的重点内容。

对动设备的检查首先要观察设备在运行过程中有无异常声音。如果设备的运行声音发生异常，说明设备存在故障，应判断设备出现故障的部位，并及时处理。

在检查动设备声音的同时也要对设备的振动情况进行检查，检查设备的振动情况是否在正常的范围内，如果振动超高，说明设备存在故障，应及时维修。

动设备的机体温度也是反映设备运行情况的重要指标之一，设备在正常运行的情况下，机体的温度应该控制在正常的范围内，如果设备的温度异常升高或有异味也说明设备的运行存在故障，应进行检查，寻找存在故障的部位，并及时维修。

② 装置设备上的附件，如安全阀、压力表、温度计、液面计有无堵塞、损坏和指示不准，以及是否按要求正常投用等。安全阀的前后保护手动阀应全部打开，安全阀不能发生泄漏，以免装置内的物料产生不必要的损失。为了保证安全阀的正常使用，应对安全阀定期进行检验，使安全阀在规定的压力起跳，保证设备的安全。

压力表的压力显示是设备压力变化在现场最直接的体现，设备的压力如果超过设备规定的最高值或出现负压，就有可能对设备本身造成严重损坏，并危及装置的正常运行，造成严重的安全后果。所以，压力表是否正常投用对装置的安全具有很重要的作用。在检查装置内的压力表时，要重点检查压力表的引压管，要防止引压管被装置内产生的自聚物堵塞，从而造成压力指示不准。如果引压管已经堵塞，要把设备切除出来处理。

液位计的液位显示是设备内液位变化在现场最直接的体现。设备的液位如果超过设备规定的最高值或低于规定的最低值，都可能对设备本身和装置的正常生产造成一定的影响，危及装置的正常运行，严重时会发生安全事故。所以，液面计是否正常投用对装置的安全也具有很重要的作用。在检查装置内的液面计时要重点检查液面计的出入口管线是否畅通，是否能够显示设备内的真实液位。如果液位计的出入口管线已经发生堵塞，液位计内的液位已经不能如实反映设备内的真实液位，应将液位计切除出来处理。

③ 装置内各设备的压力、温度和液位指示值是否正常，是否在规定的正常范围内，有没有出现超压、超温和超装的情况。如果不正常，要判断设备的压力、温度和液位是不是确实超出了正常的操作范围，还是其他的原因造成仪表的指示不正常。如果确实超出了正常的操作范围，应及时通知室内操作工进行必要的工艺调整。如果是由于仪表本身或设备的原因造成指示值不准，要更换出问题的仪表或进行现场维修。

④ 对装置内静设备和管线的外观进行检查，检查设备和管线有无泄漏，保温是否齐全。在检查过程中首先要对设备和管线的整体进行检查，看设备整体有无泄漏的情况，然后对设备和管线的连接部位如法兰、阀门等进行详细的检查，及时发现设备和管线存在的泄漏点。在检查的过程中一方面通过仔细地检查发现泄漏点，另一方面可以通过检查装置内有无异常气味来发现泄漏点的存在。在抽提丁二烯装置内所有的液态物料都具有不同的气味，因此，通过检查装置内有无异常气味也是发现装置内泄漏点的重要手段之一。

对设备和管线的泄漏情况进行检查是装置室外巡检过程中非常重要的一个环节，也是保证装置安全生产的重要手段，特别是在装置检修后开始开车阶段和装置生产出现异常情况时，装置的巡检就更加重要。

⑤ 冬季室外巡检中，防冻保温工作是一项重要工作，在日常的巡检中要认真落实冬季的防冻检查，特别是对装置的伴热系统要定人定点检查，防止由于伴热系统发生冻结而对装置造成不利影响。冬季装置保温、伴热的好坏，对冬季装置的正常生产起至关重要的作用。

冬季防冻要根据防冻系统规定认真检查有关防冻点，特别是对各塔的压力、液面等控制仪表，如发现压力、液面等控制一次表引压管冻堵或仪表失灵造成失控，应立即到现场核对现场指示仪表读数，并联系仪表人员及时处理。

(3) 巡检中的安全注意事项。

① 巡检时，巡检人员要注意自己的人身安全，穿戴劳动保护服装，佩戴安全帽，防止发生高空坠物造成人身伤害。特别是在冬季和大风时要防止高空坠落、高空坠物造成人身伤害和滑倒摔伤等。

② 在巡检过程中，不要接触动设备的转动部分，防止衣物或身体的一部分被卷入设备而对检查人员造成伤害，女职工留长发的要将头发盘进工作帽内。

③ 巡检人员在室外对设备进行处理时，要先通知室内的操作人员，防止由于室内操作人员对室外的设备运行情况不清楚而产生误操作。

5.5.2 关键机组的日常维护

为了加强对丁二烯气体压缩机的日常维护，应成立关键机组特护小组，加强操作工的日常维护检查。操作工日常检查的内容主要有以下几点。

吸滤器液面，油箱温度，冷却后润滑油温度，油过滤器压差，电机电流，压缩机运行时声音，密封氮气压力、流量，压缩机一段、二段的出入口压力，润滑油压力，压缩机一段、二段出入口温度，润滑油温度，仪表盘上所有仪表的指示等是否正常。

压缩机润滑油的温度控制对压缩机的正常运行很重要，要控制在一定的范围内，不允许频繁波动。油温过低、润滑油黏度增加，引起转动力矩增大、电耗增加。反之，润滑油温度过高、黏度降低、运转界面油膜太薄，不能有效地起到润滑作用，对设备使用寿命影响很大。因此，润滑油温度应适宜。

润滑油温度可以通过调整油箱温度即调整油箱加热蒸汽流量来调节，也可通过调节油冷却器冷却水流量来调节。但在实际工作中，除非油箱温度太高或太低，一般是用调整油冷却器冷却水流量的方法来调整。

保证压缩机润滑油压力的稳定也是压缩机长期稳定运行的重要保证。压缩机的润滑油泵出口有两条线：一条经油冷却器、油过滤器后进入压缩机本体，这条线为主管线；另一条直接返回油槽，此为循环线。压缩机润滑油的压力是由油压调节阀自动控制的。主管线油压作为测量对象和控制目标，油压调节阀作用在循环线上，油压高时把调节阀开大，油压低时把调节阀关小，通过调节润滑油返回量而保持油压稳定。

润滑油系统在运行一段时间后，润滑油过滤器会由于润滑油中的杂质而发生堵塞，在温度一定时，可由油过滤器的压差来判断油过滤器的堵塞程度。压差大，堵塞严重；压差小，堵塞轻。但温度波动时，压差就不能正确反映油过滤器的堵塞程度。油温低，油的黏度增大，压差就增大；油温高，油的黏度减小，压差就减小。

在确认油过滤器压差比较大，油过滤器需要切换时，应及时进行切换。在切换时要注意：必须把待切入的油过滤器内的气体排干净。压缩机润滑油中断即便是瞬时中断，都会造成压缩机停车。如果气体未排干净，切入后，气体进入压缩机本体中，相当于润滑油事实上的瞬时中断，就会造成压缩机停车的严重后果。

在压缩机的正常运行中，为了保护压缩机，防止润滑油泵的运行出现异常，备用润滑油泵的转换开关要处于“自动”位置。当转换开关处于“手动”位置时，如果因意外情况润滑油突然中断(如电机损坏、泵不上量等)，则压缩机会立即停车；而当转换开关处于“自动”时，如果润滑油泵出现意外，润滑油压迅速下降，当降至设定值时，备用油泵可自行启动，使油压迅速恢复正常，从而可以避免压缩机停车。

为了更好地保护丁二烯气体压缩机，装置内还设置了压缩机的高位油槽。设置高位油槽的目的在于突然停电等意外情况引起润滑油中断时为压缩机的惯性转动提供润滑油，保护压缩机。突然停电时，润滑油泵随之停转，润滑油中断，而压缩机由于惯性还要转动2~3min，如果此时没有润滑油，压缩机就会烧坏；设置高位油槽后，如果发生因紧急停电等引起的润滑油中断，高位油槽内的油会迅速流入压缩机内，为此时压缩机的惯性转动提供润滑油，从而保护压缩机。因此，在日常巡检过程中对压缩机的高位油槽的液位也要及时地检查。

在日常巡检过程中，也要检查压缩机入口吸滤器、吸入罐和中间气液分离罐的正常液面。防止液位过高，液体串入压缩机，引起压缩机的损坏。要检查压缩机的电流是否超高，压缩机的声音是否正常，压缩机出入口压力是否与室内仪表的指示一致、是否在正常范围内，以及压缩机的振动情况。

在日常巡检过程中，也要检查压缩机的氮气密封系统，检查密封氮气的流量、压力是否正常，检查压缩机的密封气排放压力是否正常，如果不正常应做相应的调整。

在压缩机运转中不得对其转动部分进行清扫，转动部分要有安全罩。不得用水冲洗电机。

对停车的压缩机要进行定期盘车。要检查机体润滑油等系统，防止水、蒸汽和其他物料串入。在冬季要注意防冻。机壳冷却水阀要断开，将机壳内的冷却水彻底吹扫干净；油冷却器(两台)上下水阀、上下水连通阀均应稍开防冻。

第6章　各类异常现象和事故原因的判断及处理

6.1　设备故障

6.1.1　压缩机运行过程中的异常情况及处理

6.1.1.1　超温

压缩机正常运行时，如果出现出入口温度超高的情况。其原因如下。

1. 入口气体温度升高

(1) 压缩机一段入口冷却器结垢，冷却效果下降，使入口气体温度升高，造成压缩机出口温度升高。

对于这种情况的处理，首先要考虑在不停车的情况下提高冷却器的冷却效果，可以通过提高冷却器的循环水流量、降低循环水温度的办法来实现。但提高循环水的流量和降低循环水的温度受客观条件的影响，有时候达不到预期的效果，就要考虑把冷却器切出来进行清理。

在DMF抽提丁二烯装置中，压缩机入口冷却器由于换热面积比较小，循环水的流速比较低，循环水中的杂质容易在冷却器的表面沉积下来，加上粗丁二烯气体从第一汽提塔出来后温度比较高，循环水中的Ca^{2+}、Mg^{2+}也比较容易从循环水中析出沉积在冷却器表面形成水垢，降低冷却器的换热效果。为了防止循环水中杂质和水垢在冷却器表面的沉积，在生产中可以采用适当提高冷却器中循环水的流动速度，在工艺上可以采用减少冷却器内折流板的数量、增大冷却器循环水出入口的压差的办法来减少冷却器的堵塞情况。

(2) 由于压缩机气体进料全部来自第一汽提塔塔顶，因此第一汽提塔蒸汽量过大也是造成入口气体温度升高的原因之一，对于此情况的处理，要根据第一汽提塔的进料情况适当减少蒸汽量，这样可有效降低压缩机入口气体温度。

(3) 冷凝器的循环水压力和温度升高，都会影响冷凝器的冷凝效果，从而导致压缩机入口气体温度升高。

2. 压缩机机体水夹套冷却效果不良

由于在生产过程中循环水夹带的污泥在机壳夹套中沉积，会影响压缩机机壳冷却水的冷却效果。

对于压缩机机体水夹套冷却效果不良这一情况，一方面利用压缩机停车检修的机会对压缩机机体水夹套进行彻底的清理，减少由于压缩机机体水夹套冷却效果不好对正常生产的影响；另一方面要提高循环水的水质，减少循环水中的杂质，同时也减少污泥在压缩机机壳夹套中沉积。

3. 转子结焦

压缩机转子部分在经过长时间的运行后，工艺介质丁二烯中含少量焦油，焦油是丁二烯等物料在高温高压下形成的聚合物。压缩气体中夹带的焦油会黏结在转子上，使转子的转动阻力加大，压缩机的功率升高，压缩机出口温度升高。

压缩机转子结焦，主要是萃取精馏系统溶剂中形成的焦油随工艺气体带入压缩机机体中沉降在转子上形成转子结焦的。解决压缩机转子结焦最有效的方法是减少装置萃取精馏系统的丁二烯自聚，把萃取精馏系统的焦油量控制在比较低的水平，减少工艺气中焦油的含量，同时降低压缩机的机体温度，也可以减少压缩机转子的结焦情况。

4. 消音器结焦

压缩机长周期运行后，压缩机出口的消音器和出口管线也会出现结焦的现象，特别是一段出口到二段入口阻力降增大，使出口温度升高。

压缩机出口消音器和出口管线出现结焦的原因与压缩机转子部分出现结焦的原因类似，也是装置萃取精馏系统溶剂中形成的焦油随工艺气体带到压缩机出口的消音器和出口管线中，沉降在压缩机出口的消音器上和出口管线上形成结焦的。解决途径也与压缩机转子部分的结焦处理方法相同。

6.1.1.2 液体串入压缩机

由于液体不可压缩，所以即使串入少量液体也会使压缩机发生强烈的振动。

为了防止压缩机机体内串入液体，要加强对压缩机的巡检，严格防止工艺气和密封氮气中夹带液体。压缩机的入口吸滤器要定时、定点排液，压缩机吸入罐要保持正常的液位，防止液体串入压缩机。

6.1.1.3 自聚物的影响

压缩机螺杆表面、机壳内壁、进出口消音器内壁结有很坚硬的自聚物，特别是在出口端更为严重。因为出口端温度高，结有很厚的甚至块状的自聚物。这种自聚物是生产过程中难以克服的，这种坚硬的自聚物一旦脱落也会损坏螺杆。

由于自聚物大部分是在萃取精馏系统形成的，为了减少出现在压缩机机体内的自聚物，也要加强萃取精馏系统的防自聚工作，可以通过加入新的阻聚剂的方法减少溶剂系统中的自聚物，从而减少压缩机本体内的自聚物产生。

6.1.1.4 超压

压缩机出口压力超高也是压缩机在生产中经常遇到的异常情况，压缩机各段出口均设有压力高限报警，这是为了保证压缩机安全运行。一旦压缩机出口压力超高达到联锁值，压缩机就联锁停车。

压缩机出口超压一般情况下是由于生产控制和调节不及时造成的。要防止这种情况的发生，就要加强对压缩机的监控，发现问题及时处理，把问题消灭在萌芽状态。

其他诸如漏油、振动等情况应加强监护、及时补油，严重时应停车检修。

6.1.2 换热器结垢堵塞

换热器(包括塔顶冷凝器、塔釜再沸器、加热器、冷却器等)内部结垢增加或被聚合物等堵塞时，流过换热器的物料温差变小，换热器换热效果下降，如果不能满足工艺要求时，应安排切出清理。

(1) 如果有备用换热器，检查其工艺状态，氮气置换合格后将备用换热器投用。

(2) 将结垢或堵塞的换热器切出，倒空其中的物料，经过水洗或蒸汽蒸煮至分析合格后交出清理。

(3) 如果是没有备用设备的塔顶冷凝器等换热器结垢或堵塞，相应系统按局部停车处理。

6.2 物料泄漏

6.2.1 物料发生泄漏的判断

本装置所用原料 C_4，产品丁二烯，副产品丁烯、丁烷均为易燃、易爆物质，极易发生泄漏。当物料发生泄漏时，现场可燃气体探测器会发出报警，同时现场可闻到较浓的 C_4 气味，这时当班操作人员及管理人员应立即查找泄漏点并及时处理。

6.2.2 装置预防泄漏及发生泄漏事故的处理方案

6.2.2.1 防止泄漏的安全措施

（1）对装置的全体人员进行安全培训，学习有关泄漏事故的案例及处置措施。

（2）加强岗位巡检，及时发现和消除泄漏隐患。

（3）各公用工程甩头配备胶管，发生泄漏时，在漏点消除后对回收后的残余物料接水处理，如果是可燃物料泄漏，及时接蒸汽或氮气稀释。

（4）工具架上配备各种型号的防爆“F”扳手，出现事故时及时关闭有关阀门。

（5）定期检查消防器材，使之经常处于完好可用状态，做到有备无患。

（6）岗位配备事故应急物品，如铜制工具、防爆手电、管卡架、防毒面具、正压式空气呼吸器以及急救物品和药品。

6.2.2.2 泄漏事故处理方案

1. C_4 泄漏处理方案

C_4 泄漏部位及处理方案见表 6-1。

表 6-1 C_4 泄漏部位及处理方案

序 号	泄 漏 部 位	处 理 方 案
1	管线阀门断裂开焊	1. 查明物料来去方向 2. 关闭距跑料部位两端最近的及与此相连的有关阀门，切断物料来源 3. 用蒸汽或氮气稀释可燃气体
2	丁二烯、C_4 储罐或回收罐底部第一道阀门法兰及罐体开裂	1. 切断物料来源，降低罐的压力 2. 及时倒空罐内物料，一时无法倒空时，可采用充水封闭法或放空法 3. 用蒸汽或氮气稀释，封闭现场
3	塔体或第一道阀门法兰垫片损坏	1. 切出该塔，首先停进出物料，降温降压，必要时立即全装置停车 2. 迅速倒空塔内物料 3. 用蒸汽或氮气稀释物料，封闭现场，严禁向污水井排放

2. 在紧急事故状态时，现场有关人员要做到的几点

（1）保持头脑清醒，冷静分析判断事故的性质、状态，采取相应措施，并立即通知上级领导、厂调度室、车间主任或值班人员。

（2）宣布事故紧急状态，立即撤离现场施工作业人员，布置警戒线，防止无关人员进入现场，并派专人监视各路口，防止人员及车辆闯入。

（3）按照“135”处置原则，对事故进行处理。

（4）停止一切明火作业，严禁在现场停开任何电气开关，严禁敲打一切金属物件。

（5）做好自我保护，避免造成不必要的损失。

（6）在确认可能发生火灾爆炸的条件下，班长有权紧急停车。

（7）做好着火、爆炸的消防准备工作。

（8）尽可能做好现场补救工作，控制事故状态，缩小事故范围，减少危害。

6.2.3 特定事故的处理

6.2.3.1 紧急事故的处理要求

当装置遇到下列事故之一时要紧急停车：

（1）蒸汽中断；

（2）冷却水中断；

（3）电中断；

（4）仪表风中断；

（5）C_4 原料中断，短时间不能恢复；

（6）着火；

（7）重要设备故障。

紧急停车时按照紧急停车步骤进行处理，及时关闭蒸汽、原料、产品与装置相连的阀门，停运转设备，确保装置安全。

如果是遇到装置停电、着火、重要设备故障及其他紧急情况，要立即按紧急停车程序停车。打开现场放空阀进行放空，然后再进行其他处理。

1. 停循环水事故

危害：如果遭遇突然停循环水事故，由于各塔塔顶气体冷凝不下来，直接导致各塔超压，造成极大危险，必须采取果断措施。

采取的措施如下：

（1）关闭各塔加热蒸汽，切断热源；

（2）关闭现场蒸汽手动阀；

（3）密切注意各塔压力，若有超压，立即采取放空泄压，确保安全；

（4）再按照紧急停车步骤处理。

2. 停电事故

停电可以分为以下三种情况。

第一种情况：大面积停电。如遇此种情况则按紧急停车步骤处理。

第二种情况：压缩机停电。如果条件具备，则重新开启压缩机。如果条件不具备，则按停车步骤处理。

第三种情况：压缩机正常运转，其余机泵停转。如果供电能够尽快恢复，则迅速恢复各泵运转，维持生产。如果供电不能尽快恢复，则按紧急停车步骤处理。

3. 停蒸汽

直接按紧急停车步骤处理。

4. 停仪表风

直接按紧急停车步骤处理。

6.2.3.2 C_4 或溶剂泄漏、跑料事故的处理

（1）立即通知厂调度和车间值班人员，并根据情况，决定是否需要停车处理。

(2) 尽快切断泄漏部位两端物料来源，通过放空线向火炬放空。

(3) 禁止一切现场动火，严禁启动或停止现场各种电动设备，禁止机动车辆驶进现场，以免发生火灾爆炸事故。

(4) 如果是 C_4 泄漏，还应接入氮气或蒸汽稀释可燃气，以降低其浓度。

(5) 关闭与此设备或管线相连的物料进出口阀门。将与此管线有关的设备内的物料全部倒空，并组织人员进行抢修，防止事态进一步扩大。

(6) 如泄漏的 C_4 物料过多并有蔓延的趋势，还应组织人员到装置附近的路口拦截过往的车辆和行人，以免造成更大的损失。

(7) 抢修完毕后，用氮气置换该系统，经检查无误并分析合格后即可恢复正常生产。

(8) 如 C_4 泄漏并已发生火灾事故，应立即紧急停车，并拨打火警电话 119，报请所在单位、姓名、着火地点、物料性质、火情等。

(9) 通知厂调度和车间值班人员，切断与着火点有关的物料线，组织人员用现成的消防设备救火。

(10) 组织人员到路口拦截过往车辆和行人，并等候消防车，给消防车引路。

(11) 倒空着火点附近设备中的物料，防止发生联锁爆炸。

(12) 如果 C_4 大量泄漏，火灾情况难于控制，在进行一些必要的处理(如放空、按紧急停车按钮等)以后，可组织人员疏散。

(13) 防止泄漏物料进入下水道。

6.2.3.3 溶剂管线或阀门断裂、开焊

(1) 及时报告车间和厂调度。

(2) 根据泄漏情况和部位，决定是否需要停车处理。

(3) 停止附近动火作业，如果溶剂中含有大量 C_4 烃类，则应禁止机动车辆驶进现场，禁止现场开、停用电设备。

(4) 关闭此管线两端阀门，将里面溶剂倒空处理。

(5) 如果需要动火堵漏，则先用氮气吹扫管线，再接水冲洗管线内部，尽可能回收所漏溶剂，然后用大量水冲洗现场，为动火堵漏创造条件。

6.2.3.4 塔釜法兰、阀门、塔壁溶剂泄漏

(1) 立即通知厂调度和车间值班人员。

(2) 切断塔的进料阀，进行相应的部分停车或全装置停车处理。

(3) 停止加热，停止回流，打开放空阀泄压。

(4) 用泵将塔内液体采空或由倒空线倒空。

(5) 停止附近动火作业，如果溶剂中含有大量 C_4 烃，则应禁止机动车驶入现场，禁止现场开、停用电设备。

(6) 用氮气将塔内可燃气吹扫至火炬，所漏溶剂尽可能回收，并尽快采取措施修复漏点。

6.2.3.5 丁二烯泵出口管线阀门被自聚物涨裂

(1) 泄漏发生后，应及时报告调度和车间，并且立即停止周围动火作业，禁止现场开停泵，禁止机动车驶进。

(2) 根据胀裂部位和情况，如不能切换至另一泵运行，则应关闭丁二烯泵入口阀及出口管线与产品丁二烯冷却器相连接的阀门，从脱重塔冷凝器采出的产品丁二烯改进脱重塔回流罐，产品丁二烯储罐平衡管可暂时不关闭。

(3) 丁二烯采出改在回流泵出口线上，TBC 改在回流线上，关闭脱重塔冷凝器入口阀加 TBC 线。

(4) 如果泄漏不严重，则应通过放空线倒空设备内积存物料，如果泄漏面积大，则应接入氮气及蒸汽进行保护、稀释。

6.2.3.6 塔釜法兰或塔顶馏出线 C_4 泄漏

(1) 立即通知厂调度和车间值班人员。

(2) 如果泄漏比较严重不能带压堵漏，则应进行相应的本岗位或全装置的停车。

(3) 需要停车处理时：

① 首先关闭物料进料阀，将回流罐及塔内液体尽快采空；

② 其次停止加热，关闭回流，打开放空阀向火炬放空，泄掉塔压；

③ 最后接入氮气，将设备内可燃气赶入火炬。

(4) 泄漏时周围严禁动火作业，并及时引入氮气或蒸汽进行保护和稀释。

(5) 尽快采取措施修复漏点，恢复生产。

6.2.3.7 甲苯、糠醛、TBC 管线、阀门、法兰、焊口泄漏

此类物质有一定的毒性，在处理时，既要注意人身安全，又要防止泄漏气体对环境的污染。

(1) 处理时一定要穿戴好工作服、眼镜、防毒面具、胶皮手套等劳动防护用具。

(2) 切断物料来源。

(3) 尽可能回收所漏物料，防止造成大面积污染。

(4) 先用沙土处理现场，吸收所泄漏物料，沙土回收集中处理，然后用大量水处理。

6.2.3.8 丁二烯产品采出冷凝器发生爆聚的处理方法

(1) 发现脱重塔冷凝器爆聚后应立即通知厂调度和车间值班人员。

(2) 立即关闭脱重塔冷凝器物料进出线阀门，同时将丁二烯产品罐也一起切出。关闭丁二烯采出阀，将加入脱重塔的 TBC 改加在回流线上，将丁二烯采出改在由回流泵边回流边采出。

(3) 组织人员从脱重塔冷凝器 A(不含阻聚剂)进出物料管倒淋处接胶管将脱重塔冷凝器 A 中的丁二烯排放至火炬系统，从另一倒淋处接氮气置换，置换合格后给脱重塔冷凝器 A 的进出物料线加上盲板，待脱重塔冷凝器 A 温度降至常温后将脱重塔冷凝器的冷却水阀门关闭。

(4) 将脱重塔冷凝器 B(含阻聚剂)的冷却水阀改为由调节阀控制，以保证脱重塔的正常操作。

6.2.3.9 产品丁二烯储罐发生丁二烯爆聚后的处理方法

(1) 立即通知厂调度和车间值班人员。

(2) 关闭产品丁二烯储罐的进出口物料阀门，打开放空阀将罐中的丁二烯放至火炬系统，通氮气置换。

(3) 将脱重塔冷凝器中的丁二烯改为进入回流罐，阻聚剂 TBC 改加在回流线上，停丁二烯产品采出泵，改为由回流泵采出。

(4) 接胶管通过丁二烯产品采出泵倒淋往产品丁二烯储罐中加脱氧水进行洗罐操作。

（5）置换合格后，将产品丁二烯储罐的人孔打开，加入硫酸亚铁浸泡。

6.3 开车过程中异常现象及处理

6.3.1 DMF 抽提丁二烯装置开车过程中异常现象及处理

（1）在开车过程中，压缩机开起来以后，经常出现第一汽提塔回流罐液面突然升高的情况。针对这种情况，第一汽提塔升温要平稳，不能操之过急。第一汽提塔升温过快是造成第一汽提塔回流罐液位升高的主要原因。第一汽提塔回流罐实际液位在室外达到联锁液面开关时，就会触动压缩机的停车联锁，造成压缩机停车，开车失败。对于这种情况的处理，首先在开车之前，必须对第一汽提塔回流泵充分排气。其次在开压缩机之后，应加强对第一汽提塔回流罐液面的控制，严格防止液面超高。在第一汽提塔回流罐液面升高，但升幅不是很大的情况下，可以开两台泵，加大回流，同时加大向溶剂精制塔的进料量，控制液面不使之升高。在第一汽提塔回流罐液面比较高的情况下，必须派专人随时观察第一汽提塔回流罐液面的变化情况，必要时采取紧急措施，严防压缩机停车。

（2）在检修开车过程中，由于在检修中动过的阀门、法兰、管线比较多，容易造成泄漏。对于这种情况，应不同情况不同对待，如果泄漏部位发生在压缩机以后，可以考虑在不停压缩机的情况下处理，为保持压缩机的正常运转，可以采取压缩机二段出口全部向第一萃取精馏塔返的方法，或者采取从第二萃取精馏塔向原料罐打循环的方法，把泄漏部分分离出来，紧急处理。待处理完毕后，恢复正常生产。

如果泄漏部位发生在压缩机以前，又不能带压堵漏，在这种情况下就必须停车处理，待处理完毕后，再恢复正常生产。

（3）在开车过程中，也容易发生管线堵塞的情况，对于这种情况的处理，类同于装置发生泄漏的处理。如果堵塞部位发生在压缩机以后，可以考虑在不停压缩机的情况下处理，为保持压缩机的正常运转，可以采取压缩机二段出口全部向第一萃取精馏塔返的方法，或者采取从第二萃取精馏塔向原料罐打循环的方法，把堵塞部分分离出来，紧急处理。待处理完毕后，恢复正常生产。

6.3.2 ACN 抽提丁二烯装置开车过程中异常现象及处理

在检修后装置开车过程中，由于在检修中动过的阀门、法兰、管线比较多，容易造成物料泄漏，也容易发生管线等设备堵塞的现象。从而造成塔系统温度、压力的波动，引起塔釜液面波动、产生液泛等开车过程中的异常情况。对于这种情况的处理，必须及时准确，否则将严重影响装置的安全生产。

6.3.2.1 开车过程中塔压波动的原因及处理方法

1. 波动的原因

开车过程中塔釜温度突然升高、进料中轻组分增加过多、进料量加大、采出管线冻堵、压控调节阀或采出调节阀失灵等都可以引起塔压波动。

2. 处理方法

首先要判断引起塔压波动的原因，而不是简单地只从调节上使塔压恢复正常，要从根本上消除造成塔压波动的因素，使塔保持正常操作。例如，当塔顶冷凝量不足引起塔压升高时，若不加大冷却水量，而采用加大塔顶采出的方法恢复塔压，就可能使重组分被带到塔顶，造成塔顶产品不合格。又如当塔釜温度突然升高引起塔压上升时，重要的是使塔釜温度恢复正常，而不是靠增加冷却水量或加大塔顶采出量来降低塔压，否则将容易产生液泛，破坏塔的正常操作。设备原因影响塔压正常操作时，应考虑改变其他操作条件维持生产，严重时要停车检修。

6.3.2.2 塔釜温度波动的原因及处理方法

1. 波动的原因

塔压是引起塔釜温度波动的一个重要因素。当塔压突然升高时，塔釜温度也会随之升高，但一会儿又会下降，这是因为塔压升高使塔釜的泡点升高，塔内上升蒸气量减少，塔釜混合液中轻组分蒸出不完全，从而使塔釜温度也下降。相反，塔内压力突然下降，塔内上升蒸气量增加，这样重组分会带到塔顶，随釜液组分的变化，釜液泡点随之上升，塔釜温度随之升高。因此，操作中只有把塔压固定在要求的指标上，才能确切地知道塔釜温度是否符合工艺要求，否则会导致错误的操作。

另外，进料中轻组分多，塔釜温度低；重组分增加，塔釜温度升高。釜中有水或再沸器被自聚物等堵塞、蒸汽压力波动、调节系统失灵、物料平衡破坏等都会引起塔内温度波动。

2. 处理方法

塔釜温度波动时要分析原因，针对实际情况分别加以消除。例如，塔顶采出量过小，会使轻组分过多地压入塔釜使塔釜温度下降，此时若不增加塔顶采出量，而单纯地加大塔釜加热蒸汽量，不但对塔釜温度没什么作用，而且严重时会造成液泛。又如，塔釜再沸器列管因堵塞使塔釜温度下降，此时就应停车检修或更换设备。再如塔压是引起塔釜温度波动的一个重要因素，因此，操作中只有把塔压固定在要求的指标上，才能确切知道塔釜温度的变化是否符合工艺要求。

6.3.2.3 塔顶温度波动的原因及处理方法

1. 波动的原因

引起塔顶温度波动的原因有：塔压升高，使塔顶温度升高；釜温升高，使塔顶温度升高；回流温度高或回流量变小也会使塔顶温度升高；进料量过大，塔顶冷凝器超负荷，使回流液温度升高也会使塔顶温度升高；进料中含有不凝气体，使回流量下降也会使塔顶温度升高；冷凝器因列管结垢或有油污，使其冷却效果下降会使塔顶温度升高；塔顶冷剂量或冷剂压力降低也会使塔顶温度升高。

2. 处理方法

当塔顶温度波动时，同样要判断波动的原因，对具体问题要具体分析处理，以维持塔的正常操作。如因塔压升高引起塔顶温度升高，此时产品不会发生大的质量上的变化。但若不去分析引起塔顶温度变化的原因，恢复正常的塔压，而只去降低回流液温度或增加回流量，则可能造成液泛。又如因釜温升高引起塔顶温度升高，此时只要恢复釜温到正常，顶温就会正常。若不恢复釜温，而采用降低回流液温度的方法，势必造成塔顶冷量、塔釜热量不必要的消耗。

6.3.2.4 塔釜液面波动的原因及处理方法

1. 波动的原因

（1）塔釜液面波动原因为塔釜物料组成发生了变化，当采出量不变时势必造成塔釜温度变化。

(2) 进料组成变化，而塔釜液排量未变时引起塔釜液面变化。

(3) 进料量变化，而采出量未变，会引起塔釜液面发生变化。

(4) 调节系统失灵引起塔釜液面变化。此时要改自动调节为手动调节，并及时联系检修人员。

(5) 开车初期塔内各板未建立正常的平衡时，引起塔釜液面变化。

操作中要根据这些原因，采取不同的方法加以处理。

2. 处理方法

塔釜液面的稳定是保证精馏塔平稳操作的重要条件之一。只有当塔釜液面稳定时，塔釜传热才稳定，从而保证塔内传质的稳定。塔釜液面多是靠塔釜采出量控制，塔釜液面增高，塔釜液排出量增大；塔釜液面降低，塔釜液排出量减少。若是调节系统失灵引起塔釜液面变化。此时需要改自动调节为手动调节，并及时联系仪表修理人员。

6.3.2.5 精馏塔产生液泛的原因及处理方法

1. 液泛的原因

在精馏操作中，由于设备问题、工艺条件变更、生产负荷突然增加等因素的变化都会使精馏塔产生液泛。

2. 处理方法

当精馏塔出现液泛现象时，精馏塔的正常操作将受到破坏。若是设备问题，应该停车检修。在停车检修前，用降低塔顶压力，减少回流的方法，适当降低釜温来维持生产。若是工艺条件操作不当，釜温突然上升而引起液泛的话，应该停止或减少进料，降低釜温，停止塔顶采出，进行全回流操作，当生产不允许降进料时，可将釜温控制在稍低于正常操作温度，降低塔顶压力，稍减少回流，加大塔顶采出，当塔压差恢复正常后，再将操作条件恢复正常。

6.3.2.6 精馏操作中塔釜温度突然下降、升温困难的原因及处理方法

1. 原因

(1) 在开车升温过程中常遇到的情况：

① 加热系统疏水器失灵；

② 凝水罐阀门未开；

③ 再沸器内冷凝液未排空，蒸汽加不进去；

④ 再沸器内物料含不溶解水较多。

(2) 正常情况下：

① 循环管子堵，使再沸器没有循环量；

② 再沸器列管堵；

③ 排水阻气阀失灵；

④ 塔板堵，液体回不到塔釜(塔釜液面空)。

2. 处理方法

由于操作问题，通过分析找到原因，采取相应的措施，因设备问题，必须切换设备或停车检修处理。

6.3.2.7 开车过程中萃取精馏岗位的异常情况

开车过程中萃取精馏岗位异常情况的原因及处理方法见表 6-2。

表 6-2　开车过程中萃取精馏岗位异常情况的原因及处理方法

序号	不正常现象	原　　因	处 理 方 法
1	第一萃取精馏塔塔顶丁二烯超标	1. 腈烃比小 2. 回流量不足 3. 塔釜温度高 4. 溶剂温度高 5. 原料中丁二烯含量高 6. 溶剂浓度低 7. 溶剂解析不净	1. 增加溶剂进料量 2. 增加回流量 3. 降低塔釜温度 4. 降低溶剂温度 5. 加大溶剂量或降低塔釜温度 6. 加强分水，适当减少溶剂再生 7. 提高汽提塔加热蒸汽量
2	第二萃取精馏塔塔顶反－2－丁烯超标	1. 腈烃比大 2. 回流量不足 3. 第一萃取精馏塔塔釜温度低或溶剂量大 4. 溶剂浓度高	1. 减小溶剂进料量 2. 增加回流量 3. 提高第一萃取精馏塔塔釜温度或降低其溶剂量 4. 适当提高溶剂再生量
3	循环溶剂浓度偏低	1. 萃取系统回流罐分水不及时 2. 回收溶剂浓度低 3. 溶剂再生量大 4. 蒸气再沸器泄漏	1. 加强各回流罐分水 2. 调整循环溶剂再生塔工艺参数 3. 减小溶剂再生量 4. 检修各再沸器
4	第二萃取精馏塔塔顶乙烯基乙炔超标	1. 溶剂量小或温度高 2. 回流量不足 3. 原料含炔烃高 4. 循环溶剂解析不净 5. 侧线采出量小 6. 侧线温度长时间偏高或汽提塔塔釜加热蒸气量过大，使第二萃取精馏塔灵敏板温度偏高，炔烃直接蒸至塔顶 7. 溶剂中杂质多	1. 增加溶剂量或降低塔温度 2. 增加回流量 3. 增加侧采量 4. 净化循环溶剂 5. 增加侧线采出量 6. 适当降低汽提塔塔釜加热蒸气量，加大第二萃取精馏塔回流量 7. 打开溶剂再生系统
5	塔釜温度低	1. 蒸汽压力波动 2. 塔釜空或满 3. 疏水器故障 4. 再沸器泄漏 5. 进料或溶剂量大	1. 联系调度，稳蒸汽压力 2. 稳定塔釜液面 3. 修理疏水器 4. 停车更换 5. 适当减小进料或溶剂量
6	塔顶尾气带乙腈超标	1. 洗涤水量不足 2. 洗涤水温度高 3. 循环溶剂再生塔塔釜水含微量乙腈超标	1. 增加洗涤水量 2. 降低洗涤水温度 3. 加强循环溶剂再生塔操作或改蒸汽冷凝液作为洗涤水
7	塔顶尾气丁二烯含量高	1. 侧线抽出口偏上 2. 侧线抽出量高 3. 侧线温度控制低	1. 下移侧线抽出口 2. 降低侧线抽出量 3. 提高侧线温度
8	塔顶压力高	1. 循环水温度高或压力低 2. 原料含轻组分多，塔顶有不凝气 3. 上升气量大 4. 塔顶压控阀失灵 5. 塔顶冷凝器负荷小或冷凝效果下降	1. 与动力车间联系，降低其温度或提高压力 2. 从塔顶或回流罐排气 3. 降低釜温或加大采出 4. 打开压控阀副线，联系仪表人员修理 5. 更换或清理冷凝器

续表

序号	不正常现象	原　因	处理方法
9	第一萃取精馏塔压差大	1. 第一萃取精馏塔塔板堵塞 2. 塔釜换热器堵塞 3. 循环溶剂浓度或温度低 4. 塔釜液位太高	1. 清塔 2. 清理或反吹 3. 加强分水或提高溶剂温度 4. 降低塔釜液位
10	溶剂罐空	1. 第一萃取精馏塔塔板堵塞，溶剂积在塔中 2. 去地下罐的阀泄漏 3. 再生调节阀卡死 4. 塔釜液位太高	1. 清塔 2. 在去地下罐的阀处加盲板 3. 副线控制，修阀 4. 降低塔釜液位
11	侧线温度提不上来	1. 塔釜加热量小 2. 第一萃取精馏塔、第二萃取精馏塔至汽提塔物料流量大 3. 汽提塔进料温度低	1. 加大加热蒸汽量 2. 控制两股物料流量 3. 适当升高进料温度

6.3.2.8 开车过程中精馏岗位的异常情况

1. 第一普通精馏塔、第二普通精馏塔超压的处理方法

开车初期第一普通精馏塔、第二普通精馏塔压力超高一般都是由于系统中氮气未排放干净，塔顶有不凝气所致。这时应打开回流罐或冷凝器放空阀，将不凝气排入放空系统，但注意放空阀不要开得太大，以免导致系统压力波动太大，损失过多的丁二烯。此外，甲基乙炔积聚多及脱轻塔回流量太大也会造成压力超高，如回流量太大应适当减小回流量。

如果脱轻塔塔顶超压是由于冷却水压力低或温度高引起，那么此时应将调节阀全部打开，并可将副线阀开至适当位置，以加大冷剂量。

2. 开车初期脱轻塔、脱重塔系统水值偏高的处理方法

开车初期脱轻塔、脱重塔系统水值偏高，一般是由于设备和管线存在死点，停车时造成系统积水所致。故在开车前的 N_2 置换过程中应把系统各处低点倒淋打开，排净低点管线中的积水，多排勤排。若清理换热器，在安装封头前用压缩气吹出管程中的水。另外，为尽快除去这部分积水，开车后还应加强脱轻塔系统、脱重塔系统的分水，并定期切换系统的机泵，以尽快将泵体内的积水带走。

6.3.3 NMP抽提丁二烯装置开车过程中异常现象及处理

(1) 检修后开车过程中，由于在检修中动过的阀门、法兰、管线比较多，容易造成泄漏。如果泄漏部位发生在精馏系统，又不能带压堵漏，可以考虑装置进行小循环，即停 C_4 进料，而粗丁二烯、抽余液全部按比例返回进料蒸发罐，必要时可以补充少量 C_4 进原料蒸发罐；也可以将粗丁二烯送罐区 C_4 原料罐，抽余液正常外送。待处理完毕后，恢复正常生产。如果泄漏部位发生在萃取系统，又不能带压堵漏，在这种情况下就必须停车处理，待处理完毕后，再恢复正常开车。

(2) 在开车过程中，也容易发生管线堵塞的情况，对于这种情况的处理，类同于装置发生泄漏的处理方法。

(3) 机泵发生故障。

① 尽快将备用泵投入使用，将发生故障的泵切出检修。

② 如果是塔釜泵和回流泵等重要机泵发生故障，而备用泵不能投入使用，相应系统按

局部停车处理。系统内物料暂不倒空，泵修复后尽快恢复开车。

③ 泵检修后要经过氮气置换，分析氧含量合格后再投入备用。

（4）控制阀出现故障。

① 立即改用调节阀旁路人工调节，应保证室内外操作人员联系畅通，根据工艺需要及时调整。

② 关闭调节阀前后的保护阀，将调节阀切出倒空，交由仪表人员维修。

③ 调节阀修复后应调校阀位，确认正常后恢复使用，同时关闭调节阀旁路。

④ 如故障不能被排除，出于安全需要可进行局部停车。

（5）C_4 原料供应短时间中断。

① 如果 C_4 原料短时间内完全中断，丁二烯装置立即改为循环。

② 抽余液和粗丁二烯停止正常送出，全部经循环管线返回进料蒸发罐。

③ 脱轻塔顶部的甲基乙炔和炔烃洗涤塔顶部的炔烃仍按正常操作脱除，避免其在系统中积累。如循环操作期间，乙烯基乙炔含量减少，炔烃洗涤塔顶部采出流量可相应减少。

④ 脱重塔和脱轻塔全回流运行，注意脱重塔塔釜的1,2-丁二烯含量不能超高，脱重塔塔釜排出不能完全停掉。

⑤ TBC注入不能停止，以减少丁二烯聚合的现象。保持进料蒸发罐液位控制，可以降低生产负荷，延长循环操作时间。

⑥ 事故排除后，重新调整至正常操作。如果事故无法排除，那么需要进行萃取脱气系统的局部停车处理。

（6）开车过程中可能由于多种原因造成压缩机联锁停车。

压缩机联锁停车后的处理措施如下。

① 压缩机联锁停车后，室内操作人员迅速检查压缩机状态，如有停车信号要记录下来，停车原因消除后及时将联锁复位，打开压缩机出入口阀门。

② 现场操作人员必须立即到达现场，检查仪表盘有无报警信号和油泵运转状态。在仪表盘复位、压缩机盘车正常后，根据室内操作指令马上开车。（注意：如遇电网晃电造成压缩机停车，要先检查有无运转泵停车，如果有的话，必须优先恢复溶剂泵的运转。如果是压缩机出口高温联锁造成的停车，应注意短时间内不能盘车及启动压缩机）

③ 压缩机停车后，控制室操作人员应立即关小粗丁二烯采出的调节阀开度，待压缩机启动运转正常、脱气塔操作正常后，再根据在线分析和塔温分布情况逐步开大至正常阀位。

④ 炔烃保持正常采出，注意调节压缩机入口压力，必要时开冷却塔塔顶放空阀进行调节。

⑤ 压缩机启动后，应对其及时正确调节，避免因工艺信号而再次引发停车。

⑥ 压缩机启动前，适当提高系统压力，避免压缩机启动瞬间产生负压情况。

6.4 停车过程中异常现象及处理

6.4.1 DMF抽提丁二烯装置停车过程中异常现象及处理

停车过程中，压缩机出入口压力容易大幅波动，一方面会对压缩机造成损害；另一方面会对装置的安全生产造成影响，因此，室内应加强操作，特别是要加强对压缩机和第一萃取精馏系统液位的控制，防止第一萃取精馏系统的液位发生大范围的波动，流向压缩机的流量发生大的波动，从而对压缩机的入口压力造成严重的影响。同时在压缩机的操作中，要防止压缩机入口出现负压、出口出现超压。

在停车过程中，要加强对整个装置的监控，防止塔和其他设备出现超温、超压现象。如果出现超温现象，应降低加热蒸汽量，降低温度；如果出现超压现象，应打开放空管线，向火炬放空。

在停车过程中，由于负荷降低，中压蒸汽用量减少，蒸汽压力容易升高，造成减温减压器的安全阀起跳，这时应及时调节进入装置的蒸汽量，使蒸汽压力恢复到正常值。

6.4.2 ACN抽提丁二烯装置停车过程中异常现象及处理

在停车过程中，要加强对整个装置的监控，防止塔和设备出现超温、超压现象。如果出现超温现象，应降低加热蒸汽量，降低温度；如果出现超压现象，应打开放空管线，向火炬放空。

6.4.2.1 停车过程中塔回流突然停止的原因及处理方法

1. 回流突然停止的原因

(1) 回流泵电机跳闸；

(2) 回流液罐内物料被抽空；

(3) 回流泵入口管被杂质堵塞；

(4) 低沸点物质回流液温度过高，而输出量过小，在泵内汽化而不上量。

2. 处理方法

(1) 恢复回流泵电机启动按钮；

(2) 保持回流液罐液位；

(3) 清理回流泵入口管内堵塞物；

(4) 控制工艺条件，使低沸点物质在泵内不汽化从而确保泵上量；

(5) 当一时还恢复不了正常操作时，应停止塔顶采出，进行全回流操作。

6.4.2.2 在停车过程中塔釜液面满或空的原因及处理方法

塔釜液面的控制应该以塔釜液排出量来控制，在正常操作中，虽然进料、采出、回流等条件都已定，但塔釜采出量也随塔内温度、压力、回流等操作条件的改变而变化。当进料量不变，塔釜温度升高，则必然影响塔釜中轻组分减少；塔釜液量减少，如排出量不减少，液面必然要空。若保持塔釜的一定液面，就必然减少排出釜液量，要恢复正常操作，必须靠降低塔釜温度来提高塔釜液排出量。

在精馏操作其他条件都不变的情况下，进料组成中重组分增加，塔釜液量也应增加。如不增加排出塔釜液量，而是提高塔釜温度来保持塔釜液面稳定，则重组分被蒸到塔顶的量必然增加，造成塔顶产品质量下降。

6.4.2.3 停车过程中萃取精馏岗位的异常情况

ACN装置停车过程中萃取精馏岗位的异常情况原因及处理方法见表6-3。

表6-3 ACN装置停车过程中萃取精馏岗位的异常情况原因及处理方法

序号	不正常现象	原因	处理方法
1	萃取系统塔顶超温超压	1. 减溶剂量太快 2. 蒸发量大 3. 减回流量太快 4. 压力调节失灵	1. 缓慢降低溶剂量 2. 降低塔釜蒸汽量 3. 缓慢降低回流量 4. 副线调节，修表

续表

序　号	不正常现象	原　　因	处 理 方 法
2	萃取系统回流罐液位超高	1. 减溶剂量太快 2. 塔顶采出量小	1. 缓慢降低溶剂量 2. 加大塔顶采出量
3	第一萃取精馏塔萃取液水洗塔带游离水	1. 界面控制偏高 2. 界面调节阀失灵	1. 稳定界面控制 2. 副线控制，修阀 3. 采取上述操作的同时加强萃取液水洗塔分离罐排水
4	溶剂浓度降低	1. 萃取系统回流罐分水不及时 2. 溶剂再生浓度低 3. 溶剂再生量大	1. 加强分水 2. 调整循环溶剂再生塔工艺参数 3. 适当减小循环溶剂再生量

6.4.2.4　停车过程中精馏回收岗位的异常情况

(1) 第二萃取精馏塔萃取液水洗塔向脱轻塔串水的处理方法。若第二萃取精馏塔萃取液水洗塔液面控制过高，洗涤水不慎串入脱轻塔时，应立即停止脱轻塔塔釜加热，在最低点排水，放水完毕后再重新升温，以防造成超温、超压。

(2) 重组分排往罐区时，重组分罐液面长时间不下降的处理。

检查现场液面和室内仪表所示液面是否一致。若不一致，说明仪表故障，检修时应联系仪表工修理。

若仪表显示无误，则可能是残液泵不上量。导致残液泵不上量的原因主要有以下三个。

① 停车期间残液的组分比平时生产时更为复杂，也更易将重组分残液泵的过滤网堵塞。若属于这种情况，应停泵清理过滤网。

② 由于重组分加热器已停止 C_4、C_5 蒸出，重组分残液泵内的压力可能随其重组分罐液面的下降而降低。当罐内的压力低于残液泵出口压力时，就造成残液泵不上量、重组分残液罐液面久排不下的结果。此时，应给重组分罐充 N_2，提高重组分残液泵入口压力，残液泵就可正常运转，排放残液了。

③ 冬季可能出现管线冻堵，要及时查找冻点并吹通。

6.4.3　NMP 抽提丁二烯装置停车过程中异常现象及处理

停车过程中，特别是烃类进料停止后的溶剂脱气阶段，压缩机出入口压力容易大幅波动，一方面会对压缩机造成损害，另一方面会对丁二烯装置的安全生产造成影响，因此，室内操作人员应加强对压缩机和脱气塔及冷却塔系统的控制，从而保证压缩机的入口压力相对稳定。如果压缩机入口压力下降至无法调节的状态，应考虑压缩机停车。在压缩机的操作中，要防止压缩机入口出现负压、出口出现超压的危险。

在停车过程中，要加强对整个丁二烯装置的监控，防止塔和其他设备出现超温、超压现象。如果出现超温，应降低塔的加热量，降低系统温度；如果出现超压，应打开相应设备的放空管线，向火炬放空。

6.4.3.1　压缩机联锁停车的处理

(1) 压缩机联锁停车后，室内操作人员迅速检查压缩机状态，如有停车信号，要记录下来，停车原因消除后及时将联锁复位，打开压缩机出入口阀门。

(2) 现场操作人员必须立即到达现场，检查仪表盘有无报警信号和油泵运转状态。在仪表盘复位、压缩机盘车正常后，根据室内操作指令马上开车。(注意：如遇电网晃电造成压缩机停车，要先检查有无运转泵停车，如果有的话，必须优先恢复溶剂泵的运转。如果是压缩机出口高温联锁造成的停车，应注意短时间内不能盘车及启动压缩机)

(3) 压缩机停车后，控制室操作人员应立即关小粗丁二烯采出的调节阀开度，待压缩机启动、运转正常、脱气塔操作正常后，再根据在线分析和塔釜温度分布情况逐步开大至正常阀位。

(4) 炔烃保持正常采出，注意调节压缩机入口压力，必要时开冷却塔塔顶放空阀进行调节。

(5) 压缩机启动后，应及时正确调节，避免因工艺信号而再次引发停车。

(6) 压缩机启动前，适当提高系统压力，避免压缩机启动瞬间产生负压情况。

6.4.3.2 局部停车处理

1. 萃取单元局部停车

(1) 执行萃取脱气系统的停车步骤。

(2) 溶剂再生单元执行停车程序。

(3) 如果停车时间较短，精馏单元进行单塔全回流操作或关闭进料阀、停塔釜再沸器和回流泵，全塔物料不倒空等待开车；如果停车时间长，精馏单元 N_2 置换后保压等待开车。

(4) 脱气系统烃类物料倒空后充氮气保压。脱气塔内溶剂可不倒空。冷却剂循环可经过辅原料蒸发器的旁路正常运转。

(5) 压缩机停车后关闭出入口阀门，机体 N_2 置换后保压，润滑油和冷却水系统继续运转。

(6) 炔烃洗涤塔系统烃类物料倒空，N_2 置换后保压。

2. 脱气单元局部停车

(1) 执行萃取、脱气系统的停车步骤。

(2) 溶剂再生单元执行停车程序。

(3) 如果停车时间较短，萃取系统各塔烃类物料和溶剂不倒空，存于塔内等待开车；如果停车时间长，萃取系统各塔 N_2 置换后充氮气保压，循环溶剂可不送出系统，暂存于萃取单元各塔中。

(4) 如果停车时间较短，精馏单元进行单塔全回流操作或关闭进料阀、停塔釜再沸器和回流泵，全塔物料不倒空等待开车；如果停车时间长，精馏单元 N_2 置换后保压等待开车。

(5) 脱气系统溶剂全部送入萃取系统暂存，烃类物料倒空。

(6) 如果冷却塔系统和压缩机系统无检修任务，压缩机停车后关闭出入口阀门，机体 N_2 置换后保压，润滑油和冷却水系统继续运转；冷却塔冷却剂循环可经过辅原料蒸发器的旁路正常运转。

(7) 如果炔烃洗涤塔系统无检修任务，其中的烃类物料倒空，N_2 置换后保压。

3. 精馏单元局部停车

(1) 执行精馏系统的停车步骤。

(2) 萃取脱气系统执行小循环运转，抽余液和粗丁二烯全部返回进料蒸发罐，粗丁二烯与抽余液的返回应同时按相同比例进行，返回量由现场的转子流量计指示，以防止造成原料中组分波动。混合 C_4 进料要暂时停止，必要时(如进料蒸发罐液位过低)也可少量引入补充。(注意：如果直接返回 C_4 原料罐则不必停止混合 C_4 进料)

(3) 循环操作时，初期 C_4 炔烃和甲基乙炔的采出应照常进行，以防止炔烃在系统中积累，随运转时间的持续，系统中炔烃逐渐减少，C_4 炔烃和甲基乙炔的采出量可根据在线仪表指示逐渐减少甚至停止。

(4) 溶剂再生单元继续正常运转。

(5) 精馏单元物料倒空后执行系统倒空、N_2 置换、化学清洗、蒸汽蒸煮、空气置换等操作，分析合格后进入检修作业。

4. 溶剂再生单元及其他辅助单元局部停车

如果停车时间较短，丁二烯主装置可以继续正常生产，将需要检修的设备单独切出，执行倒空、水冲洗、N_2 置换、蒸汽蒸煮、空气置换等操作，分析合格后进入检修作业。

但应注意各化学品系统的检修应以不影响丁二烯装置正常生产为准，否则要采取临时措施保持各化学品的注入。

6.5 典型事故

6.5.1 乙烯基乙炔引起的爆炸

乙烯基乙炔，化学式为 $CH_2=CH—C\equiv CH$，是一种极不稳定、极易爆炸的物质，在较高浓度或分压下会迅速分解并放出大量的热，使系统体积急剧膨胀，压力急促上升，给安全生产带来巨大的危害，此即 VA 的自爆分解。乙烯基乙炔自爆分解反应较复杂，分解产物主要是碳，少量残渣和高沸点液体以及 H_2、CH_4、C_2H_2、C_2H_4、C_2H_6、C_3H_6 等气体产物。

1969 年 10 月美国 UCC 所属的得克萨斯工厂丁二烯装置因乙烯基乙炔浓度超过 45%而发生恶性爆炸事故，不仅丁二烯抽提装置大部分被毁，相邻的乙烯装置也受到一定程度的破坏，经济损失约 600 万美元。这一起事故发生后，引起了全世界各丁二烯生产厂家的高度重视。根据对这起事故的分析，原因是装置在不正常情况下(已停车)，乙烯基乙炔浓度超过45%时分解而发生爆炸。

为了防止类似事故的再次发生，各国做了大量的研究，认为乙烯基乙炔与氧气接触会生成易爆的过氧化物，在乙烯基乙炔浓度高于 50%、分压大于 0.075MPa 时，都有引起爆炸的危险。因此，必须将乙烯基乙炔浓度或分压控制在安全操作范围以内。

6.5.2 丁二烯自聚物胀裂设备

1992 年，某 DMF 法丁二烯抽提装置脱轻塔操作出现异常现象，塔顶压力逐渐下降、回流量逐渐下降、塔釜液面逐渐上升，经增大再沸器热溶剂加热量后仍无效果，检查冷凝器系统、泵、流量调节阀、压力调节阀等均正常，判断脱轻塔再沸器已堵塞。过 2h 后，脱轻塔操作出现急剧恶化，不但不能维持操作，而且再沸器温度有上升加快趋势，经汇报后立即采取紧急停止脱轻塔运行措施，塔内物料进行倒空置换后用 5%浓度的 $FeSO_4$ 溶液按规定时间进行循环浸泡，然后对脱轻塔再沸器进行抢修清洗。打开再沸器封头发现列管已全被丁二烯自聚物堵死，而且有几根列管稍有弯曲现象，抢修人员经努力不能清除列管内的丁二烯自聚物，现场讨论决定对脱轻塔再沸器立即进行定制更新，对打开封头已报废的再沸器采取用水冲洗，等待天亮后拉走。第二天，发现该再沸器已完全被丁二烯自聚物胀裂，幸好没有发生燃烧和爆炸事故。

分析其原因，再沸器堵塞是由于系统中氧含量较高，丁二烯遇氧发生了氧化反应，进一步反应生成了过氧化物和丁二烯自聚物或爆聚物堵塞设备。氧含量高是由于检修后系统置换不彻底，虽然塔经测氧已不高于 0.1%，但再沸器没有经过测氧而且排放次数不够，再有脱轻塔系统的过滤器清洗后没有经过氮气置换后就投用，使空气中的氧被带入系统内，另外，气相加入的阻聚剂TBC的量太少(回流液中的TBC分析含量长期维持在30~50μg/g)，使经回流进入塔釜的TBC量就更少了(在塔内被消耗一部分)，不能有效地捕获消耗掉塔釜与再沸器中的氧，使丁二烯加快了氧化自聚，最终导致堵塞设备。再者，对丁二烯自聚物的认识不足，再沸器用$FeSO_4$溶液只浸泡了12h，时间太短，没有完全杀死丁二烯自聚物的活性，使暴露在空气中的再沸器内的自聚物遇氧发生反应，释放出大量的热量和产生体积膨胀而胀裂设备。

预防措施如下：

(1) 设备在投用前，所有能排放的点均用氮气反复置换，直到各点测得的氧含量≤0.05%；

(2) 过滤器清洗后，必须用氮气进行置换，并测氧含量不高于0.1%后才能投用；

(3) 生产时，系统中的TBC含量控制不低于50μg/g，提高阻聚效果；

(4) 定期排放导压管、压力表等死角，减少自聚物活性种子的积累；

(5) 打开设备前，用浓度高于5%的$FeSO_4$溶液浸泡24h以上，使活性失活。

6.5.3 压缩机损坏

2002年11月，某DMF法丁二烯抽提装置螺杆式压缩机电机无负荷端温度出现异常，当班人员立即向车间领导汇报。当车间领导赶到现场时，现场温度计指针已超过了最高刻度值，电机无负荷端轴瓦箱处已在冒黑烟，当机立断按下压缩机现场停车按钮进行紧急停车处理。在抢修中发现螺杆式压缩机的轴承已磨损不能使用。

原因是压缩机电机无负荷端轴瓦箱长期渗漏润滑油，使得轴瓦箱内的润滑油量逐渐减少，而油视镜的结垢，造成对轴瓦箱内的润滑油油量的错误判断，最终因轴瓦箱缺油使轴瓦干磨损坏。

预防措施如下：

(1) 进一步加强与机、电、仪各部门协调和配合；

(2) 提高操作人员的责任心，减少事故的发生率；

(3) 认真做好巡检记录，发现问题及时处理和汇报；

(4) 加强操作人员的事故应变能力。

6.5.4 换热器被聚合物胀裂

2010年6月，某NMP法丁二烯装置经循环水场通知冷却水回水中COD偏高，装置立即对各循环水用户的进出口进行排查，确认为丁二烯产品塔顶水冷器泄漏，再次对此换热器循环水进出口COD进行分析，发现泄漏程度增大，随后对丁二烯产品塔系统进行局部停车同时安排检修，对该换热器抽芯后发现U形管末端存在大量聚合物，末端管束严重扭曲甚至断裂，割除部分变形的管束后清理出大量聚合物，同时检查发现靠末端的TBC冲洗液喷嘴堵塞，复位修复后开车，共计停产时间为193h。

原因分析，该换热器为U形管式，丁二烯走壳程，循环水走管程，在壳程顶部气相空间安装了15个带TBC冲洗液的喷嘴，目的是使换热器气相部分湿润，防止丁二烯在气相聚合，由于壳程靠末端冲洗液喷嘴堵塞，平时巡检只检查冲洗液总管流量，无法检查到换热器顶部的喷嘴，致使U形管末端没能起到相应的阻聚作用。另外，根据U形管变形的位置处于最末端的弯角底部，通过壳程物料走向判断该处存在死区，丁二烯会自聚，叠加TBC冲洗液的喷嘴堵塞，加速自聚物产生最终导致换热器受损泄漏。

预防措施如下。

(1) 通过 MOC(变更管理)重新对该换热器进行设计，将该换热器形式改为固定管板式，循环水走壳程、丁二烯走管程，两边的封头上呈 120°各布设 3 根带 TBC 冲洗液的喷嘴，便于检查和维护。丁二烯走管程也能提高流速，减少死区，防止自聚物产生。

(2) 定期对丁二烯纯度高的系统的阀兰、阀门进行 LDAR(泄漏检测)检查，及时消漏防止氧气进入。

(3) 巡检时加强对 TBC 冲洗管线的检查并记录。

(4) 定期对换热器进出口循环水进行 COD 监测。

6.5.5 丁二烯聚合物引发火灾

(1) 2006 年 11 月 28 日，某石化公司聚乙烯厂油品车间液态烃罐区员工对裂解碳四储罐进行脱水作业，打开罐底部两道脱水阀，未见有水流出，怀疑阀门冻堵，在阀门打开的情况下，采取蒸汽加热的办法对脱水阀化冻脱水。脱水过程中，沉积在脱水阀门上的聚合物流出，遇空气引燃物料着火。

(2) 2007 年 2 月 6 日，某石化公司合成橡胶厂在抽提丁二烯装置脱重塔塔釜再沸器底部排液时突然发生闪爆，造成 6 人受伤，精馏塔及相连管线和再沸器烧毁。事故发生前，企业关闭了再沸器液相入口阀门，将再沸器内的物料尽量蒸出，在加热过程中，再沸器底部在排液。事故是因长期形成的丁二烯过氧化物在再沸器内积聚，排出的淡黄色带泡沫状液体中含有丁二烯过氧化物和端基聚合物，遇空气自燃闪爆而发生。在第一次闪爆的冲击和再沸器壳程持续加热的情况下，再沸器内的丁二烯过氧化物和端基聚合物激烈反应，造成再沸器爆炸。

(3) 2021 年 1 月 12 日，某橡胶有限公司顺丁橡胶装置发生爆燃事故。事故直接原因是：企业顺丁橡胶装置回收单元 V-6508 罐内已脱除阻聚剂的丁二烯与氧形成过氧化物、端基聚合物等危险物质，这些危险物质在罐内死角部位聚集，浓度不断升高，自聚加剧，温度、压力升高，自聚速度呈指数级增长，发生爆聚，释放大量能量导致爆炸，造成 V-6508 罐解体，引发火灾。

(4) 2021 年 3 月 15 日，某石化公司橡胶车间当班外操工在正常生产状况下，未进行危害因素识别及风险评估，未遵守施工作业安全管理程序，未佩戴、使用符合国家或者行业标准的劳动防护用品，未经许可便冒险拆开碱洗塔远传液位计气相引压点与阀门相连的仪表法兰进行清理堵塞物作业(未将阀门完全关闭)，导致塔内丁二烯(正己烷)物料发生大量泄漏，喷出的物料迅速扩散形成爆炸性气体，遇凝聚单元南侧变电所北面外墙悬挂的运行的非防爆空调外机后发生闪燃，进而引发附近污水池、碱洗塔西侧泵房附近爆炸燃烧。事故造成 1 人死亡、5 人受伤。

第7章 装置的安全、环保、节能降耗

7.1 安　　全

丁二烯属易燃、易爆的有机化合物，其闪点为-76℃，自燃点为450℃，在空气中的爆炸范围为2.16%~11.17%。丁二烯在常温常压下是无色略带大蒜味的气体，化学性质非常活泼，与氧接触易生成爆炸性过氧化物。微溶于水，在常压下低于-4.41℃时为无色透明液体。液体丁二烯极易挥发，其气体比空气重(1.85倍)，易溶于乙醇、甲苯、乙醚、氯仿、四氯化碳、汽油、DMF、ACN、NMP等有机溶剂中。国内外对丁二烯生产过程的安全问题非常重视，因为有不少厂家都发生过大小不同的事故，例如，丁二烯储罐的爆炸、换热器因为过氧化物爆聚而胀裂报废等。

丁二烯对人体的危害：

丁二烯对人体有毒，低浓度下能刺激黏膜和呼吸道，高浓度下对中枢神经有麻醉作用，使人感到头晕嗜睡、恶心、胸闷、呼吸困难，长期与丁二烯接触使人记忆力衰退。按国家卫生标准，丁二烯的职业接触限值——时间加权平均允许浓度为$5mg/m^3$。

丁二烯慢性中毒神经系统的症状为头疼、眩晕、全身乏力、失眠、记忆力减退，以神经衰弱症为主；消化系统症状为消化不良、恶心、胃灼热、腹痛；肝肾对丁二烯敏感，易受损害；对呼吸系统引起咽部炎症；对皮肤引起发炎，液体丁二烯接触皮肤能引起冻伤。

丁二烯急性中毒表现为头痛、眩晕、耳鸣、全身乏力、口中感觉有甜味，有时呕吐、昏睡、皮肤苍白、脉搏加快。在新鲜空气中一切症状可迅速消失，但长时间处于高浓度丁二烯环境下是危险的，可导致死亡。

丁二烯发生外泄时的处理步骤如下：

(1) 在岗人员应迅速、准确地判断出泄漏物料的来源，立即穿戴好工作服、眼镜、橡胶手套等劳动防护用具，佩戴正压式空气呼吸器或防毒面具，采用防爆工具进行处理；

(2) 应及时切断物料来源，防止事故进一步扩大；

(3) 在丁二烯泄漏时，由于装置内部有可燃气体蔓延，因此严禁启动或关闭一切电器开关，必要时通知电气人员从配电室切断总电源，并用蒸汽或氮气稀释；

(4) 立即通知和停止附近的一切动火作业，安排人员切断事故周围的交通，禁止车辆和行人通过；

(5) 如果丁二烯泄漏面积较大，则应立即报告厂调度和值班领导；

(6) 应根据现场情况决定是否需要紧急停车处理。

7.1.1 丁二烯聚合物形成的原因分析

7.1.1.1 氧的影响

氧是形成丁二烯氧化物的必要条件，根据日本瑞翁公司的试验数据，在50℃氧分压大于4.993kPa时，丁二烯主要生成过氧化自聚物，当氧分压小于4.993kPa时，氧化速度减慢，主要生成端基聚合物。当氧分压为0.267kPa时，由于自由基减少，发生碰撞而终止的机会也减少，因而其链长可增至很长，生成大块的端基聚合物。表 7-1 为丁二烯气相氧含量对过氧化反应影响的试验数据。

表 7-1 丁二烯气相氧含量对过氧化反应的影响

气相氧含量/%	丁二烯过氧化物	撞击爆炸性	产物着火性
1.20	存在	无	爆鸣性着火
0.59	存在	无	冒烟难着火
0.38	存在	无	冒烟难着火
0.20	存在	无	冒烟难着火
0.11	不存在	无	冒烟难着火

由表 7-1 可知，当气相氧含量降到 0.11%以下时，无过氧化物生成，因此，控制丁二烯气相氧含量可防止过氧化物的产生。另据瑞翁公司的实验数据，当气相氧含量增加时，丁二烯过氧化物生成量增加，端基聚合物反应速率剧增，最终导致丁二烯爆米花状聚合物产生。

在丁二烯形成的聚合物中，除了可以形成过氧化自聚物、端基聚合物，丁二烯还可以形成橡胶状聚合物，和糠醛氧化生成糠酸。这些聚合物的形成都与系统中微量氧的存在密切相关。因此氧是丁二烯抽提装置，尤其是丁二烯精制系统生成聚合物堵塞设备的主要原因。

7.1.1.2 温度的影响

合适的温度是形成丁二烯过氧化物的重要条件，过氧化物的产生导致橡胶状聚合物、过氧化自聚物、端基聚合物等聚合物的产生。过氧化物的生成速度和分解速度随温度升高而加快。根据瑞翁公司的实验研究，当温度低于 27℃时，过氧化物稳定，分解速度接近于零；当温度高于 71℃时，分解速度大于氧化速度，总的反应转变为解聚反应；当温度在 27～71℃的范围内，聚合反应速度急剧加快。丁二烯精制系统操作温度正好在此范围内，因此最容易产生过氧化物，并进一步生成过氧化自聚物和端基聚合物。总聚合速率常数 K 与温度 T（K）的关系式遵循 Arrhenius 方程式 $K=Ae^{-E/RT}$。

7.1.1.3 丁二烯浓度的影响

丁二烯浓度越高，端基聚合物增长越快，聚合速度随丁二烯浓度的增加而加快。将“聚合种子”活化后，在(601±5)℃恒温 240h 的条件下的实验结果证明，端基聚合物增长倍数 Y 与丁二烯浓度 X 呈指数关系，即 $\lg Y=3X-2.28$。

7.1.1.4 杂质的影响

丁二烯装置 C_4 原料中的 C_5 馏分（戊二烯、环戊二烯等）及某些酸性物质会加快橡胶状聚合物的产生。系统存在游离水、铁锈、过氧化物和氧时，会导致丁二烯过氧化自聚物和端基聚合物的产生。系统中二甲胺可与糠醛和丁二烯过氧化物的分解产物反应，生成焦油类聚合物。进入聚合系统的酚类可与糠醛聚合，生成各种类型的酚醛树脂。

7.1.1.5 压力的影响

压力的增加可导致各种聚合物的生成速度加快，第一萃取精馏塔塔釜、脱胺塔以及脱轻塔和脱重塔部位因为压力高，很容易产生聚合物。因此，在正常情况下须保持系统各塔操作压力的稳定，压力较高的塔尽量控制在指标的下限，禁止超温、超压，保持常压塔和压缩机一段入口不出现负压，以防止将空气中的氧带入系统。

7.1.1.6 溶剂中水的影响

溶剂 DMF 遇水分解，可生成二甲胺和甲酸。当 DMF 中水含量大于 0.1%时，其水解速度加剧，水解产物甲酸会腐蚀设备，二甲胺会与巴豆醛和糠醛反应，生成焦油类物质。

ACN 在高温和含水量大时，可发生一定程度的水解，生成乙酸和氨，其中氨随 C_4 馏分排出，乙酸若在循环溶剂中积累将造成设备腐蚀，但当乙酸含水量小于 10%、$NaNO_2$ 的质量分数保持在 3×10^{-4}时，溶剂可不断少量再生，达到基本不腐蚀设备的目的。

NMP 的稳定性最强，不易水解、无腐蚀性。

7.1.1.7 阻聚剂加入量不足

丁二烯装置使用糠醛、$NaNO_2$ 等作为萃取系统的阻聚剂，常使用 TBC 作为精馏系统的阻聚剂。在日常生产中必须跟踪分析它们的加入量，避免聚合物产生，造成堵塞。

7.1.2 丁二烯聚合物的危害

在丁二烯生产过程中，从萃取精馏系统到丁二烯精馏系统，从丁二烯成品储罐到丁二烯回收系统，均可产生丁二烯自聚物。尤其是在丁二烯浓度较高的塔、管线、储罐部分，极易产生丁二烯自聚物。这不仅会降低丁二烯的收率，还会堵塞设备、管线、阀门等，影响装置的长周期运行；严重时还会使设备损坏，甚至引起物料大量泄漏而造成着火、爆炸等恶性事故。近年来随着对丁二烯自聚物产生原因认识的不断深入和防止丁二烯自聚措施的不断进步，对丁二烯自聚的预防有了很大的进步，大大改善了丁二烯生产装置的生产状况。

丁二烯属共轭二烯烃，其化学性质十分活跃，在 100℃以下就会自聚生成丁二烯二聚物或丁二烯高聚物。据国内外有关资料报道，在丁二烯生产过程中生成的聚合物主要为丁二烯二聚物、橡胶状聚合物、丁二烯过氧化自聚物、丁二烯端基聚合物和糠醛聚合物等。

7.1.2.1 丁二烯二聚物

丁二烯二聚物常温下为液态，具有流动性，沸点为 116℃。它可以和丁二烯以任何比例互溶，是丁二烯热聚物的产物。在无任何引发剂的情况下，丁二烯受热即发生聚合反应，生成 4-乙烯基环己烯，而且该反应受温度影响极大，温度越高，反应越剧烈。又因为该反应是一个放热反应，从而形成恶性循环，极易引发事故。二聚物虽然能够在溶剂精制系统被脱除，但对溶剂精制系统影响较大，可导致溶剂精制塔的塔板、冷凝器、回流罐、回流泵等设备和管线堵塞。

7.1.2.2 橡胶状聚合物

橡胶状聚合物是一种丁二烯长链聚合物和支链聚合物的混合物，其中大部分为长链聚合物，少部分为支链聚合物，生成过程比较复杂。橡胶状聚合物似黑木耳状，有弹性，难溶于溶剂，它的产生与系统中的有害杂质(如系统存在游离水、铁锈、过氧化物和氧等)、操作温度、压力、丁二烯浓度有关。温度越高、压力越大、丁二烯浓度越高，越容易聚合。这种聚合物主要出现在萃取精馏系统，尤其是第一萃取精馏塔塔釜和再沸器以及第二萃取精馏塔溶剂进料口和降液管处，造成这些部位堵塞。

7.1.2.3 丁二烯过氧化自聚物

丁二烯过氧化自聚物反应为自催化反应。聚合物是一种淡黄色油状物质，含杂质时呈深褐色，呈糖浆状。在丁二烯和普通溶剂中很难溶解，仅发生溶胀现象。该聚合物密度大，易沉淀于设备、容器底部，极易黏附于设备、管线、阀门等金属壁。不易清理，严重时会堵塞设备管线、阀门、换热器等处，影响装置的正常运行。丁二烯过氧化自聚物在萃取精馏系统各塔均可产生。过氧化物除生成过氧化自聚物，自身还可能分解为醛类和自由基，醛类主要是 3-甲基丙烯醛(即巴豆醛)，有顺、反两种结构，巴豆醛能与二甲胺反应生成焦油类物质。

7.1.2.4 丁二烯端基聚合物

丁二烯端基聚合物是一种高度交联的树脂状聚合物，非常致密、无孔、色白且很硬，外观呈透明或半透明的颗粒状晶体，大块状丁二烯端基聚合物因外形酷似爆米花，又称爆米花状聚合物。加热时不融化，且不溶于任何有机溶剂。该聚合物一经形成，就会以此为中心，发生链增长，自身支化蔓延不易终止，迅速堵塞管线、设备，严重时导致设备胀裂。该聚合物主要出现在丁二烯精馏系统。

研究表明：过氧化物和活性氧是引发爆米花状聚合物生成的必要条件。系统中氧的存在加剧了丁二烯的自聚，加快了堵塞设备的速度，缩短了装置的运行周期。爆米花状聚合物的聚合热为79.55kJ/mol，故其一旦生成就会使系统的温度局部升高，由于活性中心被屏蔽在聚合物内部，所以，反应在固体内部发生并向外膨胀形成爆米花状聚合物，同时聚合热难以散出，从而加速反应形成爆聚。

7.1.2.5 糠醛聚合物

糠醛学名α-呋喃甲醛，纯糠醛为无色液体，沸点162℃，熔点-36.5℃，相对密度1.160，可溶于水，并能与醇、醚混溶。在空气中颜色逐渐变深，由黄色变褐色再变黑褐色。糠醛是不含氢的醛，具有一定的醛基性质，其化学性质与苯甲醛或甲醛相似，易氧化和聚合。糠醛是萃取系统的阻聚剂，由于自身缩合及与其他物质反应逐渐消耗，影响萃取系统的阻聚效果。因此，正常生产时通过泵连续向DMF中添加，DMF中糠醛含量正常范围为0.8%~1.5%，糠醛含量低时阻聚效果差。

糠醛在一定条件下自身会缩合，通过离子的作用，首先缩合成三聚糠醛，进一步缩合成多聚糠醛，糠醛树脂的产生需要催化剂，因此糠醛自身缩合量较少。

糠醛也可以通过Diels-Alder反应生成糠醛-丁二烯加合物，该加合物的产生导致糠醛慢慢被消耗，但该加合物本身不易对萃取精馏系统形成堵塞。

糠醛还可以与系统中的氧反应，生成糠酸，该反应消耗糠醛，反应物对堵塞影响不大。

二甲胺是DMF受热水解的产物，糠醛可与二甲胺反应生成焦油类物质，该反应导致糠醛消耗，同时也使DMF中焦油含量不断上升，黏度变大，增加堵塞机会。

糠醛和酚在酸或碱的作用下，按酚和醛的用量比例不同，可通过缩合反应得到不同结构的线型或网状体型化合物。在糠醛过量的情况下，可与酚缩合形成可溶、可熔的相对分子质量不太大的线型树脂，称为甲阶酚醛树脂。它易溶于乙醇、丙醇等有机溶剂，加热则线型高分子通过与糠醛的进一步缩合，成为部分网状结构的高分子，不易溶于乙醇，但能溶胀。再继续加热，则进一步发展成为不溶解、不熔化的酚醛树脂，称为丙阶酚醛树脂。酚醛树脂的产生消耗了糠醛，同时也加快了萃取系统的堵塞速度。

7.1.3 预防系统聚合物产生的对策

7.1.3.1 严把检修和开车关

丁二烯精制系统在检修时，一定要将各塔的塔板全部拆卸下来，进行清理，并对塔内壁、降液管、降液管缝隙、仪表引压管、液位计等部位用水枪清理干净，清除残留的端基聚合物的“活性种子”。精馏系统在开车前，首先用纯氮气(N_2含量≥99.99%)将系统置换到氧含量在0.02%以下，然后用二乙基羟胺对系统进行化学清洗和浸泡，时间至少在24h。

7.1.3.2 严格控制进入系统中的氧含量

装置正常运行中，进入系统的氧有以下途径：①C_4原料中夹带的微量氧和丁二烯过氧化物；②容器、管线、过滤器、再沸器等设备清理后重新投入前未用氮气认真置换，使残留氧带入系统；③常压塔和压缩机入口出现负压时将空气带入系统；④冷凝器漏水带入氧气。

在日常生产中，必须针对以上途径，采取各种措施严格控制进入系统的氧。

7.1.3.3 重视C_4原料中C_5的含量

本装置的C_4原料中通常夹带少量的C_5。C_5会消耗溶剂中的糠醛，加快萃取精馏系统的聚合物堵塞速度。C_5含量通常要求控制在0.2%以下，一旦超过0.2%，要加大糠醛的加入量，同时加速脱除溶剂中的焦油以降低溶剂的黏度。

7.1.3.4 采用阻聚剂，保证其正常加入量

TBC作为精馏系统的阻聚剂，能有效地阻止丁二烯液相中产生的端基聚合物，但其沸点高(285℃)，不易挥发，在丁二烯气相中阻聚效果差。

为保证阻聚剂的加入量，每天应对精馏系统如DMF装置脱轻塔塔釜和脱重塔塔顶的TBC进行分析，结合生产实际，要求其含量分别为80~100μg/g。

7.1.3.5 新技术的试用

近几年由于技术的发展，出现了很多新的阻聚剂，分别针对聚合物出现的不同部位和生成的不同机理，进行了有针对性的阻聚，取得了比较好的效果。对于这些新型阻聚剂应结合不同装置的不同特点，进行合理的使用。

7.1.3.6 在线处理

装置在正常运行时，必须加强对各系统的跟踪监测，如发现某一系统发生聚合物堵塞，但堵塞情况并不严重(如降负荷可以维持运行)时，可采用在线处理，及早遏制聚合物堵塞进一步恶化的势头。

萃取精馏系统的堵塞，主要是焦油、硅油和聚合物的混合物在塔板等处聚集所致，要使这些物质能够扩散溶解到溶剂中，可采用增加焦油在溶剂中的扩散系数的办法。而提高溶剂的进料温度，可提高塔盘上焦油的扩散系数，加快集聚的焦油向溶剂扩散，部分消除塔盘上的集聚物，延长塔的运行周期。

压缩机系统的聚合物堵塞，可采用在线清焦的方法，即在压缩机电流升高时(表明内部已经出现聚合物)，向其一段入口和二段入口喷射雾状的纯净溶剂，以溶化黏附在压缩机转子表面及气缸内壁的焦油状聚合物，延长其运行周期。

精馏系统出现聚合物堵塞，可分别向脱轻塔和脱重塔加入一定量的DEHA，将两塔串起来循环，同时加大两塔的TBC加入量，进行8~16h的复合清洗。

7.1.3.7 其他防自聚措施

1. 设计方面

(1) 容器管道结构尽可能无死角，以防过氧化物沉积，无法避免的死区需连续冲洗。高浓度丁二烯部位的压力表、液位计采用凸缘法兰连接，减少管口伸出长度；流量计的选用应尽可能减少死区。

(2) 高浓度丁二烯部位的差压式变送器、压力变送器采用膜片式。

(3) 设置在线氧分析仪，实时监控系统中氧含量。

(4) 低压设备(如溶剂、化学品罐)需氮封，防止氧气进入系统。

(5) 阻聚剂注入点的选择要密切结合现场实际布局，确保阻聚剂尽可能流经高浓度丁二烯的设备及管线；在气相高浓度丁二烯部位的安全阀入口处设置爆破片，必要时设物料冲洗及冲洗喷头，确保分布均匀，爆破片出口压力需DCS监测。

(6) 采用热水伴热代替蒸汽伴热，防止局部超温产生聚合。

(7) 尽可能降低再沸器加热蒸汽的压力等级，防止由于再沸器换热管壁温度过高产生聚合。

(8) 含丁二烯物料输送泵选用无密封泵或双端面机械密封泵。

(9) 接触含炔烃物料的设备、管线、仪表等材质不能含有铜或铜合金，防止炔烃在铜、银等金属存在下发生爆炸。

(10) 与丁二烯物料直接接触的设备、管线、仪表等材质禁止使用聚四氟乙烯材料，防止丁二烯聚合。

(11) 在需定期操作的高点排氧阀门处设置操作平台，根据物料毒性和设备检修频率对泵进出口管线低点、泵体、仪表等部位设置密闭排放线。

(12) 萃取塔釜、汽提塔釜等系统的篮式过滤器应设置压差远传指示，有条件的设置一开一备，便于对系统运行状态进行实时监控，科学开展药剂注入量的优化调整和安排过滤器拆清。

(13) 适当提高设备和配管设计的压力等级，防止易燃易爆及有害物质泄漏到空气中。

2. 管理方面

(1) 按照规范要求定期检验压力容器、管道，发现材质缺陷须及时更换。对于老装置，超过设计年限的压力容器、管道，不能满足安全生产要求的要坚决更新。

(2) 制定严格的开、停车化学清洗程序及清洗标准，制定严格的操作管理程序，尤其是高浓度丁二烯系统，要明确细化操作步骤，清晰地标示出装置内死区。

(3) 加强非常规作业管理，编写详细的操作规程，内容包括具体操作步骤、风险提示、安全注意事项及应急处置措施；实施非常规作业前，要进行桌面推演和应急演练，并进行现场条件确认。

(4) 严格亚硝酸钠储存、领取、使用等各环节管理，做好接触个体防护，做到账实相符、流向清晰、防护到位。

(5) 加强职工培训，确保管理和操作人员掌握丁二烯聚合、炔烃聚集爆炸等相关安全知识，提高岗位人员对安全隐患的排查和应急处理能力。严格执行员工上岗前培训和现场考核。注重做好经验分享和同类型装置案例学习。

3. 操作方面

(1) 确保设备管线的清洁。新建装置必须进行化学清洗、钝化，装置大修后视情况确定是否采用化学清洗，化学清洗后必须氮封保护。

(2) 开车前要进行气密和保压试验，确保设备、管道、阀门、仪表的各法兰面、焊缝密封良好。开车时按照开车程序逐一检查确保放空阀或放净阀关闭。

(3) 日常巡检及时到位，发现漏点立即消除。检修设备、阀门、仪表时尽可能密闭排放，再投用时确保氧含量置换合格。

(4) 密切监控系统内氧含量，如果出现氧含量超标，可通过塔顶排火炬管线将不凝气排入火炬，再查找氧漏入原因，包括原料、设备管口及人孔法兰、换热器、化学品系统、负压系统是否泄漏等。另外，氮气中的氧含量也要监测，防止氧含量超标，随氮气进入系统。

(5) 对于间歇操作或切换操作的设备，如亚硝酸钠倒料、备用过滤器切换、备用再沸器切换、更换压力表等，切入系统前必须做好氮气置换，注意将死区残存的空气置换彻底。

(6) 对于丁二烯浓度高的系统中长期不流动的区域，如调节阀旁路、设备的放空管线和放净管线、备用泵等部位，可采取定期打开阀门的方式实现流动。

(7) 定期检查安全阀和爆破片入口含阻聚剂的 C_4 冲洗情况。

(8) 监控第二汽提塔和脱轻塔(DMF 装置)、炔烃闪蒸塔和脱轻塔(ACN 装置)、炔烃洗涤塔和脱甲基乙炔塔(NMP 装置)塔顶乙烯基乙炔、甲基乙炔浓度，控制乙烯基乙炔浓度小于 30%(质量分数)，甲基乙炔浓度小于 40%(质量分数)。

(9) 严格控制溶剂再生釜末期温度，防止超温引起亚硝酸钠分解，设置再生釜高温联锁。

(10) 精馏系统引压管堵塞时，在确认与系统切断时才进行疏通，严禁带压处理，并注意防止聚合物自燃。

(11) 溶剂再沸器应做好预防性检修，防止结焦严重造成管束损坏、无法抽芯；溶剂再沸器切出检修时可使用蒸汽蒸煮或用凝液浸泡去除残余溶剂，采取抽芯前化学清洗或抽芯时喷水等措施防止聚合物自燃。

(12) 避免使用有机溶剂浸泡换热器除垢，确实因特殊情况必须浸泡时，要做到密闭浸泡、清洗及排放，防止溶剂泄漏与空气接触，并采取防静电、防超压等措施。

(13) 做好防自燃工作，打开人孔前应确认化学清洗质量，采取喷淋消防水等方法保持设备内湿润；自上而下打开人孔，切忌同时打开底、顶人孔，防止大量空气快速进入塔内；打开人孔后应定期监测设备温度变化。

7.1.4 甲基乙炔的危害与预防

甲基乙炔是一种极易爆炸的物质，当它的浓度过高时，容易造成爆炸性分解。在丁二烯装置内，C_4 原料中含有的甲基乙炔的浓度很低，但是 C_4 原料经过分离浓缩后在装置的一些部位甲基乙炔的浓度会变得很高，特别是在分离甲基乙炔的精馏塔操作中要严格控制甲基乙炔的浓度和分压，防止造成爆炸。

为了防止甲基乙炔发生爆炸，在生产过程中可采取以下的几种方法防止由于甲基乙炔浓度过高而造成的危险。

(1) 在生产过程中严格控制甲基乙炔的浓度是防止甲基乙炔发生爆炸的关键。在分离甲基乙炔的精馏塔，操作人员要严格控制甲基乙炔的浓度，确保塔顶甲基乙炔≤40%。在确认系统中甲基乙炔含量比较高时，要及时进行排放。在操作中要注意甲基乙炔的排放线在实际的生产过程中容易发生堵塞，特别是在冬季，在排放过程中物料会夹带一定量的游离水，这些游离水有时会由于甲基乙炔的排放量过小在管线内冻结，影响甲基乙炔的及时排放。造成甲基乙炔线堵塞的原因有时是丁二烯的纯度过高产生自聚，因此在排放时，丁二烯的浓度也要控制在正常的范围内，一方面可防止丁二烯的自聚堵塞管线，另一方面也可减少丁二烯的损失。

在管线发生堵塞时，要根据不同的情况进行处理，在处理的过程中，要采取必要的安全预防措施，拆除管线时不能用力过猛，不许敲击管线，以免出现火花，产生危险。

(2) 在正常生产过程中，精馏塔回流罐可以保持比较高的液位，一方面保证产生的甲基乙炔及时排出，另一方面保证精馏塔中的水充分脱除。

(3) 在精馏塔塔顶甲基乙炔含量比较高时，可以适当提高回流量。但回流量不宜过大，当回流过大时回流罐内的液位会降低，罐中的甲基乙炔反而会随着回流再次打回塔内，如果这时塔釜的加热蒸汽量跟不上，塔内炔烃会更高，而且会在塔内形成恶性循环。

7.1.5 乙烯基乙炔的危害与预防

1969 年 10 月美国 UCC 所属的得克萨斯工厂丁二烯装置因乙烯基乙炔浓度超过 45%而发生恶性爆炸事故。为了防止类似事故的再次发生，在生产控制中作如下规定。

（1）分离乙烯基乙炔的精馏塔，操作人员要严格控制炔烃的浓度，塔顶乙烯基乙炔≤30%。

（2）为防止乙烯基乙炔爆炸，要注意在分离乙烯基乙炔的精馏塔塔顶引入丁烷-丁烯气进行稀释，以降低尾气中乙烯基乙炔的浓度和分压，确保在安全操作范围之内，不得中断稀释气体丁烷-丁烯的通入。

（3）为了控制分离乙烯基乙炔的精馏塔塔顶的炔烃浓度，也可以通过控制丁二烯回收塔的塔底温度的方法来控制。当乙烯基乙炔的含量升高时，可以通过适当降低丁二烯回收塔的塔釜温度，增加进入分离乙烯基乙炔的精馏塔的丁二烯量来稀释塔顶炔烃的浓度，达到控制炔烃含量的目的，但这样做的代价是装置丁二烯的消耗将增加。

（4）塔顶温度低，可导致塔顶乙烯基乙炔浓度超标。这时应加大去溶剂精制塔的进料量，并适当调节抽余液的稀释气量，降低乙烯基乙炔含量，以免发生危险。

7.2 化学品的危害与防护

7.2.1 化学品的使用

（1）装置中使用的脱氧剂 $NaNO_2$ 是一种还原剂，在使用过程中注意勿与空气接触。装填 $NaNO_2$ 时，注意戴好防护用具和口罩、面罩。在日常储存过程中要加强管理，防止误食。

（2）精馏系统使用的阻聚剂 TBC 有很强的氧化性，能烧伤皮肤，在装填 TBC 时应戴好防护手套和防护眼镜，一旦接触皮肤应立即用水或乙醇冲洗。

（3）糠醛与空气接触会氧化，颜色逐渐加深，在有油、氧气、铁锈存在下会树脂化，糠醛蒸汽与空气接触能形成爆炸性混合物，因此，保存时应注意与空气隔绝。在装填时应戴好橡胶防护手套和防护面罩。

（4）装置中所使用的溶剂 DMF、ACN 是毒性和溶解性很强的溶剂，在装填及生产操作中必须充分注意。大量吸入 DMF、ACN 会严重伤害肝、胃、肾脏，并引起身体消瘦等症状，人体接触会引起皮肤伤害和皮肤吸收中毒。不得就地排放 DMF、ACN 或随处倾洒，在清理过滤器时应用桶收集余液，并倒入回收罐中。NMP 装置使用的溶剂为低毒的 NMP，是无色的、低黏度、有弱胺气味的液体，具有和水及常规有机溶剂可以以任意比例互溶等特性，在装填及生产操作中也必须充分注意，大量吸入或接触会造成皮肤刺激、严重眼刺激，也可引起呼吸道刺激，并引发皮炎、化学肺炎。不得就地排放 NMP 或随处倾洒，在清理过滤器时应用氮气向地下罐置换干净，打开现场倒淋确认无液体并检测合格后方可清理作业。

① 在清理过滤器或装填 DMF、ACN、NMP 时，应戴好防护胶皮手套、防护面罩，防止与皮肤接触，接触后应立即用大量水冲洗，进入眼睛时，冲洗后还应立即去医院治疗。

② 工作服被大量 DMF、ACN、NMP 污染时，应该立即脱掉，洗干净后方可再穿。

③ DMF、ACN、NMP 蒸汽与空气混合易形成爆炸性混合气体，在发生泄漏时要防止发生爆炸。

（5）甲苯属于低毒物质，对神经系统有麻醉作用，对皮肤黏膜有刺激作用，皮肤吸收会引起中毒，在装填甲苯和进行相关操作时应该注意。

① 戴好橡胶防护手套和防护面具。

② 严禁随地倾洒甲苯，如果洒在地上应该用大量的水冲洗，现场大气中甲苯含量不得超过 200μg/g。

7.2.2 有毒化学品的防护措施及泄漏处理

装置所接触的物料，如 C_4、溶剂及其他各种化学品，都有一定的毒性，操作人员应了解各类化学品对人体的危害及其防护措施，加强自我保护意识。

7.2.2.1 防护措施

工作现场要按规定穿戴劳保防护用品，在进行可能接触到有关化学品的作业时，要戴胶皮手套；在进行添加 TBC、抽溶剂、抽糠醛等作业时，要戴防护眼镜或面罩；在处理紧急事故或作业地点周围空气中有毒物质浓度较高时，应佩戴长管面具或自给式呼吸器；工作完毕及时清洗。

7.2.2.2 泄漏处理

(1) 在岗人员应迅速、准确地判断出跑漏物料的种类和来源，立即穿戴好防护用品，采用防爆工具处理；

(2) 应及时切断物料来源，防止事故进一步扩大；

(3) 在可燃气体跑漏时，装置内部及可能有气体蔓延的地方绝对禁止启动或关闭一切电气开关，必要时通知电工切断总电源，并用蒸汽或氮气稀释可燃气；

(4) 立即通知和停止附近的一切动火作业，安排人员切断事故周围的交通，禁止车辆和行人通过；

(5) 如果物料泄漏面积较大，则应立即报告厂调度和值班领导，由厂里协调和帮助处理；

(6) 应根据情况决定装置是否要紧急停车处理；

(7) 如果是溶剂、糠醛、甲苯等其他化学品泄漏，应尽量予以回收利用或集中处理，减少环境污染。

7.2.3 化学品的危害及急救

7.2.3.1 丁二烯抽提装置化学品对人体的危害

(1) C_4、抽余液均属于低毒物质，对人体有窒息、弱麻醉、弱刺激作用，中毒表现有头痛、头晕、恶心、咽痛、耳鸣、全身乏力、呕吐等症状，脱离接触后迅速恢复正常。

(2) DMF 属于低毒物质。急性中毒后有头痛、焦虑、恶心、呕吐、腹痛、便秘、肝损害及血压升高等症状，长期慢性中毒可使人患有神经衰弱综合征，并有血压偏低、便秘、肝大、肝功能损害等。

(3) 乙腈属于无色有醚臭液体，能无限溶于水；易挥发、易燃烧，属于低毒物质。急性中毒后有头痛、焦虑、恶心、呕吐、腹痛、便秘、肝损害及血压升高等症状，长期慢性中毒可使人患有神经衰弱综合征，并有血压偏低、便秘、肝大、肝功能损害等。

(4) 糠醛属于中等毒性物质，蒸汽有强烈的刺激性，并有麻醉作用，中毒后表现有：呼吸道刺激、肺水肿、肝损害、中枢神经系统损害、呼吸中枢麻醉等。

(5) 甲苯属低毒类物质，对皮肤、黏膜有刺激作用，对中枢神经系统有麻醉作用，长期作用可影响肝功能。

(6) TBC 属低毒物质，对眼睛、皮肤、黏膜和上呼吸道有刺激作用，中毒表现有灼烧感、咳嗽、喘气、喉炎、头痛、恶心、呕吐等。

（7）亚硝酸钠中毒表面为麻醉血管、运动中枢及周围血管。

（8）NaOH 为白色固体，易潮解、能溶于水。有强烈的腐蚀性，皮肤接触会破坏组织，吞服后口腔及消化器官会被腐蚀，产生剧烈灼痛、呕吐等，有生命危险。

（9）丁二烯属于 1A 类致癌物质，对人体有头痛、头晕、恶心、咽痛、耳鸣、全身乏力、嗜睡等刺激作用。重者出现酒醉状态、呼吸困难、脉速加快等，后转入意识丧失和抽搐，有时也有烦躁不安、到处乱跑等精神症状。脱离接触后，迅速恢复。头痛和嗜睡有时会持续一段时间，皮肤直接接触丁二烯(液态)可发生冻伤。

（10）NMP 属于低毒物质，是无色、低黏度、有弱胺气味的液体，大量吸入或接触会造成皮肤刺激、严重眼刺激，也可引起呼吸道刺激，并引发皮炎、化学肺炎。

7.2.3.2 化学品的安全规定

凡有毒有害物质均应加强保管，实行严格的科学管理，堆放和放置位置要有固定的地点；对于工业生产上剩余的有毒有害残渣要及时进行焚烧处理，以免污染环境；对剧毒物品的管理应严格遵守《剧毒物品管理制度》。

7.2.3.3 人身安全与急救及其他物品的特殊要求

（1）本装置处理的 C_4 和所用的化学品均属易燃、易爆、有毒、有害物质，在操作过程中要尽可能避免吸入大量的挥发气体造成中毒；而且装置内所处理的混合 C_4，以及生产出的副产品丁烯丁烷、产品丁二烯沸点很低、极易汽化，汽化时吸收周围大量热，与人体接触会引起冻伤，在处理上述物料时应戴好防护手套及防护眼镜。如发生冻伤，切不可在高温或热源上烤。

在检修期间、倒空设备或清理过滤器时，溶剂不得随意排放，要用容器接收，操作时要穿戴好劳保防护用品，并严格遵守安全规程，以防止物料接触皮肤引起中毒。

混合 C_4、丁二烯、丁烷丁烯气体密度比空气重，容易积存在暗沟及阴井处，在这些地方作业或动火时要注意通风置换分析合格，不要在装置内排放这些气体。

（2）本岗位职工都应掌握本装置各种有毒物质的性质、可能的中毒症状、预防中毒措施及急救方法；熟知各种防毒器具的性能、使用及维护保养方法，平时注意对防毒防护器材定期进行检查，避免器具失效或不好用。

（3）未经分析合格和办理《进入设备作业证》，禁止进入危险的设备进行作业；作业时，除工作者必须佩戴规定的防护器具外，外面应设专人联络和监护。

（4）置换含有丁二烯自聚的设备，应用蒸汽或氮气多次置换、吹扫合格后，再打开人孔，注入水，加入硫酸亚铁并通蒸汽蒸煮，以破坏过氧化物。清除下来的过氧化物不得放在热的设备内、阳光下或扔到垃圾箱内，应用编织袋回收，出厂处理前浸泡于新鲜水中，并放置在阴凉通风处，远离火源，及时送具有危废处置资质的单位处理。送烧有聚合物的设备、管线，在烧除前必须将聚合物穿成多孔，以免烧除时发生爆炸事故。

（5）丁二烯的防护和急救。

人身防护：防止吸入，如现场存在高浓度丁二烯气体时，应佩戴送风式防毒面具；防止溅入眼睛，使用化学防护眼镜；防止皮肤吸收，穿工作服、工作鞋，戴手套。

急救措施：吸入丁二烯时，将患者移离现场至空气新鲜处，保温并休息。保持呼吸道通畅。呼吸困难时给氧。呼吸停止时，立即进行人工呼吸，就医。皮肤接触，如有冻伤，先用温水洗浴，再涂抹冻伤膏，用消毒纱布包扎。

（6）DMF 的防护和急救。

人身防护：防止吸入，如果空气中 DMF 浓度超标时应佩戴防毒面具。防止皮肤接触，穿工作服，戴防护手套。防止溅入眼睛，可使用防护面罩。

急救措施：吸入二甲基甲酰胺时，应迅速脱离现场至空气新鲜处，保持呼吸道通畅。呼吸困难时给氧。呼吸停止时，立即进行人工呼吸，就医。溅入眼睛，立即提眼睑，用大量流动清水彻底清洗。误服应尽快洗胃。

（7）ACN 的防护和急救。

人身防护：防止吸入，如果空气中乙腈浓度超标时应佩戴防毒面具。防止皮肤接触，穿工作服，戴防护手套。防止溅入眼睛，可使用防护面罩。

急救措施：吸入乙腈时，应迅速脱离现场至空气新鲜处，保持呼吸道通畅。呼吸困难时给氧。呼吸停止时，立即进行人工呼吸，就医。溅入眼睛，立即提眼睑，用大量流动清水彻底清洗。误服者应尽快洗胃。皮肤受污时，用大量流动清水冲洗，维持身体个别器官机能活动，吸入氧气，输入维生素 C 和葡萄糖。

（8）TBC 的防护和急救。

人身防护：防止吸入，空气中 TBC 浓度超标时应佩戴防毒口罩。防止皮肤接触，穿防护工作服，戴防化学品手套。防止溅入眼睛，戴化学防护眼镜。

急救措施：皮肤接触，脱去污染的衣着，用肥皂水彻底清洗。溅入眼睛，立即提眼睑，用大量流动清水彻底清洗，就医。吸入 TBC，迅速脱离现场至空气新鲜处，保持呼吸道通畅。呼吸困难时给氧。呼吸停止时，立即进行人工呼吸，就医。

（9）糠醛的防护和急救。

人身防护：防止吸入，可能接触糠醛蒸气时应佩戴防毒口罩。防止溅入眼睛，戴化学防护眼镜。防止皮肤接触，使用手套、工作服和工作鞋。

急救措施：吸入糠醛，将患者移离现场至空气新鲜处，保温并休息。保持呼吸道畅通。呼吸困难时给氧。如不慎溅入眼睛，应立即提眼睑，用流动清水至少冲洗 20min。接触、污染皮肤后，立即脱去污染的衣着，用肥皂水彻底清洗。误服应立即漱口，饮足量温水，催吐，就医。

（10）甲苯的防护和急救。

人身防护：防止吸入，如蒸气浓度不明或超标时应戴用褐色标志滤毒盒的防毒口罩。防止溅入眼睛，戴化学防护眼镜。

急救措施：吸入甲苯，脱离甲苯产生源或移离患者至空气新鲜处。溅入眼睛，缓和地抹去甲苯残余物，使眼睑张开，用温和、缓慢的流水冲洗约 20min。皮肤接触后应脱去受污染的衣服并存放于有盖的容器内。用水和无摩擦性肥皂缓和而充分地洗涤。误服应用水充分漱口，给患者饮水约 250mL，不可催吐。

（11）NMP 的防护和急救。

人身防护：防止吸入，如果空气中 NMP 浓度超标，应佩戴防毒面具。防止皮肤接触，穿工作服，戴防护手套。防止溅入眼睛，可使用防护面罩。

急救措施：吸入 NMP 时，应迅速脱离现场至空气新鲜处，保持呼吸道通畅。呼吸困难时给氧。呼吸停止时，立即进行人工呼吸，就医。溅入眼睛，立即提眼睑，用大量流动清水彻底清洗。误服应尽快洗胃。

7.3 三废及处理

7.3.1 废气的处理

丁二烯装置生产过程中，由于工艺生产过程的需要，在装置的不同部位会产生一定量的废气，如在DMF抽提丁二烯装置中，在第二汽提塔会产生含有大量丁二烯、抽余液和乙烯基乙炔的废气，在脱轻塔会产生含有大量丁二烯和甲基乙炔的废气，在溶剂精制塔会产生含有炔烃的废气，同时在装置的其他部位由于生产工艺的需要也会产生一定量的废气。另外在装置开停车时，为了防止装置内设备的超压以及对装置内的设备进行倒空置换时都会产生大量的废气，这些废气如果直接排入大气，会对环境造成严重的污染。

对于丁二烯装置内产生的废气，一般是通过直接燃烧法和回收法进行处理。直接燃烧法适合于可燃组分含量较高的废气。回收法是将废气中有用的组分直接回收利用或转换加工成产品后利用，也包括回收废气潜热或燃烧放出的热量。

由于丁二烯装置排出的废气中可燃气的含量很高，具有很高的利用价值，应该通过回收法进行回收。装置产生的废气进入装置放空管线，如果条件允许，进入放空管线的废气可以通过提高压力的办法，加压后送入锅炉作为燃料回收利用；如果无法直接回收利用，也可采用将废气通过加压液化的方式，将废气中的烃类分离出来，作为液化气或燃料油回收利用；如果条件不允许或装置在异常情况下放空量太大无法回收，则直接排往火炬燃烧，将废气无害化处理后排入大气。

7.3.2 废水的处理

在丁二烯装置正常生产过程中，由于工艺生产过程的需要，在装置的不同部位会产生一定量的废水。在DMF抽提丁二烯装置中，在溶剂精制塔会产生含DMF和二聚物的废水，在洗胺塔会产生含丁二烯和二甲胺的废水；在ACN抽提丁二烯装置中，循环溶剂再生塔产生含有微量ACN的废水，在脱轻塔回流罐会产生含丁二烯的废水；在NMP抽提丁二烯装置中，在炔烃洗涤塔、水分离罐、溶剂再生系统会产生含NMP和二聚物的废水，通过废水汽提塔处理后送出装置。另外在装置开停车和检修时，为了倒空、置换、清洗设备也会产生大量的废水，这些废水如果没有达到规定的标准排放，或者大量排放，会对环境造成严重的污染，因此要集中回收处理。

在丁二烯装置废水的处理过程中，最重要的首先是控制装置的污染源，少排或不排污染物，降低下游污水处理装置的处理负荷。减少污染物的排放应该从改革工艺、回收利用、合理用水、严格管理、精心操作以及减少装置的跑、冒、滴、漏，努力使装置的废水排放量最小化，减少废水对环境的影响。

7.3.3 固体废物的处理

对于丁二烯生产装置来说，由于采用的工艺路线不一样，产生的固体废物的情况也不同。在DMF、ACN、NMP三种生产方法中，DMF抽提丁二烯装置汽提塔的操作控制温度是最高的，其次是NMP，控制温度最低的是ACN。因此，在DMF装置的正常生产过程中会产生大量的焦油，在NMP抽提丁二烯装置会产生少量的固体废物——焦油，在ACN抽提丁二烯装置则不会产生焦油。同时在装置的正常生产中，在装置的不同部位(如过滤器、换热器等)会出现一定量的聚合物。

由于产生的固体废物的情况不同，因此在处理固体废物时会面临不同的情况。在丁二烯生产装置中，无论是焦油，还是聚合物，主要都是丁二烯在系统中发生聚合反应生成的，因此在丁二烯装置固体废物的处理过程中，首先是控制装置内聚合物的生成，减少聚合物的生成量，降低装置内固体废物的产生。减少固体废物的产生应该从改革工艺技术、提高装置的阻聚水平、降低装置的操作温度、严格管理、精心操作等方面下功夫，努力使装置的固体废物的产生量达到最低，减少固体废物对环境的影响。

对于产生的固体废物如焦油，可以通过用装置内产生的二聚物溶解的方法生成燃料油，回收利用。在装置内其他部位生成的聚合物，由于有可能出现自燃，不能随便丢弃，一般是通过焚烧的方法实现无害化处理。

DMF、ACN、NMP 抽提丁二烯装置三废治理、综合利用情况见表 7-2 ~表 7-4。

表 7-2　DMF 抽提丁二烯装置三废治理、综合利用情况一览表

污染源名称	排放地点	主要组成	主要控制指标	综合利用	备　注
焦　油	溶剂再生釜	焦油和溶剂	DMF<0.5%	用作燃料	不定期排放
DMF 污水	溶剂精制塔回流罐	水和 DMF	DMF<0.5%	送污水厂	不定期排放
二聚物	溶剂精制塔回流罐	丁二烯二聚物	DMF<0.5%	用作燃料	不定期排放
第一精流塔回流罐废水	第一精流塔回流罐	水和丁二烯		送污水厂	每小时排放一次
洗胺水	洗胺塔	水、丁二烯和二甲胺	COD<2500	送污水厂	连续排放
尾　气	汽提塔等	C_4		用作燃料	连续排放

表 7-3　ACN 抽提丁二烯装置三废治理、综合利用情况一览表

项　目	来　源	正常情况	事故情况	去　向	组　成
废　气	装置规定排放点	无废气排放	最大排放量 30~50t/h	火炬系统、 回收系统	烃类物料
废　水	循环溶剂再生塔	8t/h	20t/h	送至废水处理装置	H_2O：99.5% 化学品：微量 pH 值：8.2
废　渣	装置检修过程	少量			多聚物及化学品

表 7-4　NMP 抽提丁二烯装置三废治理、综合利用情况一览表

污染源名称	排放地点	主要组成	综合利用	备　注
焦　油	溶剂再生罐	焦油和溶剂	用作燃料	不定期排放
废　水	水分离罐	H_2O：97.5% NMP：500~1000μg/g(质) 烃类：2.4% 化学品：痕量 pH 值：8.9 排出温度：45℃	送废水处理装置	连续排放
	喷射器冷凝罐	H_2O：99.6% NMP：痕量 排出温度：50℃	送废水处理装置	连续排放
尾　气	炔烃洗涤塔等	C_4 烃类	用作燃料	连续排放

7.3.4 三废的治理措施

7.3.4.1 废气治理

(1) 在线分析仪尾气、溶剂和化学品罐等操作压力接近常压的氮封罐尾气可以增压排入火炬、焚烧炉等处理设施。

(2) 废溶剂、废 TBC 压力槽车装车时产生的尾气通过金属软管排入火炬，软管氮气置换后再连接，注意防止氧带入火炬以及压力槽车超压。

(3) 尽可能选用无密封泵(屏蔽泵或磁力泵)、双端面机械密封泵，消除或减少正常生产时 C_4 泄漏。

(4) 废水池的尾气尽可能从源头治理，查明废水池尾气来源，无法实现源头治理时，可通过吸附等末端治理方法消除异味，若采用活性炭吸附要防止丁二烯聚合自燃。

(5) 对于 DMF 装置溶剂再生釜排放焦油时逸散的气体，建议通过裂解盘油溶解焦油实现密闭排放，从根本上解决焦油直排产生的气体逸散污染环境问题。

(6) 带压化学品罐(如 TBC 配制罐)应设置压力控制系统。

(7) 现役装置应推行密闭取样。

(8) 装置检修消缺前，应采取密闭置换和密闭蒸煮的方式处理，液体统一回收处理，气体根据组成排放火炬系统或临时收集处理系统，确认无异味后再进行现场排放。置换和蒸煮时要注意防止设备超压和出现真空；蒸煮凝液回收时要注意降温，防止高温凝液外送及处理过程中造成系统内油气挥发形成爆炸性混合物。

7.3.4.2 废水治理

(1) ACN 法溶剂回收塔塔釜废水可直接排入废水系统；在线分析产生废水和停工洗塔废水可用罐收集后送入溶剂回收塔，进行回收处理后排入废水系统。

(2) DMF 法丁二烯水洗塔废水与在线分析预处理废水闪蒸出 C_4 后，和溶剂精制塔回流罐废水一起排入废水系统；停车洗塔含溶剂废水用罐收集送入溶剂精制塔，回收处理后排入废水系统。

(3) NMP 法废水汽提塔塔釜废水可直接排入废水系统；在线分析产生的废水和停工洗塔废水可用罐收集，回收处理后排入废水系统。

(4) DMF 法装置废水可利用乙烯废碱或注入碱液进行碱性水解，再经碱渣处理装置处理高浓度 DMF 废水，可有效降低废水的 COD 和 DMF 含量。

(5) 化学清洗污水处理难度较大，可自行处理或外委处理。含亚硝酸盐的钝化液可采用次氯酸钠氧化法或氨基磺酸处理。

(6) 提升检(维)修质量，防止环境空气漏入，提高真空度，可停运部分蒸汽喷射泵；将蒸汽喷射泵改为机械式真空泵，减少废水产生量。

(7) ACN 法装置溶剂回收塔塔釜废水应设微量 ACN 或 COD 在线分析仪，实时监控污水情况。

(8) 废 TBC 可考虑采用泵密闭输送至焚烧炉或锅炉燃烧处理。

(9) DMF 法装置和 NMP 法装置产生的二聚物可考虑排入燃料油系统；焦油则可利用裂解盘油进行溶解后密闭排放。

7.3.4.3 固废治理

(1) 控制装置内聚合物的生成量，积极研究企业内资源化利用，暂时不具备条件的委托专业公司处理。

(2) 在清理、临时储存和运输固废过程中采用水浸泡、氮封等措施，防止端基聚合物与氧接触引起自燃。

(3) 助剂包装尽可能使用大包装或罐装，并由原助剂厂家回收循环使用或交专业公司处理。

7.4 节能降耗

对于大型的石油化工企业来说，企业的性质决定了在企业生产过程中需要消耗大量的能源，因此节约能源、提高能源的利用率就显得特别重要。同时抓好节能降耗工作也是降低企业生产成本、增产增收、提高企业经济效益的一项重要工作。

7.4.1 装置内能量、水和物耗的分布

7.4.1.1 DMF 抽提丁二烯装置

DMF 抽提丁二烯装置的能量消耗主要由蒸汽、循环水和电组成。该装置能量消耗的重点是蒸汽消耗。装置所使用的蒸汽是 1.0MPa 左右的中压蒸汽，蒸汽的耗能占装置耗能的 70%左右，而装置内萃取精馏系统的蒸汽消耗占整个装置蒸汽消耗的 80%左右，因此，优化工艺、抓好装置内热力管网的管理、合理用汽、降低装置蒸汽的消耗是节能降耗的主要努力方向。

在 DMF 抽提丁二烯装置的正常生产过程中，各个冷却器会消耗大量的循环水，由于循环水造成的能耗占装置总能耗的 20%左右，因此，提高循环水的质量，减少循环水的使用总量，对于降低装置的能耗来说也是一项重要的工作。

同时由于在 DMF 抽提丁二烯装置内有一台大型的丁二烯气体压缩机，从而造成 DMF 抽提丁二烯装置的电耗较高，降低电耗也是降低装置能耗的一项重要工作。

7.4.1.2 ACN 抽提丁二烯装置

ACN 抽提丁二烯装置的能量消耗主要由蒸汽、循环水和电组成。该装置能量消耗的重点是蒸汽消耗。装置所使用的蒸汽是 0.8MPa 左右的低压蒸汽，蒸汽的耗能占装置耗能的 80%左右，而装置内萃取精馏系统的蒸汽消耗占整个装置蒸汽消耗的 60%左右，因此优化工艺、抓好装置内热力管网的管理、合理用汽、降低装置蒸汽的消耗是节能降耗的主要努力方向。

在 ACN 抽提丁二烯装置的正常生产过程中，水消耗包括各个冷却器所用的循环水、装置自身所用的新鲜水、盐冷器所用的冷冻盐水。各个冷却器会消耗大量的循环水，由于循环水造成的能耗占装置总能耗的 10%左右，因此提高循环水的质量，减少循环水的使用总量，对于降低装置的能耗来说也是一项重要的工作。同时由于在 ACN 抽提丁二烯装置里没有丁二烯气体压缩机，所以，ACN 抽提丁二烯装置的电耗较其他两种生产工艺装置(DMF、NMP)的电耗要低。

7.4.1.3 NMP 抽提丁二烯装置

NMP 抽提丁二烯装置的能量消耗主要由蒸汽、循环水和电组成。

丁二烯装置能量消耗的重点是蒸汽消耗。NMP 抽提丁二烯装置所使用的蒸汽是 1.0MPa 左右的中压蒸汽和少量的 0.4MPa 左右的低压蒸汽。操作过程中优化工艺、抓好装置内热力管网的管理、合理用汽、降低装置蒸汽的消耗是丁二烯装置节能降耗的主要努力方向。

在 NMP 抽提丁二烯装置水的消耗主要由循环水和新鲜水的消耗组成。正常生产过程中，各个冷却器会消耗大量的循环水。提高循环水的质量，减少循环水的使用总量，对于降低装置的能耗来说也是一项重要的工作。

由于 NMP 抽提丁二烯装置内有一台大型的丁二烯气体压缩机，使装置的电耗较高，故降低电耗也是该装置降低能耗的一项重要工作。

7.4.2 节能

7.4.2.1 DMF 抽提丁二烯装置

为了提高 DMF 抽提丁二烯装置的热量利用效率，可以采取的节能措施如下。

1. 强化保温措施，减少装置内蒸汽能量的散热损失

为了减少装置内蒸汽的散热损失，在装置内的设备和管线上要加装合适的保温。在加装保温时应注意以下几点。

（1）加装合适的厚度，即保温效果与投资、维修费用应综合考核所得的最佳厚度，并非越厚越好。

（2）合理选材，不得选用淘汰的保温材料。

（3）保温层的表面一定要有防水层。

2. 科学管理疏水器，抓好经常性的消漏管理

在日常生产过程中要做到装置内的疏水器基本无跑漏现象，分散采暖所用的疏水器的泄漏率在 1%以下，消除长期跑汽、漏汽的现象。

3. 利用余热资源，提高能量的回收利用率

在 DMF 丁二烯抽提装置的正常生产过程中会产生大量的具有一定利用价值的余热资源，如蒸汽通过间接加热物料后产生的 100℃左右的蒸汽冷凝液；循环溶剂从第一汽提塔和第二汽提塔出来后的温度高达 163℃的热溶剂，如果对这些余热资源按照“按质用能，按需供能”的原则进行合理的组织和开发能量的多次利用，则会大大地提高装置能量的回收利用率。

（1）蒸汽冷凝液的余热利用。

蒸汽冷凝液的余热利用的流程如图 7-1 所示，从装置内各蒸汽再沸器来的蒸汽冷凝液首先进入装置内蒸汽冷凝液储罐，蒸汽冷凝液储罐中蒸汽冷凝液经过蒸汽冷凝水泵升压后，分四路送出：

一路是余热利用循环线。流程为 GA-122（凝液循环泵）→EA-119（脱重塔蒸汽再沸器）→EA-105（第一汽提塔第一冷凝器）→EA-207（预汽提塔蒸发罐加热器）→FA-113（凝液罐）。换热完成后一部分多余的蒸汽冷凝液排出界区。

二路是 GA-122→EA-130（洗胺塔冷却器）→DA-109（洗胺塔）→污水场。

三路是 GA-122→GA-210（减温减压中间泵）→3.5MPa 中压蒸汽总管。装置设计蒸汽压力为 0.95MPa，从动力厂来的蒸汽为 3.5MPa，经减温减压降压至 0.95MPa 后，需要使用蒸汽冷凝液作为蒸汽增湿介质，使之成为饱和蒸汽，用这部分蒸汽冷凝液作为降温降压增湿的介质。

四路是 GA-122→低压蒸汽总管。

（2）循环热溶剂的余热利用。

由第一汽提塔和第二汽提塔塔底出来 163℃的热溶剂汇合后，进入第一萃取精馏塔溶剂再沸器，加热第一萃取精馏塔塔釜的物料，进行第一次热利用。第一次换热后温度降至 115℃左右，再进入脱重塔溶剂再沸器进行二次热利用，加热脱重塔塔釜的物料，二次换热后溶剂温度降至 108℃左右。由脱重塔溶剂再沸器出来的溶剂分为三路进行第三次热利用，一路去脱轻塔再沸器用于脱轻塔的升温，二路去 C_4 进料蒸发器用于 C_4 原料的汽化，三路经过热溶剂系统压力阀，通过调节经过该调节阀的溶剂流量来控制热溶剂系统的压力，目的在

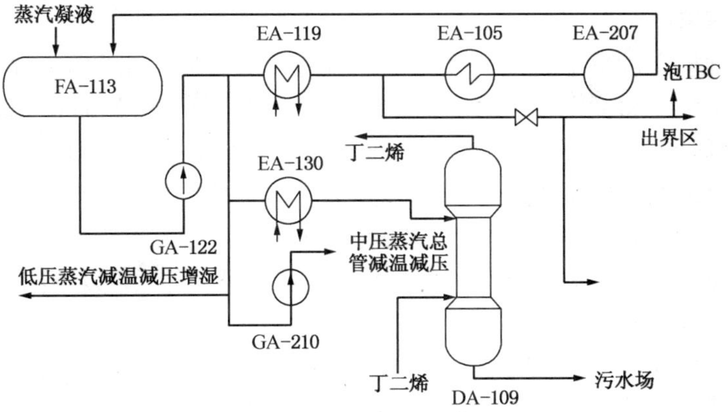

图 7-1 蒸汽冷凝液的余热利用流程

于保证脱轻塔再沸器和 C_4 进料蒸发器的换热。溶剂经过三次热利用后，温度降至 60℃左右，又经溶剂冷却器，冷却至 40℃左右，返回装置的溶剂储罐，供装置重新使用。

4. 回收蒸汽冷凝液

在装置的正常生产过程中会产生大量的蒸汽冷凝液，因为蒸汽冷凝液中所含的热量就是蒸汽中的显热，从装置内排出的蒸汽冷凝液的温度接近饱和蒸汽的温度，冷凝液的热量可以达到蒸汽总热量的 20%左右，如果把蒸汽冷凝液回收并加以有效利用，一方面可以减少蒸汽锅炉燃料用量的 20%~30%，另一方面可以节约工业用水，减少外排污水的总量，降低污水处理费用。

5. 降低回流量节约蒸汽

在精馏和萃取精馏的操作中在产品质量允许的范围内适当地降低回流量，特别是在萃取精馏操作中适当地降低回流量可以收到很好的节能效果。

如国内某套 DMF 丁二烯抽提装置把第一萃取精馏塔的回流量与溶剂量的比值从原设计的 0. 16 降至 0. 13，把第二萃取精馏塔的回流量与塔顶采出量的比值从原设计的 1. 3 降至 1. 1，平均每减少 1t 回流量，节约蒸汽 0. 17t。

6. 适当提高循环溶剂进塔温度，提高循环溶剂能量利用率

从第一汽提塔和第二汽提塔塔底出来的溶剂，经过三次热利用后，温度降至 60℃左右，又经溶剂冷却器冷却至 40℃左右，返回装置的溶剂储罐，供装置重新使用。在此过程中溶剂的一部分热量通过冷却器被消耗掉了，一方面造成了能量的损失，另一方面增加了装置循环水的消耗。如果能将循环溶剂的进料温度适当地提高，那么一方面可以减少循环溶剂的能量损失，提高循环溶剂能量利用率，另一方面也可以降低装置循环水的消耗，同样能达到节能的目的。

如国内某套 DMF 丁二烯抽提装置把循环溶剂进料温度从原设计的 40℃提高到 45℃，再从 45℃提高到 47℃，节能效果非常显著，仅把循环溶剂进料温度从 45℃提高到 47℃就可以节约循环水 55t/h，节约蒸汽 1800t/a。

7. 增加萃取精馏塔的塔板数，降低溶剂量和回流量节约蒸汽

在萃取精馏塔中塔板数越多，则在达到相同的分离效果时所需的溶剂量和回流量越小，而小的溶剂量和回流量则可以大大减少萃取精馏塔塔釜的加热蒸汽量，减少萃取精馏塔的操作成本，因此，为了降低装置的蒸汽消耗，可以通过增加萃取精馏塔的塔板数，减小萃取精

馏的溶剂量和回流量节约蒸汽。

8. 加强节能管理

在装置的日常生产过程中必须加强各个环节的节能管理，加强全员节能意识的宣传教育，提高节能的自觉性和责任心。加强设备维护和检修，保证检修质量，消除非计划停车。强化装置内的热网管理，及时消除装置内的跑、冒、滴、漏，减少热损失。强化电气安全运行管理，实现安全供电，确保装置的“安、稳、长、满、优”生产。

9. 适当降低压缩机出口压力，减小压缩机的电耗

在工艺条件允许的情况下，在冬夏两季由于水温不同，塔压可以不同，因而可采用不同的压缩机出口压力来节电。

适当降低丁二烯气体压缩机的出口压力，减少压缩机的出入口压差，降低压缩机的实际功率，可以达到减小压缩机电耗的目的。例如，某公司 DMF 抽提丁二烯装置的实际测试，当丁二烯气体压缩机的出口压力由 0.6MPa 降至 0.4MPa 时，电的单耗由 77.7(kW・h/t)降至 64.1(kW・h/t)，取得了比较明显的节能效果。

10. 增设预汽提塔

压缩机用电占整个装置用电量的 60%左右，而在装置内增设预汽提塔可以在增加装置生产能力的同时，不改变压缩机的负荷，间接起到降低装置电耗的目的。当装置进行高负荷运转时，压缩机自身循环阀已完全关闭(自身循环阀的开度是压缩机余量的标志，设计自身循环阀的目的是保证压缩机的安全)，已无安全保障的调节能力。因此，在高负荷生产时，首先要解决压缩机能力不足的问题。

在装置内增设预汽提塔，使部分烃类不经过压缩机直接进入第二萃取精馏塔，在压缩机的负荷不变的前提下使装置的生产负荷提高了 25%以上，达到降低装置能耗的目的。

7.4.2.2 ACN 抽提丁二烯装置

为了提高 ACN 抽提丁二烯装置的热量利用效率，可以采取的节能措施如下。

1. 强化装置保温措施，减少装置内蒸汽能量的散热损失

为了减少装置内蒸汽的散热损失，在装置内的设备和管线上要加装合适的保温层。在加装保温时应注意以下几点：

(1) 加装保温层的厚度要合适，即保温效果与投资、维修费用应综合考核所得的最佳厚度，并非越厚越好；

(2) 合理而科学地选材，不得选用已淘汰或将要淘汰的保温材料；

(3) 保温层的表面一定要有防止雨水冲刷的防水层。

2. 科学管理装置的各个疏水器，抓好日常性的消漏管理

在日常生产过程中要做到装置内的疏水器基本无跑漏现象，分散采暖所用的疏水器的泄漏率在 1%以下，消除长期跑汽、漏汽的现象。

3. 利用装置余热资源，提高能量的回收利用率

在 ACN 抽提丁二烯装置的正常生产过程中，会产生大量具有一定利用价值的余热资源，如蒸汽通过间接加热物料后产生的 100℃左右的蒸汽冷凝水，循环溶剂 ACN 从汽提塔塔釜出来后的温度高达 140℃的热溶剂。如果对这些余热资源按照“按质用能，按需供能”的原则进行科学而合理的组织和开发能量的多次利用，则会大大提高 ACN 装置能量的回收利用率，有利于装置的节能降耗工作。下面从循环溶剂余热、蒸汽冷凝液余热的再利用两个方面来叙述 ACN 装置的节能工作。

（1）蒸汽冷凝液的余热再利用。

循环溶剂热运后，系统蒸汽冷凝液进入热水储罐。经过泵将蒸汽冷凝液部分送到精制塔塔釜蒸汽冷凝液再沸器用作加热介质，回收蒸汽冷凝液的余热。自蒸汽冷凝液再沸器返回的凝液一部分回热水储罐，另一部分经过蒸汽冷凝液泵给各个水洗塔提供洗涤水。多余部分送出装置。ACN 抽提丁二烯装置蒸汽冷凝液的余热利用流程如图 7-2 所示。

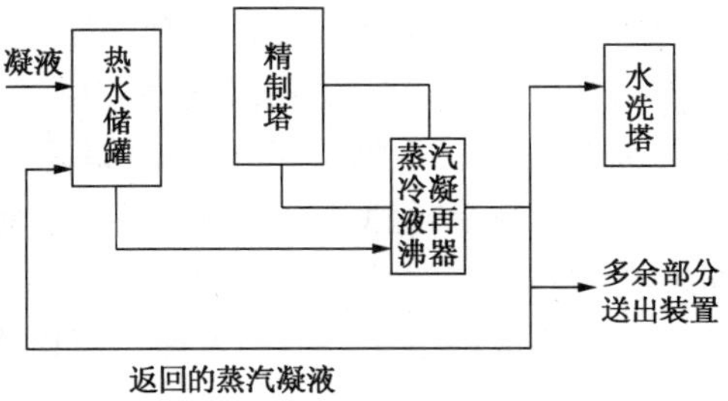

图 7-2　ACN 抽提丁二烯装置蒸汽冷凝液的余热利用流程

（2）循环热溶剂的余热利用由汽提塔塔底出来 140℃ 的热溶剂，依次进入第一萃取精馏塔溶剂再沸器、第一萃取精馏塔中间再沸器，加热第一萃取精馏塔塔釜的物料，进行第一次热利用。第一次换热后循环溶剂温度降至 116℃ 左右，再依次进入原料罐加热器、脱重塔、脱轻塔溶剂再沸器进行多次热利用，分别加热原料，脱重塔塔釜、脱轻塔塔釜的物料，经过多次换热后循环溶剂温度降至 65℃ 左右。又经循环溶剂冷却器，冷却至 50℃ 左右，返回装置的溶剂储罐，供装置循环使用。ACN 抽提丁二烯装置循环溶剂的余热利用流程如图 7-3 所示。

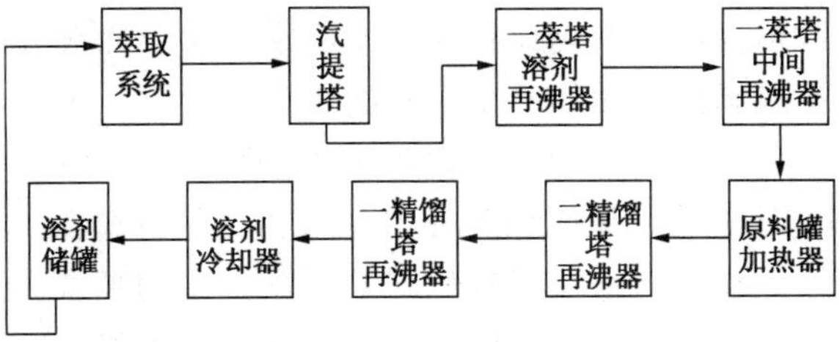

图 7-3　ACN 抽提丁二烯装置循环溶剂的余热利用流程

4. 回收蒸汽冷凝水

在装置的正常生产过程中会产生大量的蒸汽冷凝水，因为蒸汽冷凝水中所含的热量就是蒸汽中的显热，从装置内排出的蒸汽冷凝水的温度接近饱和蒸汽的温度，冷凝水的热量可以达到蒸汽总热量的 20%左右，如果把蒸汽冷凝水回收并加以有效利用，那么一方面可以减少蒸汽锅炉燃料用量的 20%～30%；另一方面可以节约工业用水，减少外排污水的总量，降低污水处理费用。

5. 降低回流量，节约蒸汽

在精馏和萃取精馏的操作中，回流的作用基本上是一致的，从本质上讲，回流的作用就在于保持塔板上轻组分浓度，实现精馏，达到分离出轻组分的目的。保持合适的回流量是保证普通精馏和萃取精馏分离效果的重要保证，但是过大的回流量也没有必要，过大的回流量会引起塔釜加热蒸汽量的显著加大，增加装置的能耗。

在普通精馏塔中，提高回流比，通常是有利于分离的，但是，萃取精馏中情况却不是这样，回流的影响具有两重性：一方面如同一般精馏塔一样，增加回流将有利于分离；另一方面，增加回流会“稀释”溶剂，降低溶剂浓度，从而降低分离能力。因此，在萃取精馏塔中，只是在一定范围内增加回流比，才能提高分离结果。当溶剂不增加，只增加回流，回流比过大时，反而会影响分离效果。因此，在精馏和萃取精馏的操作中在产品质量允许的范围内适当降低回流量，特别是在萃取精馏操作中适当降低回流量可以收到很好的节能效果。

6. 适当提高循环溶剂进塔温度，提高循环溶剂能量利用率

从汽提塔塔底出来的热(140℃)溶剂，经过多次余热利用后，循环溶剂温度降至65℃左右，又经溶剂冷却器，冷却至50℃左右，返回装置的溶剂储罐，供装置循环使用。在此过程中溶剂的一部分热量，通过冷却器被消耗掉了，一方面造成了能量的损失，另一方面增加了装置的循环水的消耗。如果能将循环溶剂的进料温度适当地提高，那么一方面可以减少循环溶剂的能量损失，提高循环溶剂能量利用率，另一方面也可以降低装置循环水的消耗，同样也能达到节能的目的。

但是循环溶剂的进料温度提高也会带来一些问题，循环溶剂进料温度上升，使塔板上的重组分气化，导致塔顶重组分含量增加，溶剂进料温度下降，会使塔板上轻组分冷凝，导致塔底轻组分增加。以第一萃取精馏塔为例，溶剂进料温度过大，可能导致抽余液中丁二烯含量上升，使丁二烯损失加大；溶剂进料温度过低，可能使釜液中反-2-丁烯和顺-2-丁烯含量增大，从而影响产品质量。

针对这个问题在实际的操作中也可采用一定的技术手段来解决，例如，在提高溶剂进料温度的情况下，可以通过适当提高回流量的方法，减少塔顶重组分的含量，达到装置的分离要求。萃取精馏塔溶剂量一般都很大，萃取精馏系统的蒸汽消耗占整个装置蒸汽消耗的60%左右，因此，溶剂温度即使是很小的变化，也会对装置的能耗产生比较大的影响。同时由于溶剂进料温度对萃取精馏塔的影响比较大，温度的波动会比较大地影响萃取精馏塔的热量平衡和物料平衡，对萃取精馏的操作产生不利的影响，所以，正常运转中，对溶剂温度的变化要慎重，不允许把溶剂温度作为调节塔顶塔底产品质量的手段。

7. 增加萃取精馏塔的塔板数，降低溶剂量和回流量，节约蒸汽

在萃取精馏塔中塔板数越多，则在达到相同的分离效果时所需的溶剂量和回流量越小，而小的溶剂量和回流量则可以大大减少萃取精馏塔塔釜的加热蒸汽量，减少萃取精馏塔的操作成本，因此，为了降低装置的蒸汽消耗，可以通过增加萃取精馏塔的塔板数，降低萃取精馏的溶剂量和回流量，节约蒸汽。

7.4.2.3 NMP 抽提丁二烯装置

为了提高 NMP 抽提丁二烯装置的热量利用率，可以采取的节能措施如下。

1. 强化保温措施，减少丁二烯装置内热量的散热损失

为了减少装置内蒸汽以及工艺设备和管线的散热损失，在丁二烯装置内的设备和管线上要加装合适的保温设施。在加装保温设施时应注意以下几点。

(1) 加装合适的厚度，即保温效果与投资、维修费用应综合考核所得的最佳厚度，并非越厚越好。

(2) 合理选择保温材料，不得选用淘汰的保温材料。

(3) 保温层的表面一定要有防水层。

(4) 巡检中发现保温层破损要及时修复；检修作业中拆除的保温层要及时复位。

2. 利用余热资源，提高能量的回收利用率

在 NMP 抽提丁二烯装置的生产过程中会产生大量具有一定利用价值的余热资源，如中压蒸汽通过脱气塔再沸器加热物料后产生的蒸汽冷凝液；从脱气塔塔釜脱气出来后温度高达 148℃的热溶剂；从冷却塔塔釜出来温度高达 70℃的热冷却剂。如果对这些余热资源进行合理的组织和开发能量的多次利用，则会大大地提高装置能量的回收利用率。NMP 法丁二烯抽提装置在设计中对此考虑较多，热量回收较为充分。

（1）循环热溶剂的余热利用。

由脱气塔塔底出来 148℃的热溶剂进入溶剂换热器，进行第一次热利用。换热后温度降至 86℃左右，再进入脱重塔溶剂再沸器，进行第二次热利用。换热后温度降至 62℃左右，再进入主原料蒸发器进行第三次热利用，换热后溶剂温度降至 54℃左右。又经溶剂冷却器，冷却至 40℃左右，返回装置的主洗塔和后洗塔重新使用。

（2）循环热冷却剂的余热利用。

由冷却塔塔底出来的 70℃热冷却剂进入辅原料蒸发器进行热利用，换热后温度降至 60℃左右，又经冷却剂冷却器冷却至 40℃左右，返回冷却塔重新使用。

（3）蒸汽冷凝液的余热利用。

从丁二烯装置中脱气塔塔底蒸汽再沸器来的蒸汽冷凝液首先进入低压蒸汽闪蒸罐，产生出 200kPa 的低压蒸汽供应装置内的溶剂废液回收罐、溶剂再生罐、溶剂加热器作为加热源。低压蒸汽不足部分引入公用工程系统的低压蒸汽（400kPa）补充。

闪蒸回收低压蒸汽后的蒸汽冷凝液被送入蒸汽冷凝液罐，丁二烯装置中所有低压蒸汽用户产生的蒸汽冷凝液也全部返回此罐回收（如蒸汽伴热系统等）。一方面可以使蒸汽冷凝液有效利用，另一方面可以节约工业用水，减少外排污水的总量，降低污水处理费用。

由蒸汽闪蒸罐引入的低压蒸汽加热，保持罐内凝液温度稳定在 90℃。用冷凝液循环泵送出，供应给脱轻塔再沸器作为加热介质，加热后的凝液仍返回蒸汽冷凝液罐中循环使用。

部分高温凝液被送入冷凝液冷却器中，降温至 40℃后送入炔烃洗涤塔、再生溶剂水洗塔、溶剂再生罐中作为丁二烯装置所需的水进料。

在正常生产条件下，NMP 抽提丁二烯装置自产的凝液量足够自身使用，多余的凝液由冷凝液循环泵送出装置。

3. 降低回流量节约蒸汽

在精馏和萃取精馏的操作中，回流的作用基本上是一致的，从本质上讲，回流的作用就在于保持塔板上轻组分浓度，实现精馏，达到轻组分分离的目的。保持合适的回流量是保证精馏和萃取精馏分离效果的重要保证，但是过大的回流量也没有必要，过大的回流量会引起塔釜加热量的显著增加，增加装置的能耗。

在普通精馏塔中，提高回流比，通常是利于分离的，但是，萃取精馏中回流的影响具有两重性：一方面如同一般精馏塔一样，增加回流将有利于分离；另一方面，增加回流会稀释溶剂，降低溶剂浓度，从而降低分离能力。因此，在萃取精馏塔中，只是在一定范围内增加回流比，才能提高分离结果。当溶剂不增加，只增加回流量，回流比过大时，反而会影响分离效果。因此在精馏和萃取精馏的操作中在产品质量允许的范围内适当降低回流量，特别是在萃取精馏操作中适当降低回流量可以收到很好的节能效果。

4. 加强节能管理

在装置的日常生产过程中要加强各个环节的节能管理，强化全员节能意识的宣传教育，

提高节能的自觉性和责任心。

加强设备维护和检修，保证检修质量，消除非计划停车。

强化装置内的蒸汽管网管理，抓好疏水器消漏。在日常生产过程中要做到装置内的疏水器基本无跑漏现象，避免装置内出现蒸汽直排和跑、冒、滴、漏现象，减少热能损失。

强化电气安全运行管理，实现安全供电，确保装置安、稳、长、满、优生产。

7.4.3 节水

主要的节水措施如下。

(1) 在整个工业用水中，冷却用水约占总用水量的70%，因此做好循环水的节水工作对企业的节水工作来说，具有特别重要的意义。装置内的循环水主要用于装置内的冷却器，如果循环水的温度低，循环水的量就可以相应减少。循环水的温度主要受季节的变化，在冬季可以主动降低装置的循环水用量，达到节水的目的。同时循环水的水温也与凉水塔的运行情况有关，在循环水水温比较高的情况下，可以通过增加凉水塔风机运行台数，提高凉水塔循环水的均匀分布、采用高效填料以及及时清理凉水塔在运行过程中产生的结垢，也可以达到减少装置内循环水的用量的目的。

(2) 装置内循环水管线和设备的泄漏也是引起循环水水量消耗升高的原因之一，因此及时发现和消除装置内循环水的泄漏也是降低装置内循环水消耗的方法之一。

对于装置内循环水管线和设备的泄漏可以通过以下几种方法判断。

① 观察法，设备投用前要按规定做设备的水压实验，在确定设备没有发生泄漏的情况下，再投入使用。对于装置内的管线可以通过观察管线的外表，管线铺设通过的地段地面有无湿片，管线经过的地沟、明沟是否常年有水，管线的压力是否有所下降来判断。

② 耳听法，通过监听管线是否有漏水的声音来判断管线是否漏水。

③ 统计法，通过安装在装置内不同点的循环水流量表的统计数据来判断循环水管线和设备是否泄漏。

(3) 提高装置冷却器的冷却效果也可以降低装置的循环水水量。循环水中溶解有大量的Ca^{2+}、Mg^{2+}等离子，这些离子所形成的碳酸盐和硫酸盐以及循环水含有的其他杂质会在冷却器上结垢，使冷却器的冷却效果下降。如果发现冷却器发生结垢后，及时对冷却器进行处理，则可以恢复冷却器的冷却效果，减少装置的循环水消耗，达到装置节水的目的。

(4) 提高循环水的质量，减少循环水的使用总量。

装置内循环水的质量对循环水的用量有较大的影响，当循环水的质量比较好时，循环水系统即使是在夏季，由于在凉水塔的换热情况比较好，也能够保持较低温度，从而使装置内使用的循环水的总量保持在一个比较低的水平，达到节水的目的。

当循环水的质量不好时，一方面在循环水中会出现大量杂质，生成生物污泥，沉积在冷却器表面，使冷却器换热效果不好，进而影响到循环水的使用总量，另一方面由于循环水的质量无法达到保证，需要加入大量新鲜水进行置换，会增加装置水的消耗。

为保证循环水的质量，循环水系统水稳药剂的选择极为重要，好的水稳药剂不仅可以显著提高循环水的品质，提高循环水的浓缩倍数，减少循环水的污水排放量，而且可以提高火热效率，延长设备的使用寿命，不仅能够达到节水的目的，还能起到优化操作、降低成本的目的。

(5) 优化工艺，节约装置的循环水用量。

在装置正常的生产过程中，一些冷却器在冬季流量比较小，而且在冬季受外界环境的影响，循环水的温度比较低，即使是经过换热后的循环水回水也保持了比较低的温度，针对这种情况，对于有些冷却器可以通过流程优化，用循环水回水做该冷却器的上水，减少装置总的循环水用量，提高循环水的利用率。

如DMF抽提丁二烯装置内的第一汽提塔第二冷凝器，经过该冷却器的物料和水温差在冬夏季变化大，循环水调节阀在冬季开度太小，造成水相生物污泥沉积结垢，影响换热，不利于装置的长周期生产。后来进行了改造，使第一汽提塔第二冷凝器在冬季使用循环回水作上水，既节约了循环水，又使结垢减轻。

(6) 减少装置停车检修期间洗塔水的用量，节约装置的新鲜水。

在装置开停车和检修时，为了倒空、置换设备，需要用大量新鲜水对设备进行清洗，产生大量废水，一方面对环境造成一定的污染，另一方面会造成大量新鲜水的浪费。

因为DMF、ACN、NMP的水溶性都很好，如果改进洗塔方法，仅采用少量的水循环冲洗，然后冲洗后的水送溶剂精制处理回收溶剂，洗涤后用蒸汽蒸煮即可，不必用水多次洗涤而造成污水过多，且会消耗大量的新鲜水。此方法不仅能够减少洗塔水的用量，还减少了新鲜水的消耗，同时也减少了外排污水对环境的影响。

(7) 减少装置内新鲜水的使用。

在装置的正常生产和工作过程中，由于生产和生活的需要，也要消耗一定量的新鲜水，加强对新鲜水的使用管理也是装置内一项重要的节水工作。

加强对新鲜水的管理首先要杜绝装置内新鲜水的长流水现象，使新鲜水得以合理使用。其次在装置的正常生产过程中会产生大量蒸汽冷凝水，在使用新鲜水时，能够用蒸汽冷凝水代替的尽可能用蒸汽冷凝水代替，减少新鲜水的使用，达到节水的目的。

7.4.4 降低物耗

7.4.4.1 正常生产过程中的物料消耗

在丁二烯装置正常生产过程中，由于工艺生产过程的需要，在装置的不同部位会产生一定量的物料消耗。

(1) DMF抽提丁二烯装置中，在第二汽提塔会产生含有大量丁二烯、抽余液和乙烯基乙炔的混合气体；ACN抽提丁二烯装置中，汽提塔会产生含有大量丁二烯和乙烯基乙炔的混合气体，溶剂再生塔会产生含有烃的混合气体；NMP抽提丁二烯装置中，炔烃洗涤塔塔顶会产生含有大量丁二烯、抽余液和乙烯基乙炔的混合气体。

(2) 脱轻塔会产生含有大量丁二烯和甲基乙炔的混合气体。

(3) 在装置的其他部位由于生产工艺的需要也会产生一定量的物料消耗，如再生釜焦油的排放，洗胺塔出来的洗胺水中丁二烯的消耗等。

(4) 装置开停车时，为了防止装置内设备的超压以及对装置内的设备进行倒空置换会产生大量气体排入尾气放空管线，造成装置物耗的增加。

7.4.4.2 降低装置物耗的措施

对于丁二烯装置内产生的物料消耗可以针对不同情况通过以下措施，降低装置的物耗。

1. 优化装置工艺生产条件，降低装置丁二烯的损失率

在丁二烯装置的正常生产过程中，首先最为关注的物耗是丁二烯，因为丁二烯的消耗直接影响装置丁二烯的产量和装置的生产成本。在正常生产过程中必须保证装置的丁二烯收率达到一定的水平。

(1) 在DMF抽提丁二烯装置中影响丁二烯收率的部位有：第一萃取精馏塔塔顶、第二

汽提塔塔顶、脱轻塔塔顶、脱重塔塔底等。对丁二烯收率影响比较大的部位有：第一萃取精馏塔塔顶、第二汽提塔塔顶、脱重塔塔底。

为了减少丁二烯的损失，第一萃取精馏塔塔顶抽余液馏分中的丁二烯含量应严格控制；适当提高丁二烯回收塔塔底的温度来把第二汽提塔塔顶的丁二烯的含量控制在正常范围内；加强对脱重塔的调节，严格控制塔底的丁二烯排放量；合理控制 DMF 抽提丁二烯装置洗胺塔的洗胺水进水量。

（2）在 ACN 抽提丁二烯装置中影响丁二烯收率的部位有：第一萃取精馏塔塔顶、汽提塔塔中部、脱轻塔塔顶、脱重塔塔底等。对丁二烯收率影响比较大的部位有：第一萃取精馏塔塔顶、汽提塔塔中部、脱重塔塔底。

为了减少丁二烯的损失，第一萃取精馏塔塔顶抽余液馏分中的丁二烯含量应严格控制；适当提高汽提塔的温度来控制侧线采出中丁二烯的含量在正常范围内；加强对脱重塔的调节，严格控制塔底的丁二烯排放量。

（3）在 NMP 抽提丁二烯装置中影响丁二烯收率的部位有：主洗塔塔顶、炔烃洗涤塔塔顶、脱轻塔塔顶、脱重塔塔底等。对丁二烯收率影响比较大的部位有：主洗塔塔顶、炔烃洗涤塔塔顶、脱重塔塔底。

为了减少丁二烯的损失，主洗塔塔顶抽余液馏分中的丁二烯含量应严格控制；通过在线分析仪较精确地调节抽余液稀释量；有些装置可将稀释后的 C_4 炔烃冷凝成液态后送往乙烯裂解装置的燃料气系统回收利用；加强对脱重塔的调节，严格控制塔底的丁二烯排放量。

2. 提高装置尾气的回收率，减少装置的物耗

抽提丁二烯装置正常生产过程中排出的尾气主要的组分是丁烷、丁烯、丁二烯和炔烃等，可进行回收，成为装置的生产副产品，减少装置的物耗。

装置内产生的尾气一般情况下首先进入装置放空管线，如果条件允许，进入放空管线的废气可以通过提高压力的办法，加压液化将尾气中的烃类分离出来，作为液化气或燃料油回收利用。

3. 提高装置的管理水平，减少装置内的“跑、冒、滴、漏”

装置内的“跑、冒、滴、漏”也是造成装置物耗高的主要原因之一，因此，提高装置的设备管理水平，及时消除装置设备和管线出现的泄漏，也是减少装置物耗的重要手段。

参 考 文 献

[1] 张旭之，马润宇，王松汉，等. 碳四碳五烯烃工学[M]. 北京：化学工业出版社，1998.

[2] 许红星. YH-GPB(DMF)法丁二烯抽提生产技术[M]. 北京：中国石化出版社，2002.

[3] 国际生产橡胶合成协会. 丁二烯爆米花状聚合物手册[M]. 中国石油独山子石化公司，组织翻译. 北京：化学工业出版社，2013.

[4] 张斌. 丁二烯萃取装置聚合物产生原因分析及对策[J]. 化学工业与工程技术，2002，23(4)：26-29.

[5] 信桂荣. 二甲基甲酰胺法丁二烯抽提工艺技术[J]. 合成橡胶工业，1997，20(2)：76-78.

[6] 沈昌乐，高金岭，刘俊，等. 影响丁二烯装置长周期运行的因素探讨[J]. 化工科技市场，2010，33(8)：30-32.

[7] 侯霞晖. 丁二烯生产的危险因素分析[J]. 石油化工设计，2013，30(2)：14-16.

[8] 余春娥. 丁二烯抽提装置中阻聚剂的应用分析[J]. 化工生产与技术，2012，19(1)：55-57.